国家出版基金项目
NATIONAL PUBLICATION FOUNDATION

 村镇环境综合整治与生态修复丛书

NONGCUN SHENGHUO WUSHUI CHULI
YU ZAISHENG LIYONG

农村生活污水处理与再生利用

侯立安　席北斗　张列宇　等编著

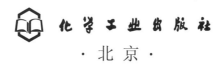化学工业出版社

·北京·

本书为《村镇环境综合整治与生态修复丛书》中的一个分册。全书共6章，重点围绕国内外农村生活污水处理现状、我国农村生活污水控制与建设模式，微纳米曝气的土壤渗滤系统强化脱氮技术与干式厌氧发酵产沼技术展开编著工作，介绍了国内外的农村生活污水处理技术，探讨了农村生活污水处理模式的选择，并提出了我国农村生活污水治理的管理模式与今后的发展方向。

本书具有较强的技术性和应用性，可供从事污水处理及再生利用的工程技术人员、科研人员和管理人员参考，也可供高等学校环境工程、市政工程、生态工程及相关专业师生参阅。

图书在版编目（CIP）数据

农村生活污水处理与再生利用/侯立安等编著. —北京：
化学工业出版社，2019.1（2021.2 重印）
（村镇环境综合整治与生态修复丛书）
ISBN 978-7-122-33226-4

Ⅰ.①农… Ⅱ.①侯… Ⅲ.①农村-生活污水-污水处理-研究-中国②农村-生活污水-废水综合利用-研究-中国 Ⅳ.①X703

中国版本图书馆 CIP 数据核字（2018）第 243862 号

责任编辑：刘兴春 左晨燕 卢萌萌 文字编辑：汲永臻
责任校对：宋 玮 装帧设计：王晓宇

出版发行：化学工业出版社（北京市东城区青年湖南街 13 号 邮政编码 100011）
印 装：北京新华印刷有限公司
787mm×1092mm 1/16 印张 19¼ 彩插 5 字数 441 千字 2021 年 2 月北京第 1 版第 3 次印刷

购书咨询：010-64518888 售后服务：010-64518899
网 址：http://www.cip.com.cn
凡购买本书，如有缺损质量问题，本社销售中心负责调换。

定 价：138.00 元 版权所有 违者必究

前言
Preface

目前我国农村生活污水每年的产生量为 67.7 亿～90.3 亿吨。这些污水基本上未经处理就直接排放，所造成的环境污染问题已经影响和威胁到了广大农民群众的生存环境与身体健康，也影响着我国社会主义新农村建设的进程。为全面贯彻党的十九大乡村振兴战略"产业兴旺、生态宜居、乡风文明、治理有效、生活富裕"内涵，以及推广农村生活污水处理与再生利用技术，我们围绕农村生活污水的现状、处理技术和资源化利用开展《农村生活污水处理与再生利用》编著工作，旨在为农村基层环境管理人员、从事"三农"环境问题研究的人员以及相关专业的师生等广大读者提供能较全面地反映目前国内外农村生活污水控制技术及其应用实践的资料。

本书主要由长期从事我国农村生活污水处理技术研究及应用的科技工作者共同编著而成。编著人员根据自己多年的研究体会和实践经验，参阅了当前大量的国内外农村生活污水处理研究和应用方面的文献资料，借鉴了国内外同行专家有关农村生活污水处理的先进理念、技术和应用案例，重点围绕国内外农村生活污水处理现状、我国农村生活污水控制与建设模式、微纳米曝气的土壤渗滤系统强化脱氮技术与干式厌氧发酵产沼技术展开编著工作，介绍了国内外的农村生活污水处理技术，探讨了农村生活污水处理模式的选择，并提出了我国农村生活污水治理的管理模式与今后的发展方向。本书较全面地整合了国内外农村污水治理的技术、方法与工程应用，期望能为我国农村污水治理分析的研究提供较为完整的参考资料。

本书由侯立安、席北斗、张列宇等编著，具体编著人员及分工如下：第1章、第2章由侯立安、席北斗、李曹乐编著；第3章、第4章由张列宇、李曹乐、李国文编著；第5章由张列宇、席北斗、李国文编著；第6章由张列宇、侯立安、黎佳茜编著。全书最后由张列宇统稿、定稿。本书在编著过程中也参考了该领域诸多专家学者的研究结果，得到了很多学者和同行的帮助，在此向在本书研究资料收集整理过程中提供帮助的熊瑛、潘海宁、祝邱恒、王凡、马涛、赵琛、王红强、张少康、郝禹等表示感谢。每章后面附有参考文献目录，有些引述的内容未能注明出处，在此向这些作者表示歉意，并致以深深的谢意。

本书编著出版旨在起到抛砖引玉的作用，希望能够进一步提高人们对农村污水处理新技术及污水治理重要性的认识，唤起人们对农村水环境治理及农村生态环境保护的责任心和紧迫感。

限于编著者水平及编著时间，书中不足及疏漏之处在所难免，敬请各位同人和广大读者批评指正。

编著者
2018 年 6 月

目录

Contents

第 1 章

我国农村水环境现状

001 —————

第 2 章

国外农村生活污染控制技术现状

016 —————

第**3**章

多介质生态床分散污水处理技术

115

第 **4** 章

深型土壤渗滤系统污水处理技术的应用

132

第 **5** 章

分散型污水处理工程实例

215

第6章
农村生活污染的保障机制

256

附录

262

第 **1** 章　我国农村水环境现状

1.1　我国农村水环境污染现状

1.1.1　我国农村的水环境现状

当前，我国农业生产正走向科学、多元、集约、高效的现代农业阶段，农业生产现代化程度不断提高的同时，农村的生态环境失衡、自然生态资源退化以及生态环境污染的问题越来越引起人们的重视。近年来我国农村的水环境问题频繁发生，水环境污染已严重威胁人们的身体健康，部分地区水生态遭到毁灭性破坏。农村环境生态问题已经引起广大民众和各级政府的高度关注。尽管经过长期不懈的努力，我国农村水生态环境建设和保护取得了很大成绩，但形势依然十分严峻。我国农村人口多、底子薄，农村地区覆盖面积大，地区之间经济发展很不平衡。同时，由于农村经济发展方式粗放，致使农村污水治理发展滞后，农村水环境问题日益突出。从总体上来看，由土地退化、资源过度开发引起的一系列农村水生态环境问题比较突出，水资源日益短缺和水环境污染所引发的生态灾害和生态问题愈加复杂，水生态环境状况总体不容乐观。例如，每年产生量80多亿吨的农村生活污水几乎全部直排，威胁着广大农民群众的生存环境与身体健康。日益突出的农村污水问题，已经成为改善民生、全面贯彻党的十九大精神、加快推进农业农村现代化的重要制约因素。

长期以来，我国城乡经济社会发展形成了严重的二元结构，实行的是城乡分治的建设机制，城乡差距不断扩大。由于受城乡二元结构影响，我国农村水环境保护能力相对薄弱。目前，农村的水生态保护没有和当前的经济社会发展结合起来，基本上处于产业发展破坏水生态之后开展末端水生态治理的被动状态，没有从优化产业布局、从源头减少水生态破坏入手，农村产业布局性生态破坏问题突出，在实际工作中更是缺乏配套和有效的水生态安全评估体系和水生态保护对策。农村水生态环境安全与生态保护问题已经成为开展农村环境保护工作的薄弱环节和制约新农村建设发展的重要因素，导致了城乡环境发展不同步和环境污染问题突出。如果不加以有效解决，将严重制约"生产发展、生活宽裕、乡风文明、村容整洁、管理民主"的社会主义新农村建设进程。目前，我国农村环境保护能力相对薄弱，加上农村经济发展水平相对落后，使得农村抵御环境恶化的能力远远不及城市，从而使农村环境保护呈现脆弱性、累积性和复杂性的特点，特别是在新农村建设过程中出现的生态破坏、生态用地挤占、生态安全空间破碎化等问题比较突出。

我国"十三五"规划提出推进农村改革和制度创新，增强集体经济组织服务功能，激发农村发展活力，全面改善农村生活条件，科学规划村镇建设、农田保护、村落分布、生态涵养等空间布局。加强农村生活污水的处理，是推进新农村改革发展的重要组成部分，也是社会主义新农村建设的重要内容。农村生活污水是造成农村水环境污染最重要的原因，且会随着农村生活方式的改变而加剧，成为农村人居环境改善需要解决的迫切问题。党的十九大以来，党中央坚持把解决好"三农"问题作为全党工作重中之重，提出了乡村振兴战略，要按照"产业兴旺、生态宜居、乡风文明、治理有效、生活富裕"的总要求，建立健全城乡融合发展体制机制和政策体系，加快推进农业农村现代化。产业兴旺，就是要紧紧围绕促进产业发展，引导和推动更多资本、技术、人才等要素向农业农村流动，调动广大农民的积极性、创造性，形成现代农业产业体系，促进农村第一、第二、第三产业融合发展，保持农业农村经济发展旺盛活力。生态宜居，就是要加强农村资源环境保护，大力改善水电路气房讯等基础设施，统筹山水林田湖草保护建设，保护好绿水青山和清新清净的田园风光。

基于此，研究我国农村污水的现状，应用并推广与我国农村经济社会发展水平相适应、有效、可操作的农村污水处理技术和实践经验，可以为新农村建设过程中水环境的保护工作提供科学依据和技术指导。同时，开展我国农村污水处理技术的应用研究，可以促进农村产业结构布局的调整和优化，提升产业发展水平，为新农村建设的生态化和持续化发展提供决策依据。此外，在当前农村经济快速发展的过程中，结合国家实施的"保增长、保民生、调结构、上水平"的发展战略，开展新农村污水处理、治理与生态保护对策研究，体现了未来新农村建设中环境保护从源头做起和过程控制的战略思想，将有效地处理好新农村环境保护与农村经济发展的关系，对于保障民生、推动农村环保产业发展和农村经济结构调整以及拉动内需等方面也将具有重要的意义。因此，加强我国新农村建设中的污水处理研究和水生态环境保护对策研究，是社会主义新农村建设中有效解决突出水环境问题、改善民生的客观要求，也是推动城乡统筹和农村生态文明建设、推动我国社会主义新农村建设的迫切需要。

1.1.2　农村水环境的基本特征

广义上的农村污水是指：农村地区居民在生活和生产过程中形成的污水[1]。污水具体产生的范围包括生活污水和生产废水两个方面。其中，农村生活污水是指居民生活过程中粪尿（若有分散型的畜禽养殖存在的话则称人畜粪尿，否则称人粪尿）和洁具冲洗、洗浴、洗衣、厨房、房间清洗所排放的污水等。农村生产废水是指畜禽养殖业、水产养殖业、农产品加工业以及从事与农业生产有关的工作（如乡镇企业、农田特别是设施农业）所排放的不符合国家地表水排放标准的废水。

由于农村生产废水的广义定义包含的废水有些与农业的水污染界线有重叠或含糊不

清之处，也因为不同生产废水的污染物成分和浓度十分不一致，使其水处理工艺有很大区别，因此在本书中所说的农村污水，实际上多数时候特指的是农村生活污水，有时候也包含了狭义的农村生产废水。

狭义上的农村污水是指：农村居民集聚区内生活用水后排放的污水，包括粪尿和洁具冲洗、洗浴、洗衣、厨房、房间清洗排放污水等。农村生产废水是指农村居民集聚区内各类生产活动所产生的生产废水，主要包括畜禽养殖业、餐饮业、农产品加工业等废水。通常，在一个自然村或行政村的地域范围内很难将这两类污水区分开来，并分别进行单独处理。按照国家有关规定，村镇污水处理要根据污染源排放途径和特点，因地制宜采取集中处理和分散处理相结合的方式。通常，集中处理有利于节省建设投资。根据上述要求，在农村污水处理中，符合经济接纳范围内的村镇污水应就近排入市政排水管网，输入城市污水处理设施进行集中式的处理。凡是在市政排水管网经济接纳范围以外的、村庄管辖区内的农村污水定义为分散型农村污水。对于分散型农村污水要根据其污染源排放途径和特点，因地制宜采取集中处理和分散处理相结合的方式。其中，分散型处理可以一家一户式、多家式、分片集中式的方式进行污水处理。

1.1.3 农村污水的产生量和水质

1.1.3.1 国内不同地区农村污水的产生量和水质现状

为推进农村生活污水治理，住房和城乡建设部组织编制了东北、华北、东南、中南、西南、西北六个地区的农村生活污水处理技术指南，针对全国不同地区农村污水产生量和水质做了说明。全国各地区农村生活用水量见表 1-1。

表 1-1 全国各地区农村生活用水量　　　单位：L/(人·d)

村庄类型	东北地区用水量	东南地区用水量	华北地区用水量	西北地区用水量	西南地区用水量	中南地区用水量
经济条件很好,有独立淋浴、水冲厕所、洗衣机,旅游区	—	120~200	—	—	150~250	—
经济条件好,室内卫生设施较齐全,旅游区	80~135	90~130	100~145	75~140	80~160	100~180
经济条件较好,卫生设施较齐全	40~90	80~100	40~80	50~90	60~120	60~120
经济条件一般,有简单卫生设施	40~70	60~90	30~50	30~60	40~80	50~80
无水冲式厕所和淋浴设备,无自来水	20~40	40~70	20~40	20~35	20~50	40~60

随着农村经济的快速发展，农村地区生活水平不断提高，乡村聚居点生活污水引起的环境污染问题也日益严重。如表 1-2 所列。2002 年的统计结果表明：全国农村污水日排放量就达 320.5 万吨，其中总氮（TN）日排放量约为 283.1 万吨，总磷（TP）日排放量约为 56.6 万吨，基本未经任何处理就直接排放，污染了地表水和地下水[2]。

表 1-2　全国各地区农村生活污水日平均排污状况　　　　单位：mg/L

区域	pH 值	SS	COD	BOD₅	NH₃-N	TP
东北	6.5～8.0	150～200	200～450	200～300	20～90	2.0～6.5
东南	6.5～8.5	100～200	70～300	150～450	20～50	1.5～6.0
华北	6.5～8.0	100～200	200～450	200～300	20～90	2.0～6.5
西北	6.5～8.5	100～300	100～400	50～300	3～50	1.0～6.0
西南	6.5～8.0	150～200	150～400	100～150	20～50	2.0～6.0
中南	6.5～8.5	100～200	100～300	60～150	20～80	2.0～7.0

根据吕锡武[3]等对太湖流域农村生活污水的抽样调查，在经济状况较好的宜兴地区，农村人均用水量 70～110L/(人·d)、排水量 25～70L/(人·d)，其高低值与农户的节水意识等因素相关，与经济条件关系不大；排水量仅为用水量的 40%～80%，其高低由排水设施的完善程度决定，经济条件好的农户排水设施相对完善。农村生活污水的 COD（化学需氧量）、BOD₅（五日生化需氧量）高于城镇生活污水，COD 350～770mg/L，BOD₅ 200～400mg/L，BOD₅/COD 比值为 0.45～0.55，可生化性好；SS（悬浮物）250mg/L，KN（凯氏氮）30～40mg/L，pH 6～9，与城镇生活污水相当；TP 2.5～3.5mg/L，稍低于城镇生活污水。因此，吕锡武[3]等提出太湖流域农村生活污水处理可依据以下水质进行设计：COD 600mg/L、BOD₅ 280mg/L、SS 250mg/L、KN 38mg/L、TP 2.75mg/L、pH 6～9。太湖流域农村生活污水应选择投资省、能耗少、运行费用低、维护管理简便的处理工艺，如生物膜与土地或湿地处理相结合的方法。

近年来昆明市环境科学研究所对昆明市城郊的小城镇和农村的生活污染负荷进行过调查，小城镇人均生活污染负荷值和农村人均生活污染负荷值如表 1-3 所列。表中的小城镇综合排水量和污染物负荷值实际上已不完全是农户的生活污水，还包含了餐饮废水、养殖废水以及未进入工业废水统计的作坊式非农户生活废水。实际上，昆明农村生活污水各项污染物浓度远远低于城市生活污水的含量。刘忠翰[4]等在 2003～2005 年对滇池湖滨地区斗南村的排放污水调查结果表明，凯氏氮（KN）和氨氮（NH₃-N）的浓度含量分别为 (14.64±3.63)mg/L、(9.11±0.83)mg/L，是城市污水 KN 和 NH₃-N 的 65% 和 54%。

表 1-3　2003 年滇池流域城郊小城镇和农村人均生活污染负荷值

居住类型	综合排水量 /[L/(人·d)]	COD_{Cr} /[g/(人·d)]	TN /[g/(人·d)]	TP /[g/(人·d)]
昆明城郊小城镇(乡镇)	135	29.7	7.04	0.68
昆明农村的村庄	50	17.4	0.4	0.46

农村生活污水的浓度存在较大的差异，刘忠翰[5]等的早期（1994～1996 年）滇池流域农村排水调查表明（表 1-4）：农村污水通常含人畜粪尿，因而排出的生活污水中氮磷含量，特别是磷含量较城市污水高；农村村镇污水一般是明沟收集后就近排入河道，这种排水方式使污染物浓度随季节发生变化，并有地区差异；农村污水的 BOD₅ 和

COD$_{Cr}$含量虽然比城市污水低，但 BOD$_5$/COD$_{Cr}$的比值（0.39～0.92）比城市污水高，说明农村污水有更高的可生化性。

表1-4 1994年2～6月和1996年7～8月滇池湖滨地区农村污染水质抽样分析结果

单位：mg/L

采样地点	COD$_{Cr}$	BOD$_5$	SS	KN	NH$_3$-N	TP
古城镇	29.1	11.4	42.0	19.38	2.44	4.24
晋宁县城	26.8	22.9	104.0	17.12	12.09	4.21
新街乡	109.9	79.6	64.0	55.67	38.73	17.44
小梅子村	98.0	88.4	148.0	35.82	22.72	18.88
斗南村	117.6	95.4	10.0	7.11	3.69	2.06
矣六村	231.3	203.6	1146.0	19.70	10.83	15.13
官渡镇	290.1	266.8	191.0	38.40	13.30	10.71

10多年来，为迎合城市居民的旅游需求，城乡一体化建设步伐加快，农村旅游业发展迅速。"农家乐"多位于距城市较近、自然环境优美、有历史文化沉积的乡村。但随着"农家乐"这一旅游形式的蓬勃发展，带来的水污染问题也日益突出。根据陈俊敏等[6]对成都市大庄园休闲庄农家乐排放的污水调查发现，农家乐污水主要由餐饮污水和厕所冲洗污水组成，有机污染物、氮和油的含量较高，尽管监测项目未对 TP 等进行测定，但依然可断定其含量也比较高。该农家乐的规模为：最大接待能力 100 人/d，旅游高峰期的污水量约为 13.5m^3/d，平均为 9.8m^3/d。在有水冲厕所的农村地区，污水一般先进入化粪池。由于没有专门的污水处理设施，除农户自留地使用部分粪液，剩余部分在雨季通过溢流方式就直接排入附近的地表水体（如河流）中。目前还缺乏农村三格化粪池的调查数据，根据城市社区、院校的三格化粪池的出水污染物浓度初步调查[7-10]，COD$_{Cr}$、BOD$_5$、SS、TN、TP 在各地表现出的含量水平是不一样的，该水平与生活习惯、人群类型和气候因素有关。

1.1.3.2 农村污水产生量和水质的初步调查——以上海为例

（1）上海农村污水产生量

由于很难获得全国性的农村污水产生总量情况，我们在调查中初步获得了公开或内部报道的上海农村生活污染源的数据。根据上海市环保局 1992 年下达、由上海农学院园林环境科学系和上海农业科学院环境科学研究所承担、1995 年 10 月提交的重点科技攻关项目"上海市郊非点源污染综合调查和防治对策研究报告"，生活污染源调查结论如下。

根据国内外资料初步确定村镇居民和人粪尿的排污系数（表1-5），按上海市环卫局的资料，每人每天平均排鲜粪 0.25kg、鲜尿 1kg，除设有污水处理厂的镇以外，生活污水都间接或直接地排入水环境，在此次调查乡镇和农村的人粪尿均以 10% 进入水体计算，显然对于某些镇如朱家角等来说，这个系数是偏低的。对于设有污水处理厂的县镇，生活污染负荷没有计算在内。显然这种计算结果（表1-6）与实际有一定偏差，也可能是偏低的。生活污染物排放的 COD_{Cr} 为 4.2×10^4 t、TN 为 4753t、TP 为 1065t，总的等标排放量 $18206.06m^3/a$，其中人粪尿占 27.21%，而生活污水占 72.79%。需要指出，在某些地区人粪尿的比例要比上述数值高得多。按地区，因为人口多的原因，浦东和崇明的污染率指数分别排第一位、第二位，分别是 14.86% 和 14.18%，而且浦东新区原市区地域还没有计算在内；按污染率指数，TP 排第一位，为 58.52%，而 TN 和 COD_{Cr} 分别为 26.11% 和 15.37%。

表 1-5 上海农村生活污水和人粪尿排放系数

类型	计量单位	生活污水			人粪尿		
		COD_{Cr}	TN	TP	COD_{Cr}	TN	TP
村居民	g/(人·d)	16	1.6	0.4	54	12.5	1.44
镇居民	kg/(人·a)	20	2.0	0.5	19.84	3.06	0.524

表 1-6 上海十县区生活污染负荷及其评价

县区	农业人口/万人	居民人口/万人	生活污水/(t/a)			人粪尿/(t/a)			等标排放量 m^3/a	占比 %
			COD_{Cr}	TN	TP	COD_{Cr}	TN	TP		
青浦	36.44	9.22	2466.1	246.6	61.68	814.9	125.8	21.57	1423.6	7.83
闵行	25.86	24.43	2518.3	251.8	63.02	787.1	121.5	20.83	1432.2	7.86
浦东	45.95	32.06*	4767.6	476.8	119.3	1478.0	228.0	39.12	2705.3	14.86
金山	39.13	16.68	2890.0	289.0	72.29	940.7	145.2	24.90	1661.5	9.13
奉贤	40.22	11.98	3167.8	316.8	79.25	1020.5	157.5	27.01	1816.1	9.97
松江	36.60	13.35	2557.7	255.8	63.97	840.4	129.7	22.24	1474.1	8.10
南汇	55.98	11.39	4053.3	405.2	101.4	1323.5	204.2	35.00	3232.0	12.81
嘉定	33.73	14.14	2407.7	240.8	60.22	788.2	121.6	20.86	1386.3	7.61
崇明	55.24	17.57	4508.8	450.9	112.8	1444.6	222.9	38.24	2581.1	14.18
宝山	23.42	14.91*	2456.1	245.6	61.48	760.5	117.4	20.13	1393.5	7.65
总计	393.58	165.72	31793.4	3179.3	795.40	10198.4	1573.8	269.95	18206.06	100
等标排放量/(m³/a)			2119.56	3179.3	7954	679.9	1573.8	2699.5	18206.06	
占比/%			15.99	23.99	60.02	13.73	31.77	54.50	100	

注：* 不包括原属市区的人口。

20 世纪 90 年代，上海农村经济发生很多变化，水冲厕所和三格化粪池的普及使农村卫生状况有很大的改善，但也使农村生活污水排放方式发生变化。显然，上述估算和评价不能适应农村化粪池出水水量和水质的评估，但上述人口、污染物年排放量、生活污水和人粪尿排泄量组成的生活污染负荷对计算人均排放量仍然是重要的参考依据。

（2）上海农村污水水质状况

上海农村生活污水有以下特点：分散排放、水量变化大、水质不稳定。经济、高效、节能、技术先进可靠的农村生活污水处理技术和管理模式不仅是上海市经济和环境协调发展的迫切需求，也是我国农村经济和环境协调发展的迫切需求。

1.1.4 我国农村污水的特点

虽然我国城乡一体化建设逐步加快，但农村生活污水处理仍存在较大的问题，例如污水处理技术有待进一步提高、系统处理方法需要进一步加强、基础设施较为缺乏等。我国农村生活污水存在的主要问题如下。

① 面广、分散，村庄分散式的地理分布特征造成污水分散排放、难以收集，而集中排放的管网费用高昂。

② 生活污染源多，除来自人粪尿外，还有畜禽粪尿、农产品废弃物和厨房污水、家庭清洁废水、生活垃圾堆放过程产生的渗滤液、高浓度废水等。

③ 增长快，随着农村经济的发展、农民生活水平的提高和生活方式的改变，生活污水的产生量也日益提高。

④ 随意排放、难以集中处理，由于没有专门的污水处理设施，村庄没有配套排水管网建设规划，即便有简易的排水管网或沟渠，也没有严格的设计，多数是顺地势向低洼处或沿排水明渠排放，经常因排水不畅造成室外污水沿街漫流，污染环境。

⑤ 有机污染物浓度高、排放不均匀，农村生活污水一般排放量较小，往往使有机污染物、氮和磷含量偏高，生活污水排放极其不均匀，日变化系数一般高达 3.0～5.0。

⑥ 处理率低，通常缺乏水处理设施，多数地区还在使用传统的旱厕，有水冲厕所的农村地区基本上只有化粪池（特别是三格化粪池）设施，其排水中污染物含量依然很高。

1.1.5 我国农村污水存在的问题及分析

1.1.5.1 农村污水处理标准、处理技术规范尚未建立

我国农村污水处理刚刚起步，系统化、规范化、标准化程度较差，出台的一些技术规范缺乏必要的科学验证，技术参数、经济参数、社会接受度有待认证。现在的农村污水处理直接套用城镇的污水处理标准体系。从严格意义来说，到目前为止，我国还没有农村生活污水处理排放标准，仅在北京、浙江、江苏、湖北等省市出台的地方农村生活污水处理实用技术指南、技术导则等规定中有相关标准，因此在设计与建设上几乎无标准与规范可循，工程设计只能参照其他相关规范进行。我国农村生活污水处理技术的设计不规范，主要体现在以下几个方面。

（1）出水标准不合理

我国大部分农村生活污水排放标准执行《城镇污水处理厂污染物排放标准》（GB 18918），但是由于农村地区的污水处理技术、运行管理水平及监测手段等都严重落后于城镇地区，造成了很多污水处理设施"不达标"。而且北方缺水型地区完全可以采用更低的《农田灌溉水质标准》（GB 5084—2005），对出水进行回用。

（2）进水负荷设计不规范

农村生活用水的用水量、用水时段及用水习惯等具有诸多不确定的因素。以太湖流域为例，部分农村使用井水和河水占较大比例，一些旧居住区农户习惯将使用完的水泼于地面，一些用户把厨房或阳台的生活污水接入了雨水立管。从而降低了污水的收集率，而设计时若仍按居住人数或用水定额进行计算，会导致实际进水量或进水负荷偏低，影响农村污水处理效果。

（3）技术选择不合理

由于农村建设基本无规划，住宅都较为分散，分布也较为不规则，管网的布设存在较大的难度，成本较高；此外，农村人口数量不稳定，每日时段分布明显，水量、水质波动较大，生活污水处理设施需要因地制宜地选择合适的处理工艺，否则会导致出水水质不达标。

1.1.5.2 缺少适宜不同区域特点的实用技术

我国从 20 世纪 80 年代开始，开展了村镇生活污水与分散点污染源处理技术的开发和研制工作，有些无动力或微动力的低能耗型一体化污水处理装置得到应用。此外，还开始采用环境生态工程如土地处理、垂直流或水平流人工构筑湿地、地下渗滤系统、生态沟渠等处理工艺条件研究，以及环境工程如生物法的生物滤池、生物接触氧化处理工艺条件研究，初步形成以环境生态工程为主的格局。据不完全统计，我国目前的农村生活污水处理技术达 100 多种，技术、工艺装备等多种多样，政府、农民等选择技术时，面临着建设成本、技术工艺效果、运行维护等无法准确评估的问题，此外由于选择的工艺技术不统一，也造成了后期管理运行的难题。

在过去的 30 年里，我国虽然积累了大量的村镇污水的处理技术，也出现了农村污水处理不缺技术，缺管理的观点，实际上由于农村不同地区生态资源禀赋、经济发展水平和生活生产习惯等区域差异显著，农村环境问题具有明显的区域差异性特征，缺少符合区域特点的农村污水处理实用落地技术，导致一些技术在本地化应用过程中出现了大量问题，如人工湿地在北方应用过程中出现冬季保温的问题，在南方水网地区应用有氮磷出水过高的问题；农村污水水力负荷冲击大，使得活性污泥法不能使用的问题。

1.1.5.3 缺少农村生活污水运营的长效管理机制

我国大部分农村都建设了污水处理工程，但是存在"建得起，转不起"的尴尬局面，主要是因为农村生活污水运行缺少长效的管理机制，主要体现在以下几个方面。

（1）运行维护资金短缺、无保障

农村污水处理设施的运行、维护需要一定的运行维护费用和定期检修资金。由于目前农村环境整治专项资金只能用于设施的建设，而不能用于治理设施的运营管理，大部分农村治理设施的运管资金来自行政村自筹。但是由于农村集体经济薄弱，农村污水处理厂缺少运行经费来源，而且治理设施建设遗留问题参差不齐，以及运管过程中频繁的定期清查、管道和池体的修复、处理效率的提升等，使得行政村自筹的经费无法保障设施的正常运行管理。

（2）工程管理水平普遍较低

农村生活污水处理系统的建设运行，不仅需要各级政府管理人员的指导，也需要村民的自我管理。目前农村生活污水处理工程建设总体上只保证了建设资金而没有保证运维资金。由于农村生活污水处理技术种类多样、缺少运维资金、村民缺乏污水设施管理的专业知识、缺少专业技术人员管理等原因，很多污水处理设施处于零维护状态，设施停运、湿地堵塞、杂草丛生及管道破损等现象屡见不鲜。此外，规划设计不合理、建设质量不高，也是导致后期管理维护难的重要原因。

（3）技术支撑、标准规范、管理机制等仍待完善

目前我国农村存在着"重建设、轻管理"的问题。其主要原因首先是农村生活污水处理的主要工程——生态处理工程存在工程量大面广的特点，而生态环保专业技术人员不够，难以对各村进行实时监督指导，难以提供治理设施运营管理所需的技术支撑。其次是没有管理机制，无验收标准，无运行维护配套措施，而且大部分乡镇没有设置专门的污水处理设施维护人员，造成了农村污水处理设施无法长效运行。

1.1.5.4　缺少农村生活污水处理设施的监管机制

由于我国农村生活污水处理设施存在技术多样化、污水水量大、覆盖面广等特点，缺乏有效的农村生活污水处理设施监管的机制，主要体现在以下几个方面。

（1）缺乏完善的监管体制

大部分的污水处理设施都没有统一设置标识、标牌、工程编号，没有统一的规章制度依据、没有管理模式可以参考，给全面监管、维护和长效管理带来了难度。

（2）治理设施产权不明确

我国大部分地区农村生活污水治理设施的建设和监管涉及多个部门，以浙江省为例，"美丽乡村"建设项目中的牵头单位为环保局，"五水共治"期间牵头单位是农办，还有部分"世行办项目"，再加上设施以建设为主，各省、市级层面也基本没有出台正式文件，没有明确提出具体的可操作的加强管理方面的政府文件使得治理设施的产权所有者和责任主体不明确，使后期的运行监管出现空缺。

（3）运维管理的基础支撑能力薄弱

我国现行的环境保护政策、标准对农村水环境保护的针对性和可操作性不强，未系统地出台农村生活污水治理设施的相关投资建设、排放、运行等标准；农村环境保护投入总体不足，农村水环境治理投入更为有限；监管能力方面，多数县市级环保部门工作力量薄弱，绝大多数乡镇没有专门的环境保护机构和编制，缺乏治理设施运行、监管的专业队伍。

（4）管理水平不高

目前我国农村污水处理厂主要由所在地村集体管理，村民的管理操作水平相对较低，且缺少专业的技术人员；管理体制不完善，缺少污水处理系统运行所需要的检测仪器和污水处理运行管理经验。

（5）有效评价和激励机制尚未形成，市场内生发展动力不足

多数地方对治理设施运营管理方面考核涉及较少，评价和激励机制未能形成。如浙江省对农村生活污水治理工作考核评价偏向于治理设施建设目标完成率。同时，针对治

理设施环境监管制度也尚未建立，难以用环境监测分析数据评价污染减排和环境质量改善绩效。另外，治理设施市场化程度不高，市场"需求"不足，缺少规模效应，盈利面较窄，加之领域较新、政策措施扶持缺失，市场参与主体积极性不高，市场发展内在动力不足。

1.2 我国农村污水处理的可行性与水环境保护

1.2.1 我国农村污水治理的可行性分析

我国农村污水具有以下特征。

① 农村受生活习惯的影响，污水中油腻物质含量较高，使有机污染物含量偏高。

② 农村已普及水冲厕所、小型的三格化粪池等设施，污水排放的城镇化特点比较显著。

③ 农户的居住人口发生较大变化，体现在青年人外出务工现象普遍，外地务工人员在农村居住现象普遍，使污水产生量与居住人口不一致，污水流量的季节性变化特别显著。这些因素都影响到水处理工艺和设计参数的选择。

同时，由于我国农村人口众多，产生的废水量大大超过国外的农村；我国污水处理厂数量少，有的小城市还没有建设污水处理厂，因此运输的距离过长导致运输费用过高。因此，我们需要通过国外先进技术借鉴与创新，将农村污水治理技术与农村的经济发展和建设规划相结合，因地制宜地采用可行、可操作的污水处理技术和工艺方案，并制定农村污水处理技术标准、设计规范与操作指南，为今后的污水处理提供样板和操作规程。

1.2.2 我国农村的水环境保护目标

由于我国农村生活污水治理的基础比较薄弱，污水处理工作处于起步阶段，为了有利于加快新农村建设步伐，有序、规范化地推进分散型农村污水处理设施的建设和保证处理效果，使河网水质有明显好转，制定我国农村水环境保护目标很有必要。

根据我国污水综合排放标准的相关规定，通常选用一般水域的第二类污染物中的 SS、BOD_5、COD_{Cr}、NH_3-N、TP（以 P 计），建议参照城镇二级污水处理厂的排放标准执行，以实现以下两个阶段的目标。

（1）远期目标

防治水污染，保护区域性河流与河网水质，保障人体健康，维护良好的生态系统，使分散型农村污水处理出水接纳河流的水质在多数时段和河段达到国家地表水Ⅲ类水质标准。

（2）近期目标

优先截流河道沿岸村庄生活污水不经处理直接入河，以防止河流严重污染、水质变黑变臭，使分散型农村污水处理出水接纳河流的水质在多数时段和河段达到国家地表水Ⅳ类水标准。

1.2.3　我国农村污水处理出水排放标准和执行的法律

村镇生活污水是造成村镇水环境污染的最重要的原因之一，且会随着村镇居民生活方式的改变而加剧。为有效处理、利用村镇生活污水，首先要使村镇生活污水经过技术经济可行的方法处理达到一定的排放标准，为进一步排放和再生利用提供基础。由于缺乏针对村镇生活污水处理的技术规范、排放标准等，致使村镇生活污水处理设施效果难以保证、监督管理难以开展。由于目前国家层面尚未出台村镇生活污水排放标准，导致各个地区确定的污染物指标和排放限值不尽相同，在村镇污水处理技术和工艺的选择上缺乏统一，可类比性差，监管困难。因此，村镇生活污水排放标准的制定实施，将进一步规范村镇生活污水的排放、治理及管理，能够切实改进村镇居民的生活环境，提高生活质量，具有极其重要的社会意义和现实意义。

1.2.3.1　排放标准

我国已颁布并正在执行的水污染物排放标准包括《污水综合排放标准》（GB 8978）、《畜禽养殖业污染物排放标准》（GB 18596）、《城镇污水处理厂污染物排放标准》（GB 18918）等，这些标准主要是针对具体行业制定，其中仅《城镇污水处理厂污染物排放标准》（GB 18918）中从"基本控制项目最高允许排放浓度""部分一类污染物最高允许排放浓度"和"选择控制项目最高允许排放浓度"三个方面对居民小区和工业企业内独立的生活污水处理设施污染物的排放标准进行了规定。因此，从严格意义上来说，2011 年以前，我国还没有农村生活污水处理排放标准，仅在北京、浙江、江苏、湖北等省市出台的地方农村生活污水处理实用技术指南、技术导则等规定中有相关标准。

2011 年宁夏回族自治区率先发布了村镇生活污水排放标准（DB 64/ T700—2011），该标准将农村生活污水污染物标准值分为一级标准、二级标准和三级标准，控制性污染物主要包括 pH 值、COD、BOD、SS、总磷、总氮、氨氮、粪大肠菌群数等。

2013 年，山西省发布了地方标准《山西省农村生活污水处理设施污染物排放标准》（DB 14/ 726—2013）。该标准结合山西省农村生活污水治理状况，规定农村地区设计规模不大于 500m³/d 的生活污水处理设施水污染物的排放分为一级、二级和三级标准，分别对应于不同的排放水体类别。控制性污染物主要包括 COD、BOD、SS、总磷、总氮、氨氮、阴离子表面活性剂、粪大肠菌群数等（各项指标均等同或略宽于《城镇污水处理厂污染物排放标准》中相应级别的标准值）。

2015 年，河北省发布了地方标准《农村生活污水排放标准》（DB 13/ 2171—2015）。该标准未规定污水处理设施的规模，但依据农村的经济状况、基础设施、自然环境条件，把农村划分为发达型、较发达型以及欠发达型 3 种类型，并执行相应的水质指标。控制性污染物主要包括 pH 值、色度、COD、BOD、SS、总磷、总氮、氨氮、阴离子表面活性剂、动植物油、粪大肠菌群数等（一级标准等同于《城镇污水处理厂污染物排放标准》中一级标准值）。

2015 年，浙江省发布了地方标准《农村生活污水处理设施水污染物排放标准》（DB 33/ 973—2015）。该标准将农村生活污水污染物标准值分为一级标准、二级标准，控制性污染物主要包括 pH 值、COD、SS、总磷、氨氮、动植物油、粪大肠菌群数等。

福建省地方标准《农村村庄生活污水排放标准》目前已完成征求意见稿，从征求意见稿的内容来看，该标准在农村类型的划分以及污染物控制指标等方面均与河北省地方标准相似。

目前，我国大部分村镇生活污水排放标准基本执行《城镇污水处理厂污染物排放标准》（GB 18918），但是由于村镇地区的污水处理技术、运行管理水平及监测手段等都严重落后于城镇地区，造成了很多污水处理设施"不达标"的尴尬局面。

1.2.3.2　农村污水治理遵循的主要法律标准

主要包括以下几部法律标准：

① 《中华人民共和国环境保护法》；

② 《中华人民共和国水污染防治法》；

③ 《地表水环境质量标准》（GB 3838—2002）；

④ 《城镇污水处理厂污染物排放标准》（GB 18918—2002）；

⑤ 《畜禽养殖业污染物排放标准》（GB 18596—2001）；

⑥ 《农田灌溉水质标准》（GB 5084—2005）；

⑦ 《城市污水处理及污染防治技术政策》（2005-05-29 实施，建设部、国家环境保护总局、科学技术部联合发布）；

⑧ 《湖库富营养化防治技术政策》（2004-05-10 实施，国家环境保护总局发布）；

⑨ 《畜禽养殖业污染防治技术规范》（2002-04-01 实施，国家环境保护总局发布）。

1.3　我国农村生活污水的对策及建议

1.3.1　完善相关法律法规

目前，我国在农村污水处理主要依据《国务院办公厅转发环境保护部等部门〈关于实行"以奖促治"加快解决突出的农村环境问题实施方案〉的通知》《中央农村环境保护专项资金管理暂行办法》《全国农村环境连片整治工作指南（试行）的通知》《农村环境综合整治"以奖促治"项目环境成效评估办法（试行）》等政策办法来推进，缺乏具体的法律法规（如日本的《净化槽法》、韩国《下水道法》）对各主体的行为责任进行硬性约束，一定程度上导致各主体在农村污水处理上责任边际模糊、责任意识不强，甚至责任主体缺乏等问题。因此，中央和各省需要加快农村污水处理相关法律、标准的制定，明确各主体的责权范围，这样才有利于污水处理工作有序和有效的推行。

1.3.2　制定农村污水的排放标准、处理技术指南与规范

针对目前我国农村污水处理技术设计不规范的问题，总结日本的成功经验和新西兰的探索实践，建议从我国农村生活污水治理系统的制造、安装、维护、清理、检查等多方面建立完善的技术标准体系，如日本的《净化槽法》《建筑基准法》等。应首先建立国家的农村生活污水治理技术标准，包含相应的农村生活污水处理技术指南与规范以及实用技术筛选指南，方便农村居民根据本地的实际情况，选择合适的处理技术。

在农村生活污水排放标准的制定中需要注意以下几个方面。

① 农村的污染物检测和处理水平不高，污染物控制项目的选取不宜过多。

② 应采取水环境质量标准、水环境容量以及污水处理技术水平现状及发展方向研究相结合的方法来确定农村生活污水的排放标准，以避免出现制定的标准与现实技术水平脱节、水环境容量与排放标准相互孤立等问题。

③ 因地制宜、区别对待，当地政府应根据农村自身的经济、技术水平和水环境容量来制定合适的农村生活污水排放标准。

1.3.3　建立农村生活污水的技术评估体系

针对目前我国众多的农村生活污水处理技术及其技术市场不规范的问题，借鉴美国、加拿大、韩国等国家自 20 世纪 90 年代开始应用的环境技术验证（ETV）制度，建议我国建设完善的农村生活污水技术评估体系，对现有或以后出现的农村生活污水创新技术进行客观评估，主要评价各处理技术的处理效果参数、环境影响参数、运行工艺参数、经济参数等，验证该农村生活污水处理技术是否可以达到技术拥有者提供的各项审核目标，以便向社会提供客观、高质量的技术性能和环境绩效数据，从而引导我国农村污水技术的产业化与规范化。

1.3.4　探索农村生活污水治理的 PPP 模式

针对目前农村污水处理面临的资金短缺等难题，仅靠政府支持仍存在较大缺口，因而建议充分发挥市场机制，吸引社会资金，如通过项目招标委托第三方运管；以县为单位，通过 PPP 模式、项目捆绑招商引资、BOT 模式（建设-经营-转让）等方式运管。鼓励经济较好的地方力量建立农村污水治理专项基金，专门用于管网建设和污水处理设施建设；并逐步在排水量大的发达地区探索环境排污费改税的可行性，实施排污费改税，征收面广、征收强度强，通过这一经济手段，实施"专款专用"，可为污染控制与环境治理提供有效的资金来源。

1.3.5 建管结合

针对目前我国存在的"重建设、轻管理"问题，借鉴韩国新村运动几十年来发生的重大变化和所取得的显著成绩，建议我国农村生活污水处理设施做到"建管结合"，坚持污水处理设施建设、运行和管理常态化，做到实效化与长效化的有机统一。

我国农村生活污水处理在坚持目前示范工程合理性、科学性、实用性的前提下，把握农村生活污水处理设施建设的质量，严格生活污水处理设施建设施工监理，加强工程施工单位执行技术规范和施工标准等项检查，以确保农村生活污水处理设施的实用、优质，并发挥出应有的长期效果。

1.3.6 建立农村生活污水处理设施的第三方监管平台

面对数量巨大的农村生活污水处理系统，由地方政府负责日常维护、清理、检查等工作，成本较大。因而建议建立专业化服务体系，将其承包给专业服务公司，如日本所形成的专业服务体系，并可将专业服务公司分为两类：一类只负责日常维护、清理；另一类负责定期检查。这样对日常维护工作的评估更为客观。地方政府提供专业培训，并对专业人员和服务公司进行资质认证。

参照新西兰的区域议会方式，建立基础数据库，主要用于收集、维护、定期检查数据，这不仅可作为是否维护、检测的证明，也可作为评估生活污水处理系统的设计、安装是否合适的依据。因而建议在我国各省、市级政府建立信息平台，收集一些基础信息，如所采用的技术（研发成功的技术、不适宜该地区的技术）、治理效果（污染物去除率、水质监测等）、成本信息（建设成本、运行成本等）。其作用是为制定适合各省、市的标准、规范作参考依据。同时可以对重点污水处理设施实施信息进行监管，做到信息公正、公开。

参 考 文 献

[1] 顾国维. 水污染防治技术研究 [M]. 上海：同济大学出版社，1997.

[2] 张克强，张洪生，李军幸，等. 我国农村生活污水资源化利用技术与模式 [C]. 2006 年中国农学会学术年会，2006.

[3] 徐洪斌，吕锡武，李先宁，等. 太湖流域农村生活污水污染现状调查研究 [J]. 农业环境科学学报，2007（S2）：375-378.

[4] 刘忠翰，王海玲，彭江燕，等. 滇池河流降雨径流资源利用的技术途径 [J]. 自然资源学报，2005（5）：780-789.

[5] 刘忠翰，彭江燕. 滇池流域农业区排水水质状况的初步调查 [J]. 云南环境科学，1997（2）：6-9.

[6] 陈俊敏，贾滨洋，付永胜. 生物化粪池/表面流人工湿地处理"农家乐"污水 [J]. 中国给水排水，2006（12）：71-73.

[7] 崔理华，朱夕珍，李国学，等. 北京西郊城市污水人工快滤处理与利用系统 [J]. 中国环境科

学，2000（1）：45-48.

［8］ 陈朱蕾，唐赢中，冯其林，等. 城市粪便处理技术发展战略研究［J］. 武汉城市建设学院学报，1998（1）：35-40.

［9］ 孙仲楠，陈燕贵，周利可. GSH 系列微生物复合菌在生物化粪池中的应用［J］. 中国环保产业，2006（6）：16-18.

［10］ 宋军. 新型生物处理化粪池［J］. 上海环境科学，1997（10）：32-33.

第**2**章 国外农村生活污染控制技术现状

2.1 国外典型农村污水处理技术模式介绍

2.1.1 挪威农村生活污水处理技术模式

挪威大约有 25% 的人口居住在没有任何集中污水收集系统的乡村地区，这些地方的污水采用就地处理。尽管分散系统还没有被广泛接受的定义，挪威还是把微型处理厂（就地处理）与小型处理厂进行了区分[1]。其中，服务人口少于 35 人（或 7 户）的为微型处理厂，服务人口为 35~500 人的叫作小型处理厂。通常这些小型处理厂的所有权归市政当局，排放标准则单独执行环境管理局认可的标准。表 2-1 所列为挪威的分散污水处理厂规模（<35 人、35~500 人、500~2000 人）和处理方法（生物法、化学法、生物/化学法）。从表 2-1 中可以看出，大多数处理厂采用的是生物/化学法，约 75% 的小型处理厂（35~2000 人）和约 70% 的微型处理厂（少于 35 人）具备化学（化学法或生物/化学法）除磷能力。

表 2-1 挪威不同处理方法及规模的分散处理厂数量

处理方法	总数		少于 35 人		35~500 人		500~2000 人	
	数量	所占比例	数量	所占比例	数量	所占比例	数量	所占比例
生物法	1299	30.5	1175	31.3	86	31.2	38	16.8
化学法	480	11.3	375	10.0	41	14.8	64	28.3
生物/化学法	2473	58.2	2200	58.7	149	54.0	124	54.9
总计	4252	100	3750	100	276	100	226	100

注：所占比例用%表示。

在挪威，对于服务人口（或当量人口）少于 1000 人的小型处理厂的典型排放标准是每年取 6 个水样，然后用水样的平均 BOD_7 值和总磷来表示；对于服务人口为1000~2000 人的污水处理厂，则每年取 12 个水样。

世界各国小型污水处理厂的排放标准不尽相同，表 2-2 为挪威的典型排放标准。

表 2-2 挪威小型污水处理厂的典型排放标准

处理方法	TP/(mg/L)	BOD$_7$/(mg/L)
化学法	0.5～0.6	n/a
生物法	n/a	15～20
生物法和化学法联合处理	n/a	n/a
同步沉淀	0.8	15～20
联合沉淀和后续沉淀	0.4～0.5	10～15

注：1. 表中数值包括范围变幅值均采用的平均值。

2. n/a 表示未给标准。

（1）污水特性

进入分散式污水处理厂的污水浓度较高，组分变化也较大。通常水量越小，组分变化越大。除组分变化外（因处理厂而异），水量变化也较大。因此，在调节池设置、工艺选择及系统设计时需充分考虑这一问题。

大多数分散处理厂都采用化粪池作为预处理，污水中的悬浮固体在化粪池中沉淀分离。由于储藏时间较长（3个月～2年），会产生一定程度的厌氧分解。从固体的水解和稳定的角度来考虑，化粪池并非最佳的处理单元，但却能达到厌氧预处理的效果[2]。在挪威，对诸如生物滤池或升流式厌氧污泥床（UASB）等专门的厌氧预处理单元缺乏设计经验，而在日本，以厌氧生物滤池作为预处理的就地污水处理系统应用十分广泛。但以活性污泥法为主的处理系统，一般不设置厌氧预处理单元。

在某些情况下，处理单元不处理混合污水，只处理杂排水。杂排水指的是除大便器排水外的所有生活污水，如盥洗池、厨房及洗衣机的排水。杂排水主要含有肥皂、洗发香波、洗涤剂等。废水水量和水质与地区密切相关。杂排水中的有机物浓度与城市污水相似，但悬浮固体浓度和浊度相对较低，说明杂排水中的有机物大部分是溶解性的。但两者的化学性质又不大相同，杂排水的 COD/BOD 比值较高，同时营养元素也不均衡，例如氮、磷，生活污水的 COD∶NH$_3$∶P 为 100∶5∶1，而杂排水为 1030∶2.7∶1。虽然杂排水可以用与混合污水相同的工艺来处理，但由于其特殊的水质，处理时要特别注意，否则效率就会降低。

（2）处理系统

原则上，分散处理（集成式污水处理厂处理杂排水或混合污水）的工艺与集中处理（大型污水处理厂）相同，即物理法、化学法、生物法及这些方法的联合。在物理方法中，沉淀由于工艺简单而占有主导地位。有时也使用斜板或斜管沉淀作为后续沉淀。预沉淀通常与污泥储存结合，即化粪池（或英霍夫池）。生物处理以好氧为主（不包括化粪池，它是一个厌氧反应器兼分离器），包括活性污泥法和生物膜法［生物转盘（RBCs）、滴滤池、淹没滤池或移动床］。由于挪威的污水处理厂大多要求除磷，因此化学法在挪威应用十分广泛，多数情况下化学法与生物法联合使用，有时也单独使用，但数量上少于生物法。

（3）微型污水处理设备

在挪威曾有人对预制式就地微型处理设备的使用提出质疑。起初的指导方针是禁止使用该设备，而只允许使用渗滤或砂滤工艺。然而，许多房屋建在岩石地层上，使用渗滤显然不可能。1985 年后，由于微型处理设备的使用效果被广泛认可，有关当局才接受它。

挪威被认可使用的 6 种微型设备见图 2-1。Biovac 公司决定将他们的重点放在间歇式活性污泥法上（Biovac FD），并且从市场上收回连续流式处理设备［图 2-1（a）］。在挪威，Bionac 公司的设备主导着生物法和生物/化学法市场[3]。

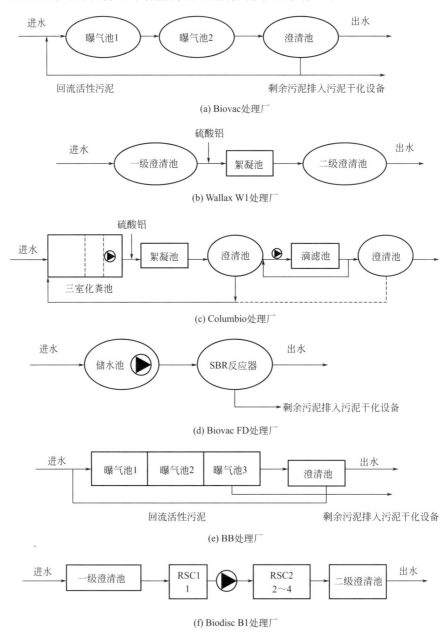

(a) Biovac 处理厂

(b) Wallax W1 处理厂

(c) Columbio 处理厂

(d) Biovac FD 处理厂

(e) BB 处理厂

(f) Biodisc B1 处理厂

图 2-1　挪威小型污水处理厂流程

Wallax 是唯一的纯化学法处理设备。它是由玻璃纤维强化塑料构成的同心套筒，套筒外层是预沉淀槽，内层是化学法污泥分离槽，排出的污泥外运［图 2-1（b）］。Colombio 设备的基本构成是预沉淀后面接生物过滤器［图 2-1(c)］，而 Biodisc B1 设备是一个纯粹的两段生物处理设备［图 2-1(f)］，BB 设备则是一个基于活性污泥法的纯生物型处理设备［图 2-1(e)］。表 2-3 给出了以上认可使用的设备性能测试结果。

表 2-3　不同微型污水处理设备的出水水质

设备名称	设备数量	负荷 /[L/(人·d)]	BOD$_7$ /(mg/L)	COD /(mg/L)	TP /(mg/L)	SS /(mg/L)
Biovac FD	4	124	7	58	0.60	25
Wallax 1(3)	3	131	n/a	284	0.82	39
Columbio	3	169	20	86	0.37	27
Klargster B1	3	143	15	89	4.50	18
BB	3	139	14	103	8.80	26

注：n/a 表示未给出出水数值。

1994 年挪威对其国内的微型处理设备进行了评估[4]。所有的微型设备用户都收到了调查问卷，反馈率为 65%。对 132 个挑选出的设备进行监控和采样，监控的主要目的是评估设备的运行和维护情况。调查发现，安装在地下室的用户占 42%，安装在专门设计建造的小房间里的用户占 31%，10% 的用户将设备安装在车库，13% 的用户将设备安装在地窖中（无盖）。这些设备的排水有 61% 直接排入受纳性水体（小河、河流和湖泊），39% 排入土壤渗滤系统。91% 的用户对供货商的服务表示满意，94% 的用户表示供货商履行了他们的义务，但只有 50% 的用户对当地政府提供的服务表示满意。认为没有噪声和臭气问题的用户占 52%，25% 认为有噪声，19% 认为有臭气，认为同时有噪声和臭气问题的仅占 4%。53% 的设备用户向供货商寻求常规服务以外的帮助（5 年以内），67% 的用户曾经历过不止一次的设备故障，但这些故障通常是由停电造成的堵塞引起的。在 132 个被监控的设备调查中，有证据表明安装在能采暖的房间里的设备的维护优于安装在地下（无盖）或不能采暖的房间里的设备。调查发现许多污水处理设备都不能按时排泥，由于存泥太多，导致污泥随出水溢流，从而降低了处理效果。表 2-4 给出了 Biovac 间歇式设备（5 人）的设计和运行规范。

表 2-4　Biovac 间歇式设备（5 人）的设计和运行规范

输入参数		设计参数		运行参数	
设计流量	0.65m³/d	反应器净容量	1.0m³	曝气参数	78%
最大流量	1.58m³/d	操作体积	0.22m³	污泥负荷	0.06kg BOD/(kg MLSS·d)
MLSS	5000mg/L	进水时间（已曝气）	6min	污泥产量	0.31kg/d
反应时间	180min	沉淀时间	90min	污泥龄（总/好氧段）	30d/16d
每个好氧池气量	6m³/h	出水时间	15min	空气消耗量	68m³/h

（4）小型污水处理设备

在挪威，大多数的小型污水处理厂（35～2000 人）属于市政当局。大多数地区都已建立了"运行协作"组织以帮助和支持市政当局来运行他们的污水处理厂。这些组织通常与污水处理专家联系紧密，支持和帮助操作人员进行设备采样和维护，并评估运行结果。挪威的小型污水处理厂也被分为三类，即化学处理、生物处理和生物/化学处理（图 2-2）。每种方法都有几种不同的操作单元可供选择。例如，化学法污水处理厂可采用一级沉淀（没有预沉淀），也可采用二级沉淀（有预沉池）；生物法污水处理厂分为活性污泥法和生物膜法，生物膜法以生物转盘为主，但移动床逐渐流行；生物/化学联合污水处理厂分为预沉淀（化学步骤在生物步骤之前）、共沉淀（化学沉淀发生在生物反应器中，生物处理主要为活性污泥法）、联合沉淀（化学沉淀在生物反应器之后，生物处理主要为生物膜法，通常为RBC）和后沉淀（化学沉淀在生物处理之后，生物处理通常为活性污泥法）。

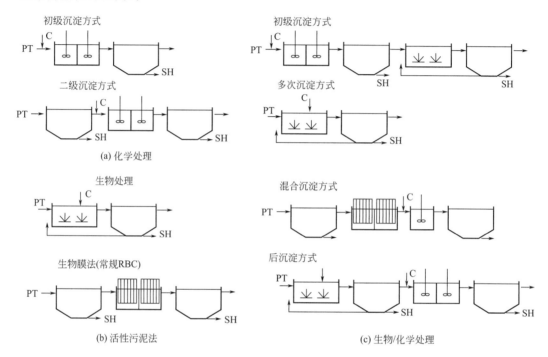

图 2-2　挪威小型污水处理厂典型处理方式

PT—预处理；SH—污泥处理；C—化学试剂

污水的预处理一般采用下列方法：

① 格栅、沉砂池和传统的初沉池；

② 消化池/英霍夫池（污泥分离和污泥储存联合在一个池中）；

③ 研磨机。

污泥处理一般采用下列方法：

① 大型化粪池的储泥室直接储藏；

② 分离的浓缩池/污泥储存池（不通空气）储藏；

③ 曝气储存池/污泥稳定池储藏。

然后，用卡车定期把污泥运送到集中污泥处理设施进行集中处理。在服务人口为500～2000人的污水处理厂，为了减少运送成本一般都有自己的污泥脱水设施（最常见的是离心分离机）。

（5）性能评估调查

9个运行协作组织用3年时间（1994～1996年）对356个污水处理厂进行了调查，

调查范围大约涵盖同一时期挪威 90% 的同等规模的小型污水处理厂。调查结果的统计（表 2-5）表明：生物/化学法对有机物的去除效率优于化学法和生物法；普通化学处理对磷的去除效果优于普通的生物/化学法，对悬浮固体的去除则基本相同。化学法的平均出水磷浓度为 0.42mg/L，而生物法对磷也有 50% 以上的去除率，远高于大型集中式生物污水处理厂。这也许是由于污泥回流到化粪池，从而起到厌氧选择池的作用所致。

表 2-5　全部处理类型和处理效果

工艺	参数	总数	污水厂数/个	样品数/个	C 进水/(mg/L)	C 出水/(mg/L)	处理率 1/%	处理率 2/%
化学法	COD	99	98	2811	474±222	108±62.0	74.8±10.0	77.2
生物法		56	48	730	474±203	88.6±40.9	78.9±8.2	81.3
组合法		201	194	3593	474±271	60.0±26.2	84.5±7.3	87.3
全部		356	340	7134	474±249	78.1±46.8	81.2±9.6	83.5
化学法	BOD	99	14	316	474±247	78.1±46.8	81.2±9.6	83.5
生物法		56	29	277	222±93	34.7±19.1	81.9±11.5	84.4
组合法		201	111	3112	208±136	18.9±21.7	89.3±7.3	90.9
全部		356	154	3805	208±136	24.6±25.1	96.2±10.8	88.2
化学法	TP	99	99	7557	2.32±2.52	0.42±0.42	90.6±11.0	92.1
生物法		56	39	523	6.36±2.75	2.93±1.68	52.9±20.5	53.9
组合法		201	201	6085	6.56±3.28	0.52±0.51	91.1±8.7	92.1
全部		356	339	10165	6.17±3.06	0.77±1.07	86.7±16.4	87.5
化学法	SS	99	63	1060	251±167	24.9±18.7	83.4±16.1	90.1
生物法		56	34	444	86±119	24.1±13.4	83.3±11.7	87.0
组合法		201	147	3007	284±191	25.5±29.0	90.7±8.4	91.0
全部		356	273	4511	253±174	25.2±24.0	87.4±11.6	90.0

注：处理率 1 是以单独样品为基础的处理效率，处理率 2 是以所有样品的平均值为基础的处理效率。

化学法对有机物也有相当高的去除率。生物法出水的 COD 和 BOD 浓度较低，但并未达到人们期望的程度。因此，总的来说，化学法和生物法的差别并不像预料的那样明显。就污水处理厂的规模而言，当采用生物法和生物/化学法时，服务人口为 500～2000 人的污水处理厂处理效果要好于服务人口少于 500 人的污水处理厂；而对于化学法，则是服务人口少于 500 人的污水处理厂效果好。然而，这两种规模的差异很小，一般认为规模越大，运行会越稳定，处理效果也会越好，但实际并未如此，尤其是化学法，处理效果与规模无关。

表 2-5 中的几种处理工艺的处理效果分别说明如下。

1）化学法污水处理厂　化学法在挪威的大量使用始于中型和大型污水处理厂，但现在也大量应用于小型污水处理厂，而且效果稳定。化学法通常采用二级沉淀，化学沉淀在第二级沉淀池进行，污泥返回初沉池（通常为化粪池），以提高混凝效率，同时储存污泥。常用的混凝剂有硫酸铝、氧化铁和聚合氯化铝等。有 50% 的高端（出水水质较高）的污水处理厂，其一级沉淀和二级沉淀（初次沉淀和二次沉淀）之间出水水质没有多大差别；而有 50% 的低端（出水水质较低）的污水处理厂，其二级沉淀效果明显优于一级沉淀，这可能是因为二级沉淀中化粪池的平衡作用使得运行更加稳定。两种沉淀对悬浮固体（SS）的去除效果基本相同。

2）生物法污水处理厂　由表 2-5 的统计结果可见，在挪威有许多纯生物法污水处理厂，这是因为污水处理中通常要求除磷。就 COD 和 SS 而言，活性污泥法比生物膜法效果好。很多（约 50%）生物膜法污水处理厂的泥水分离效果不好，导致污泥流失，出水 SS 增高。生物膜法出水磷的浓度明显高于活性污泥法。这是因为活性污泥法中总磷的去除主要通过活性污泥对含磷有机颗粒的捕集来完成，因为活性污泥反应池类似于絮凝搅拌器，污水中的颗粒物被卷入絮体随后被沉淀分离，而生物膜法则不具备这样的功能。

3）生物/化学法污水处理厂　所有的生物/化学法污水处理厂运行效果都相当好。相比较而言，共沉淀的效果较差，这是因为在共沉淀中活性污泥分离是整个流程的最后单元，由于频繁的污泥流失使得出水 SS 较高。在高端的 50% 的污水处理厂，联合沉淀与后沉淀具有相同的有机物去除率；但在低端的 50% 的污水处理厂，联合沉淀的稳定性效果较差。对于磷和 SS 的去除，后沉淀的效果最好，联合沉淀次之，共沉淀最差。联合沉淀不如后沉淀的原因可能是前面步骤中混凝剂的投量控制不够严格。后沉淀的优越性在于工艺最后的化学沉淀可对前边流失的污泥进行捕集，从而保证了最终出水水质。

（6）KMT 处理厂——小型污水处理厂的范例

生物膜反应器在挪威的小型污水处理厂中应用也十分广泛，原因是污水经生物膜反应器处理后无需进行泥水分离即可进行化学沉淀。这种污水处理厂中的生物膜反应器大多采用生物转盘，预处理采用沉淀池，同时起到储泥池的作用。一种新型生物膜反应器——移动床生物膜反应器（MBBR）在挪威已开发出来，并在小型污水处理厂开始普遍使用。继 MBBR 之后正在开发一种可连续运行、不需要反冲洗、水头损失较低、比表面积较大同时又不堵塞的生物膜反应器，而且已经有通过在反应器内投加与水流一起运动的小载体实现污水处理的反应器研发成功。在好氧反应器内载体的运行依靠曝气实现，在厌氧反应器内靠机械搅拌完成。小型污水处理厂的厌氧反应器通常采用脉冲曝气（每天数次，每次数秒）取代机械搅拌。

生物膜载体材料为聚乙烯（密度 $0.95g/cm^3$）。标准的（K1）外形为圆柱体，内部有通道和肋片。圆柱体高 7mm，直径 10mm（不包括肋片）。后来生产了一种外形相似的较大载体（K2，高和直径均约 15mm），并打算作为处理厂的粗滤，尤其适用于以过滤作为预处理的活性污泥处理厂。流动床生物膜反应器的一个重要优点是生物膜载体的填充率（载体占反应器的体积比）可以根据生物膜量的需要进行选择，标准填充率为 67%，K1 型载体比表面积为 $465m^2/m^3$。由于生物膜的增长始于载体内部，因此，有效的比面积对于 K1 为 $335m^2/m^3$，K2 为 $210m^2/m^3$（填充率为 67%）。为了完全混合，推荐填充率在 70% 以下。反应器的设计依据给出的有效生物膜面积负荷 $[kg/(m^2 \cdot d)]$ 进行，如果在标准填充率下，实际生物膜面积大于所需要的面积，则说明反应器体积过大（例如在污泥浓缩情况下），可采用较低的填充率。

以 KMT MBBR 系统为核心的小型生物/化学处理法污水处理厂的典型流程见图 2-3。生物反应器第一单元是否曝气依据氮的去除要求而定。在挪威，由于小型处理厂没有关于氮的排放标准，所以通常不设计脱氮。但在大型污水处理厂，移动床生物膜工艺被成功地用于脱氮处理。表 2-6、表 2-7 为两个 Kaldnes MBBR 系统污水处理厂的设计参数与 3 年（1992～1994 年）运行的平均结果。其中，Steinsholt 处理厂（A）的有机负荷正常，而 Eidsfoss 处理厂（B）的有机负荷则偏低。目前所有的 MBBR 系统都未设计脱氮处理，但 Steinoshlt 处理厂在好氧反应器前设有一个小的兼氧区，从而有一定程度的脱氮效果（氮的去除率为 42%）。这一结果优于挪威其他小型生化处理厂，而且污泥产量较低，表明 MBBR 系统运行良好。该反应器通常设有顶盖，因此也检测不到臭气。此外，该系统即使在无人监控的情况下也运行良好。

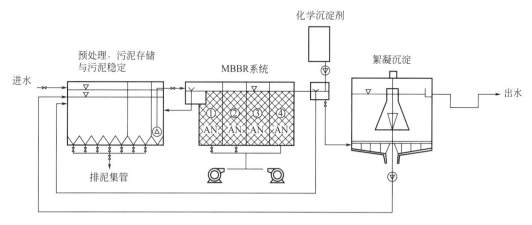

图 2-3　以 KMT MBBR 系统为核心的小型生物/化学处理法污水处理厂典型流程

表 2-6　两个 KMT MBBR 处理厂的设计参数比较

处理厂	流量 /(m³/d)	人口/人		絮凝剂用量		有机物负荷 /[g/(m²·d)]		污泥产量	
		设计	实际	gAl/m³	Al/P	COD	BOD	gTM/m²	gTM/g①
A	40(40)	250	250	14.1	2.5	7.7	4.3	260	0.54
B	160(36)	130	1000	15.2	2.2	2.0	0.7	220	0.56

① 是指 gTM/g 去除的 COD。

注：流量表达方式为设计流量（实际流量）。

表 2-7　两个 KMT MBBR 处理厂 3 年（1992～1994 年）运行的平均结果

项目	处理厂	COD	BOD	SS	TP	TN
进水各项指标/(mg/L)	A	514	289	220	6.4	50.2
	B	373	126	—	8.0	49.3
出水各项指标/(mg/L)	A	33	11	13	0.17	29.2
	B	32	<10	10	0.38	38.1
去除率/%	A	94.0	96.2	94.1	97.3	41.8
	B	91.4	>92.1	—	95.2	22.7

2.1.2　日本农村生活污水处理技术模式

自日本从 1977 年实行农村污水处理计划以来，至 1996 年底已建成约 2000 座小型污水处理厂，20 世纪 90 年代，在循环经济理念的指导下，日本政府重新调整了污水处理政策，加大了对小城镇和没有排水系统的农村地区的污水处理力度并加快中小型污水处理设施的研究开发和应用[5]。日本农村污水处理协会设计、推广的污水处理装置体积小、成本低、操作运行简单，十分适用于农村。处理后的污水水质稳定，大多用于灌溉水稻或果园，或排入灌排渠道，稀释后再灌溉农作物，污水中分离出来的污泥经脱水、浓缩和改良后，运至农田作肥料。

依据所处理的废水种类、设备大小和管理部门不同，日本将生活污水处理分为若干系统——集中处理系统、johkasous 系统和粪便处理设备。在日本有 66% 的用户使用 gappei-shori 净化槽或者集中处理系统处理生活污水，但是仍有 34% 的用户使用 vault 厕所或 tandokou-shori 净化槽处理粪便，杂排水未经任何处理而直接排放。因此，增加 gappei-shori 净化槽或集中处理系统的比例来促进杂排水处理以防止水体污染对日本政府来说是一个极其紧迫的问题。日本的生活污水处理流程如图 2-4 所示。

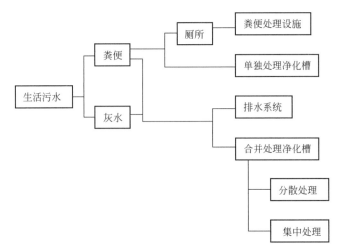

图 2-4　日本的生活污水处理流程

净化槽通常应用于没有排水系统的边远乡村。在日本安装有 800 万个净化槽（包括 doku-shori 和 gappei-shori），服务人口约 3600 万人。在已安装的净化槽中大约 13.5%（约 100 万套）是 gappei-shori 净化槽，服务人口约 1000 万人。近年来，净化槽的研究与发展十分迅速。在技术上主要有两个研究方面：一方面是研究去除 N 和 P，同时获得高质量出水的净化槽；另一方面是研究具有特殊功能的净化槽（图 2-5）[6,7]。

小流量的污水地下渗滤系统工艺种类很多，归纳起来可分为 3 种基本类型。

1）地下土壤渗滤沟（槽）　有的是封闭型的，有的是敞开型的；一般均间歇运行，有投配期和休灌期；有的无回流，有的将净化出水部分循环回流；有单管型的和多管型的。

2）地下毛细管浸润渗滤沟（槽）　也称尼米（Niimi）系统，这是日本开发的利用毛细管浸润扩散原理研制成功的一种浅型土壤处理系统。

3）土壤天然净化与人工净化相结合的复合工艺　通常是将浸没生物滤池与毛细管浸润渗滤相结合的复合工艺。

为控制氮、磷污染，防止水体富营养化，国外还有将上述土壤渗滤法应用于脱氮除磷的情况。

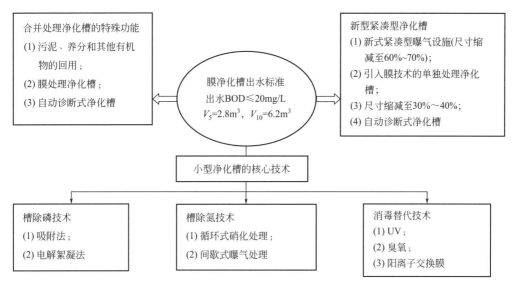

图 2-5　小型净化槽的发展方向

注：V_5、V_{10}分别代表5人、10人用净化槽的容积。

日本的土壤毛细管渗滤系统，也称尼米（Niimi）系统，是日本人 Niimi 于 20 世纪 80 年代初期开发成功的[8]。系统的下部为不透水层，防止污水直接下渗，避免污染地下水。污水通过沟内土壤的毛细管作用，缓慢向上并向四周浸润、扩散入周围土壤，在地表下 30～50cm 深度的土壤层发生非饱和渗透。在此层土壤内聚集着大量微生物及微型动物。在需氧微生物和厌氧微生物的作用下，污水中的有机污染物被吸附、降解，土壤中大量的原生动物和后生动物又以微生物为食料；伸入土层中的植物根系则吸收由于污水矿化而产生的氮、磷等无机养分，作为其生长所需的营养。因此，Niimi 系统基本上是一个生态系统，通过植物-土壤-微生物的复杂而又互相联系和制约的作用，最终使污水得到净化。土壤毛细管渗滤系统的水力负荷一般取 30～40L/（m·d）。

2.2　国外农村生活污水处理技术工艺及工程适应性分析

在重点调研分析美国、挪威、德国、澳大利亚、日本、韩国等国家的分散性点源污染处理工程实践的基础上，整理出 8 项国外用于农村生活污水处理的技术，即小型污水处理厂、稳定塘、土地处理系统、湿地与人工湿地、生物膜法处理、化粪池、膜生物反应器一体化处理装置。

2.2.1　小型污水处理厂

2.2.1.1　概念说明

城镇污水特别是小城镇或村镇生活污水，家庭生活设施使用所产生的废水是生活污水的主要来源。科学技术的进步和生活方式的多样化，人们对水的需求呈多样化趋势，越来越多的不同成分的日常消费品大量使用，使生活污水组成成分复杂化；有些地区，生活污水中还容纳一定数量和浓度的工业污水，成分更加复杂。Butler[9]等（1995）的研究表明，不同生活设施对生活污水的质量和数量影响是不相同的。厕所卫生废水对生活污水组成成分影响程度最大，特别是氨盐含量高，排放时间集中在晚上，占夜间排放量的60%～90%；厨房洗碗废水中正磷酸盐比例高，排放高峰期出现在上午6～7时和下午6～10时。居民的生活习惯和作息时间因地区、季节和民族习惯而异，家庭生活设施的使用情况与当地经济条件、居民生活水平、年龄结构和消费群体等密切相关。

综合各方面的资料表明，实施城镇生活污水处理的难点主要如下。

① 城镇生活污水成分日益复杂，各种污染成分浓度较低，波动性很大，难以正确评估生活污水的污染负荷及其昼夜、季节性变化，影响到城镇生活污水处理方法的正确选择、处理工艺与污染物去除方案的合理设计、出水水质的准确估计以及污水处理设施的正常运转[10]。

② 现有生活污水处理工艺设计大多建立在实验室或中试结果基础上，根据经验设计大规模应用工艺，在实际操作与具体实践中受外界环境变化影响很大[11]。

③ 城镇生活污水处理工艺与技术的选择还受到当地社会、经济发展水平的制约和地方保护主义或其他人文因素的抵制，常常不是采用最佳的处理工艺与处理技术。

④ 当地自然与生态条件（如气温、降水、风向和土壤等）对所选择的处理工艺与处理技术有负面影响，使其不能发挥正常效力。

2.2.1.2 可供选择的处理工艺

（1）生物处理

污水生物处理过程是指利用微生物的新陈代谢把污水中存在的各种溶解态或胶体状态的有机污染物转化为稳定的无害化物质。按照处理过程中有无氧气的参与，污水的生物处理技术可分为好氧处理工艺和厌氧处理工艺；按照污水处理生物反应器中微生物的生长状态，污水的生物处理技术又可分为以活性污泥为代表的悬浮生长工艺和以生物膜法为代表的附着生长工艺。表2-8概述了各种生物处理方法对城镇生活污水处理的情况[12]。

表2-8 生物处理方法对城镇生活污水的处理及性能分析

处理工艺类型	污泥产量 /(kg/kgBOD₅)	容积负荷 /[kgBOD₅/(m³·d)]	BOD₅去除率 /%
上升式曝气生物滤池	0.15～0.25	4	＞93
下降式曝气生物滤池	0.63～1.06	7.5	75
Trikling filter	0.3～0.5	高速 0.08～0.40	80～90
		中速 0.24～0.48	50～70
		低速 0.48～0.96	65～85
生物转盘(RBC)		5～10g/(m²·d)	86
淹没式生物反应器	0.0～0.3	0.005～0.7	87～99
传统活性污泥法	0.6	0.32～0.64	85～95
SBR		0.08～0.24	85～95
氧化沟		0.10～0.24	75～95

注：资料来源于Gander et al.（2000），有改动。

从表2-8中可看出，用于小城镇或村镇污水二级处理的工艺主要是生物滤池、生物转盘（RBC）、生物接触氧化、传统活性污泥、序批式活性污泥法（SBR）和氧化沟工艺，其中生物转盘、淹没式生物反应器（生物接触氧化）、传统活性污泥、SBR等工艺对有机污染物、氮和磷有更高的去除效果，更适于作为小型污水处理设施应用。

（2）厌氧处理

厌氧处理工艺具有反应器体积小，规模灵活，工艺简单，耗能低（仅为好氧工艺的10%～15%），产生的污泥量小（为好氧工艺的10%～15%），处理过程中对营养物的需求低等多种优点，是城镇生活污水处理的首选方法之一。但是，城镇生活污水中较低的污染物浓度，则成了传统厌氧处理工艺在城镇生活污水处理中广泛应用的首要限制因素[13]。为了解决这一技术难题，人们对传统厌氧处理工艺进行了长期的各种改进试验。改进后的厌氧处理技术在处理低浓度城镇生活污水（COD<1000mg/L）时，无论是在试验室水平上还是在应用水平上均取得了重要突破[14]。特别是20世纪80年代以来，上流式厌氧污泥床反应器（UASB）技术开始在热带地区推广应用[15]，基本上克服了该工艺所遇到的这一难关。

限制厌氧技术在更大范围内处理城镇生活污水的另一关键因素是低温。研究表明，污染物浓度低的生活污水由于在硝化过程中不能产生足够的热量维持厌氧细菌正常生长，在气温低的地区必须添加能量以维持热平衡，使处理成本大增。面对这一挑战，Behling等对UASB技术进行了改进，并在中温地区应用于处理生活污水，结果表明：在无外加热源时，可连续运行超过200d，但缺点是接种污泥时间仍很长。Nadon和Dague[16]、Dague等[17]报道了常温下应用厌氧序批式反应器（ASBR）技术处理低浓度废水，结果表明：在15～25℃处理COD浓度为400～800mg/L的人工合成废水时，去除率在80%～90%；在处理COD为600mg/L废水时，20～25℃时SCOD和BOD去除率均大于90%。厌氧处理工艺这一新的改进，为城镇生活污水处理提供了一种新途径，但是否完全可行有待进一步研究。

（3）生物膜法处理

近年来，生物膜法处理技术在城镇生活污水深度处理特别是硝化和反硝化研究方面取得了进展[18,19]。Gupta等证实了好氧条件下生物转盘（RBC）技术同时去除有机物和N的可行性。Gupta[20]等还报道了三级RBC在细菌 *Thiosphaera pantotropha* 参与下在完全好氧条件下，同步处理人工合成生活污水的结果，其中第一阶段有机物和氮去除量高达8.7～25.9g COD/(m² • d) 和0.81～1.85g N/(m² • d)。Renolds[21]等采用淹没式生物滤池处理生活污水，通过选择连续流和间歇流操作方式进行硝化和反硝化，结果表明其COD去除率大于70%，NH₃-N浓度低于5mg/L。Parker等认为控制好反冲洗和捕食性微生物可以提高生物滤池的除氮效果；Palsdottir和Bishop[22]对塔式生物滤池的研究表明：生物膜内的捕食性蜗牛是干扰其硝化过程的主要因素。

采用单一的活性污染法或生物膜法处理生活污水时，由于方法上的差异，各自的优点和缺点都十分明显（表2-9）。但是，如果两者结合使用，这些优缺点可以起到互补的作用，从而可以"掩盖"其中的缺点。

表 2-9　生物膜法工艺性能及其与生活性污泥法的工艺性能比较

比较项目	生物膜法	活性污泥法
微生物特点	附着生长,种类多样化,食物链长,世代时间较长,活性高,抗冲击强	悬浮生长,种类单一,世代时间较短,抗冲击能力差
优点	工艺简单、维护量小,二沉池污泥浓度高、沉降性能好,抗冲击负荷,能耗和运行费用低	出水水质好、臭味小,运行灵活性大,投资费用低,占地面积较小,可控制性好,运行模式规范
缺点	固体截流能力较差,有臭味,对运行的变化反应差,占地多,投资费用高	工艺较复杂,污泥量较大,抗冲击负荷较差,能耗和运行费用较高
适用范围	小规模生活污水处理,对常规活性污泥处理系统的改造	技术成熟,应用范围广,应用于大规模污水处理

大量的试验研究和工程实践证实,采用生物膜和悬浮生长工艺相结合的联合处理工艺可以克服单一生物膜法或活性污泥法工艺的不足。Chen-Lung[23]利用 RBC 处理生活污水,出水与生物膜管道技术联合应用除氮,进水流速为 1cm/s,能将 TN 浓度控制在 10mg/L,出水可用于农灌用水。RBC/SC 处理系统比单纯 RBC 能提高污染物去除效率,其中 SS、总 COD 和 SCOD 的去除率分别提高 26%、18%和 17%。

吸附生物降解工艺(AB 法)是在常规活性污泥和两段活性污泥法基础上发展起来的生物处理技术[24]。A 段为高负荷的生物吸附区,B 段为低负荷处理区。为满足深层次的水处理要求,特别是对除磷脱氮的要求,对经典 A/B 工艺进行联合工艺的改进:将 B 段替换成其他工艺,如曝气生物滤池、A/O 法、A^2/O 法、氧化沟、序批式活性污泥法(SBR)等;对 A 段采取多种运行方式(厌氧、缺氧、好氧等)。Su[25]等将 RBC 结合到 A^2/O 工艺中,在去除城市污水中的有机碳、氮和磷方面效果显著。Martin[26]等改造三级 RBC 处理厂时将二沉池污泥回流,对 BOD_5 和 SS 的去除率分别提高 50%和 40%。

(4)一级强化处理

城市生活污水强化一级处理工艺的快速发展在很大程度上得益于其基建投资少、单位污染物去除费用较低、能较大程度地提高污染物的去除率,消减污染负荷。特别是,由于该工艺运行管理简便灵活,处理过程稳定可靠,很适于我国中小城镇生活污水处理的实际应用,尤其适于资金紧张地区的生活污水处理。

强化一级处理技术可分为化学强化一级处理工艺(CEPT)和生物强化一级处理工艺。在对生活污水处理过程中,CEPT 的处理效果明显[27],一般悬浮固体去除率可达 90%、BOD 去除率为 50%~70%、细菌去除率为 80%~90%、TP 为 80%~90%。而常规一级处理去除率为 SS 50%~60%、BOD 25%~40%、TP 10%。特别是在除磷方面,一般单采用生物除磷工艺很难满足 1.0mg/L 出水水质要求,CEPT 可以满足这一出水水质的要求。利用回流一级污泥的絮凝吸附作用强化一级沉淀处理生活污水,当条件适当时 COD 和 SS 的去除率分别为 60%~70%和 70%左右。由于 CEPT 还具有不易受气候条件限制等优点,可在寒冷地区进行推广应用于处理城镇生活污水。

当前,强化一级处理技术面临的主要挑战是:污泥产量大,对污泥的处理难度和处理费用增加,而且有的絮凝剂存在生物学毒性和生态学上的安全性问题,当采用这些絮凝剂进行强化时容易造成对环境的二次污染。

2.2.1.3 工程适应性分析

供农村污水处理选择使用的小型污水处理工艺均来自城市污水处理工艺,其技术的成熟度、可靠性高,受自然环境的限制影响相对于自然净化处理系统而言要小。

国外农村生活污水处理的工程实践证明,采用传统活性污泥法、SBR 法、生物膜法、生物滤池法、氧化沟法等技术,因处理效益高、占地面积小、缓冲性能好、对污水的适应性好、运行管理的可控性高以及对环境的二次污染少,在有条件的地区推广应用容易达到国家排放标准并实现减排目标。

由于小型污水处理工艺的基建投资、运行成本和能耗消耗较环境生态工程的高。就目前而言,要在我国农村全面推广时机并不成熟,特别是较高的运行费用和能耗,谁来买单的问题必须解决。但在农户和人口较为集中、没有可供利用的土地的农村,为满足新农村污水处理的需要,小型污水处理工艺"以资金换土地"的方案也是十分值得采用的。

2.2.1.4 工程案例

(1)芬兰污水处理厂

在芬兰,联合的下水道系统经常被一个村镇或者是多于 50 人的居住点应用,很多商业上的方法可以应用。其缺点是一个联合的下水道系统需要达成明确的合作的共识以及劳动力的分配,就好像股东之间分配利益一样。有关当事人的职位、各个点之间的距离、地理条件和土壤的类型都能够成为这个系统地理位置的选择的制约因素。其优点是所有的花销(建筑、维护和运行的费用)会在合伙人之间分配。而且会有为分散处理系统的设施提供的一些津贴。因为有很多使用者以及相对稳定的废水水力负荷,所以净化的效率是稳定可靠的。选择一个最好的位置来建立一个联合处理系统有很强的可行性。

(2)英国污水处理厂

在英国,在某些地区不适合用现代污水处理设备,又不能和主要的下水系统连接上,这时建造小型的污水处理工程是最有效且经济的选择。在这些建造污水处理工程的地区程序和工艺的选择是相似的。

最普遍的生物处理单元有传统的生物滤池和旋转生物接触池两种。英国农村污水初沉池及生物滴滤池如图 2-6 和图 2-7 所示。

图 2-6 英国农村污水初沉池

1)活性污泥单元 在英国以下 3 种活性污泥单元最为常见:延时曝气池、接触稳定池、氧化沟。

2)三级处理 小型/农村污水处理工程中可以采用的方法有草地、上流澄清池、废水氧化塘和芦苇床处理系统（图 2-8）。

图 2-7　英国农村污水生物滴滤池

图 2-8　英国典型的芦苇床处理系统

① 出水排放。排放到内陆或者有潮水域；排入地下岩层；排入土地。

② 各种方法的使用范围。见表 2-10。

表 2-10　污水处理厂的使用范围　　　　　　　　　　　　单位：%

类型	1945 年前	1945～1990 年	1991～2001 年
主体连接	95.9	98.9	97.8
腐化池	3.0	0.8	1.7
化粪池	0.7	0.1	0.0
居家 STW	0.3	0.1	0.3
未知	0.1	0.1	0.2

可行性分析：处理水量相对较大，投资建设费用也较大，有一定的可行性。

2.2.2　稳定塘

2.2.2.1　概述

迄今为止，人类应用稳定塘来处理废水已有 3000 多年的历史，据记载，1901 年在美国得克萨斯州圣安东尼奥市建造了第一个稳定塘处理系统。目前，美国已有上万个各种类型的稳定塘用于处理废水。根据生物反应的分类，可将稳定塘分成兼性（好氧-厌氧）塘、曝气塘、好氧塘、厌氧塘。通过污水稳定塘处理过程的基础研究，认为藻类和细菌是稳定塘成功运行的基本要素。细菌能够在好氧和厌氧条件下将复杂的有机废物成分分解成简单的产物，它们随后供藻类利用。而藻类产生的氧气为好氧细菌提供所需要的好氧环境以完成其氧化作用。利用这一原理，美国的 Oswald（奥斯瓦德）提出并发展了高效藻类塘，最大限度地利用了藻类产生的氧气，充分利用菌藻共生关系，对有机污染物进行高效处理。正是因为稳定塘适用于处理生活污水或复杂的工业废水，适合从热带至寒带不同的气候条件，对有机污染物去除效果较好，处理单元建造容易、经济实用、运行简便，使该技术在 20 世纪 50～80 年代获得迅速发展。美国 1957 年仅有 631 座处理城市污水的稳定塘，1968 年发展到 2500 座，1983 年达 7000 座以上。欧洲 60 年代仅芬兰、前联邦德国、前民主德国、荷兰、罗马尼亚、瑞典和苏联 7 国有稳定塘，1986 年发展到 16 个欧洲国家。20 世纪 70 年代以来，澳大利亚，中东的以色列、约旦、沙特阿拉伯、也门、科威特，非洲的肯尼亚、南非，南美洲的巴西、委内瑞拉、特立尼达和多巴哥，东南亚的印度、泰国等对稳定塘的应用也做了大量的研究，使其应用规模越来越大。

2.2.2.2　处理过程的理论和控制因素

稳定塘污水处理过程的理论、运行效能和设计建立在生物学、生物化学的相互影响的基础上。从生物学角度关注的细菌有好氧细菌、产酸细菌、蓝色细菌、紫硫细菌和病原菌，同时还关注由一些单细胞或多细胞组成的藻类。这是因为现在一般都认为藻类和细菌共同构成了稳定塘成功运转的基本要素。细菌能在好氧或厌氧条件下，将复杂的有机废物成分分解成简单的产物，它们随后供藻类利用。而藻类产生的氧气为好氧菌提供所需要的好氧环境以完成其氧化作用。水蚤类浮游生物和摇蚊科底栖动物是稳定塘生物群落中最重要的动物区系。例如水蚤以摄食藻类为生，并能促进颗粒物质絮凝。

生物化学的相互影响主要指光合作用、呼吸作用、溶解氧、氮循环、pH 值和碱度之间的相互影响。例如，在由光合作用引起碱度下降的同时，也使废水中的碳酸盐硬度下降；pH 值也与光合活性有密切关系，使 pH 值发生昼夜变化。在单循环中，氨氮被同化于藻类生物体中，取决于塘系统中的生物活性，且受温度、有机物负荷、停留时间和废水特征等多种因素影响。气态氨往大气中的逸失速率与 pH 值、比表面积、温度和混合条件等因素有关。碱性条件下可改变氨气和铵离子之间的平衡，使化学反应过程向气态方向进行，混合条件则影响质量传递系数的大小。

控制因素有光照、温度以及营养物（氮、磷、硫、碳）的需求和去除。现已证明，当塘中的光照强度为 $5380～538001x/m^2$ 时，光合产氧量是比较恒定的；超出这一范围时，光合产氧量将有所减少[28]。在塘的好氧环境中温度是一个很重要的因素。塘表面或接近塘表面的温度决定着藻类、细菌和其他水生生物优势种的演替过程。藻类可在 5～40℃ 范围内生存；绿藻在温度接近 30～35℃ 时表现出最有效的生长状况；好氧菌在 10～40℃ 范围内能生存；蓝细菌在 35～40℃ 之间生长得最好[29]。实际上，废水稳定塘的最高温度大多小于 30℃，这表明多数稳定塘都可在低于厌氧生物活性的最佳温度条件下运行[30]。

2.2.2.3　设计参数和运行效果

以美国新罕布什尔州皮特巴洛、密西西比州科尔米克尔、堪萨斯州尤多拉以及犹他州科林等几处的兼性塘系统运行结果为例[31]，说明兼性塘的运行效果和设计参数（表2-11）。美国新罕布什尔州皮特巴洛、密西西比州科尔米克尔、堪萨斯州尤多拉、犹他州科林兼性塘占地面积分别为 $8.5hm^2$、$3.3hm^2$、$7.8hm^2$、$3.8hm^2$，可见单位面积每天处理污水的水量很低。

表 2-11　4 个兼性塘设计的和实际的参数比较

地点	有机污染负荷 /[kg BOD₅/(hm²·d)]			水力停留时间/d		平均污水流量/(m³/d)		平均深度/m
	设计值	实际值		设计值	实际值	设计值	实际值	
		全塘	一级池					
新罕布什州皮特巴洛	20	15	36	57	107	1890	1011	1.2
密西西比州科尔米克尔	67*	15	23	79	214	690	280	2.0
堪萨斯州尤多拉	38	17	43	47	231	1510	500	1.5
犹他州科林	36	12	30	180	70	265	690	1.2

注：＊为一级池的设计值；未标注者均为全塘的设计值。

在上述设计参数下，4 个兼性塘的运行效果如下。

① 这些塘系统都能使出水 BOD₅ 的月均浓度低于 30mg/L，出水 BOD₅ 月均浓度最低值发生在新罕布什尔州皮特巴洛兼性塘内，为 1.4mg/L。出水 BOD₅ 的月均浓度都是 1～4 月的较高。

② 总体上来说，兼性塘出水 SS 浓度是随季节变化的。在夏季的月份中，受藻类生长旺盛等因素影响，出水 SS 浓度升高。出水 SS 的月均浓度变化范围为 2.5～179mg/L。

③ 4 个兼性塘系统的出水粪大肠杆菌月几何平均浓度与 200 个/100mL 标准限值比较，只有新罕布什尔州皮特巴洛塘系统进行了氯化消毒，其粪大肠杆菌浓度从未超过 20 个/100mL。对于未经消毒处理的 3 个塘处理系统，出水粪大肠杆菌月几何平均浓度的范围为 0.1～13527 个/100mL。总的来说，在寒冷的季节里，出水粪大肠杆菌月几何平均浓度都有增高的趋势。

④ 在兼性稳定塘中出现的进水与出水之间的氮浓度差异，主要是由如下过程引起的：气态氨逸入大气中；氨被同化于藻类生物体中；硝酸盐被同化于植物机体中；生物硝化与反硝化。

表 2-12 汇总了上述 4 个兼性塘的 3 个塘监测的年平均结果。虽然在实际停留时间条件下，氨氮的去除率总体较高，但没有进一步介绍总氮（TN）的去除效果。以俄克拉荷马州伯克斯比、伊利诺伊州波尼、密西西比州北湾港、威斯康星州科什克侬湖、宾夕法尼亚州温德波等地的曝气塘的运行结果为例，说明曝气塘的运行效果和设计参数见表 2-13 和表 2-14。曝气塘是对污水进行好氧生物处理而设计的中等深度的人造池，采用机械曝气设备供氧。5 个曝气塘系统的单元结构组成不完全一致，伯克斯比和北湾港曝气塘系统由 2 个串联的曝气塘组成，其他的曝气塘系统由 3 个串联的曝气塘组成。北湾港塘系统之后还接有沉淀塘和投氯接触塘。这些塘的平均深度均为 3.0m，但运行条件和进入塘系统的污水特征有很大的差异，如表 2-13 和表 2-14 所列。

表 2-12 3个兼性塘年平均氮去除率比较

项目	新罕布什州皮特巴洛	堪萨斯州尤多拉	犹他州科林
NH$_3$-N/(mg/L)			
进水	21.5	25.5	7.5
一级池出水	16.5	9.2	1.4
最终出水	11.5	1.1	0.2
NH$_3$-N 去除率/%			
一级池	23.3	63.9	81.3
全塘系统	46.5	95.7	97.3
停留时间/d			
一级池	44	92	29
全塘系统	107	231	70

表 2-13 5个曝气塘进入的污水特征 单位：mg/L

地点	BOD$_5$	COD$_{Cr}$	TKN	NH$_3$-N	pH 值	碱度
波尼	473	1026	51.4	26.32	6.8～7.4	242
伯克斯比	368	653	45.0	29.53	6.1～7.1	154
科什克依湖	85	196	15.3	10.04	7.2～7.4	397
温德波	176	424	24.3	22.85	5.6～6.9	67
北湾港	178	338	26.5	5.70	6.7～7.5	144

注：碱度为以 CaCO$_3$ 量计算的碱度，pH 值单位为无量纲，TKN 表示总凯氏氮。

表 2-14 5个曝气塘设计的和实际的参数比较

地点	有机污染负荷			水力停留时间/d		日流量/（m³/d）	占地面积/hm²
	初级池/[kg BOD$_5$/(hm²·d)]		总负荷率/（kg/d）	设计值	实际值	设计值	
	设计值	实际值					
俄克拉荷马州伯克斯比	284	161	335	32	108	550	2.3
伊利诺伊州波尼	154	150	386	60	144	1890	4.45
密西西比州北湾港	375	486	463	26	18	1890	2.5
威斯康星州科什克依湖	509	87	463	30	73	2270	2.6
宾夕法尼亚州温德波	497	285	1540	30	48	7576	8.4

在上述参数条件下，曝气塘的运行效果如下。

① 除俄克拉荷马州伯克斯比塘系统之外，其余 4 个塘系统都能产生小于 30mg/L 的 BOD$_5$ 月平均出水浓度。出水 BOD$_5$ 月平均浓度与进水 BOD$_5$ 浓度的波动无关，并且不受温度季节性变化的明显影响。

② 除伯克斯比塘系统之外，其他几个塘系统全年的 SS 出水的月平均浓度多数在 30mg/L 以下，其变化范围为 2～63mg/L。宾夕法尼亚州温德波塘处理效果最好，全部月均值均低于 30mg/L。

③ 除俄克拉荷马州伯克斯比塘系统之外，其余 4 个塘系统都装有氯化消毒设备。数据证明曝气系统的出水是可以进行消毒处理的。宾夕法尼亚州温德波、伊利诺伊州波尼两处塘系统的最后出水粪大肠杆菌月几何平均浓度达 200 个/100mL 标准限值；未经消毒处理的出水含有浓度较高的粪大肠杆菌；经过消毒处理但在储存池逗留时间过长的

出水也有较高的粪大肠杆菌浓度，这是由粪大肠杆菌后生现象引起的。

④ 曝气塘系统中，总凯氏氮（TKN）由氨、铵和有机氮组成，其含量可通过以下过程而减少：气态氨逸入大气中；氨被同化于生物体中；生物硝化作用；生物反硝化作用；不溶性有机氮的沉淀；硝酸盐同化作用。但没有进一步介绍 TKN 和氨氮的去除率，只介绍了 TKN 和氨氮去除率的推导方程式。依据表 2-14 中列举的参数（如水力负荷率、停留时间），暂时还难以推算出 5 个曝气塘 TKN 和氨氮的实际去除率。

2.2.2.4 工程适应性分析

稳定塘占地面积大，处理效率低（即使在较长的停留时间下，氮和磷的处理效率仍然较低）、在冬季低温时更是如此。蚊子在某些稳定塘是一个相当严重的问题，这些蚊子除了具有某些令人讨厌的特点之外，同时也是许多疾病，诸如脑炎、疟疾和黄热病等的传染媒介，因而会对公共卫生造成危害。

在污水塘中，由于超负荷，或使过量的表面浮渣积累，或不能控制塘内水草和塘边坡杂草过量生长，都会产生臭气。若污水自身的臭气也较严重的话，会对周边环境造成不良影响。

上述问题有些可通过设计使之减轻，然而有些是稳定塘自身工艺不能克服的。在土地资源紧张、地价昂贵、人口密度高的地区，哪怕是农村地区将其作为一种主体工程加以应用，恐怕也是十分困难的。该技术主要用于人口密度较小的区域。

氧化塘是一个人工建造的浅的池塘，用于接受、储存和处理污水。和污水池差不多，是一个单独的污水池，连续运行或像一个封闭系统一样运行，或者作为处理系统出水最后排放的一个部分。氧化塘的目的是为化合物提供一个良好的环境条件进行自然的、物理的、生物的以及化学的处理过程。这个系统属于最简单、花费最少的污水处理系统之一，能够对未处理的污水和化粪池的出水进行处理。

2.2.2.5 稳定塘类型

（1）厌氧塘

厌氧塘多用于奶牛养殖场和养猪场排出的养殖废水、商业或是工业废水，采用一个或者一系列的池塘来作为系统中处理的第一步。深度在 2.5～4.5m 之间，氧气含量有限，顶层由油脂和泡沫组成，功能与化粪池相似。产生的气味是个问题，因此需要寻找合适的位置并且对池塘进行维护。

（2）好氧塘

好氧塘是一个浅的池子，氧气和阳光能完全穿透废水。在阳光充沛的气候条件下，好氧塘很少发生结冰的现象。

（3）兼性塘

兼性塘结合了好氧塘和厌氧塘的特点，形成了 3 个活性层。这种池塘能适应天气条件的变化和流入水量的波动。这种池塘最适合加拿大萨斯克温省的气候。

（4）氧化塘

氧化塘利用通风系统，既给废水增加了氧气，又使表层的废水与氧气混合增加了废水中氧气的含量（图 2-9）。这种方法的用地面积小，但是需要的能量消耗和劳动力较多。

在土地比较便宜的地区，其设计和建造的费用都比较少，与其他方法相比消耗的能量最少，运行维护简单；能间歇运行，比其他方法更耐负荷冲击，而且不受季节限制；对于去除致病微生物效果很好；出水适合灌溉，含有较高的营养物质和较少的致病菌。其缺点是与其他方法相比需要更多的土地；在寒冷的季节效果不好，这就需要额外的土地或者延长处理时间；在藻类爆发、春季解冻或是厌氧塘没有进行恰当的维护时产生的气味问题令人讨厌；在没有进行恰当维护的情况下，池塘是蚊子和其他昆虫的滋生地；去除重金属的效果不好；一些出水中含有藻类，需要额外的处理来满足当地的排放标准。

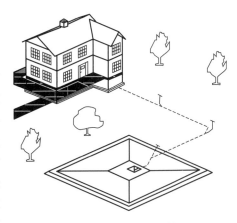

图 2-9 加拿大氧化塘简图

多段氧化池在社区和商业区中的污水处理中要比单独的氧化池更常见，氧化池经常是几个，平行的或是两个联合在一起。两个小的氧化池能比一个大的氧化池产生更好的处理效果，多段氧化池系统处理高危险废水比较有效。

2.2.2.6 稳定塘设计

设计主要包括氧化池的尺寸大小、位置选择、氧化塘的安装以及安全维护等。例如，用于排放的池塘的尺寸必须符合当地的卫生要求，每年的排放量受到限制，主要考虑废水冬季冰冻和秋季解冻的情况。出水不排放的氧化塘尺寸必须考虑到废水的蒸发作用免于将废水泵出。由于这个原因在总设计中考虑每年的沉淀量和蒸发率是很重要的。氧化塘在设计中应为蒸发提供充足的表面积，蒸发的量应设计为每年预计流入污水的125%。表面积的设计应该合理，以便在冬季或者在蒸发量少的季节里能存储污水。

普遍存在的问题：藻类暴发、厌氧条件、融化后和氧化塘装满后清空时产生的气味。阻止气味产生的办法是合理的运行和维护，如果氧化塘开始渗漏，应该使用斑脱土进行防漏处理。打洞的动物，如麝鼠会对堤坝造成损害。堤坝周围的渗漏需要经常评定，以防止渗漏对堤坝的结构造成破坏。

2.2.3 土地处理系统

国内外土地处理的含义和概念存在一些差异，反映在分类系统也不一致。以美国为代表将土地处理定义为：将污水有控制地投配到土地表面，通过"植物-土壤-水"体系中自然的物理、化学和生物作用，使污水达到设计的净化程度。根据美国国家环保局（US EPA）城市污水土地处理设计手册的分类，主要的土地处理工艺有慢速渗滤（SR）、快速渗滤（RI）和地表漫流（OF）。我国针对土地处理直接用于城市原污水的处理，而国外多数情况下是用于城市二级处理或一级处理出水、暴雨径流废水、分散性农户生活污水等的处理；同时，根据我国农村土地资源远低于国外的实际情况，在美国为代表将土地处理定义的基础上，进行更详细的定义。例如云南省楚雄市土地处理定义为：在严格执行行业污水排放标准、控制重点污染的基础上，对城市污水做简单预处理如做一级处理或强化一级处理后，使污水水质多数指标符合国家农田灌溉水质标准，最大限度地减少有毒有害物质危害土壤、农作物和地下水的可能性，并在土壤环境容量允许范围内，通过多样化生态结构的土壤-植物系统多功能代谢和同化自净过程以及物理、化学净化过程，使污水和污水含有的营养物质进行多级利用，使有机污染物得以净化降解，从而实现污水的无害化、资源化和再利用，并促进农作物、畜牧业和渔业的增产。在分类系统中，我国在1991年中国标准出版社出版的《城市污水土地处理利用设计手册》中，将慢速渗滤、快速渗滤、地表漫流、地下毛细管渗滤、湿地与人工湿地5种类型均纳入土地处理工艺内。在本书中，将慢速渗滤、快速渗滤、地表漫流、地下毛细管渗滤与土壤渗滤内容纳入土地处理讨论的范畴，而湿地与人工湿地作为另一种处理工艺单独进行讨论。

2.2.3.1 土地处理

有计划地全面推广应用城市污水土地处理系统的国家是美国。在第二次世界大战后为解决工业化引起的水污染问题，美国兴建大量一级污水处理厂、二级污水处理厂甚至三级污水处理厂，花费了巨额的建设投资、运行费用和能源消费，然而并不能解决本国的水环境问题。实践证明这种水污染控制的技术路线存在明显问题。美国政府在20世纪70年代开始察觉到上述问题，从1970年开始，美国环保局组织全国范围的污水土地处理系统的大规模和系统研究，并在1972年10月18日颁布的《联邦水污染控制法》修改案中，修改了污水处理的老概念，对营养物通过土地应用进行回收利用给予了新的强调，指出土地处理系统是"最经济实用的污水处理技术"；1976年2月颁发的文件对慢速渗滤、快速渗滤和地表漫流这三种土地处理方法的技术要领做了明确的规定。1981年美国环境保护局等公布了城市污水土地处理工艺设计指南，使该技术的设计施工进入规范化阶段，在短短的十多年的时间里，修建了数千个三种类型的污水土地处理系统。前苏联、澳大利亚、加拿大、波兰、德国、印度、英国、墨西哥、南非、以色列等国家也都积极研究和大力推行城市污水土地处理与利用，从而替代三级处理。其中，最典型、最著名的工程是澳大利亚威里比（Werribee）土地处理系统，自1890年建立至今已有一百多年的历史，现已发展成土地处理-氧化塘复合系统，依然承担墨尔本市西部258.5万人口、55万立方米/天的生活污水的处理。污水土地处理系统不同于我国传统的污灌，主要区别如下。

① 土地处理系统要求对污水进行必要的预处理，对污水中的有害物质进行控制，使污水水质达到土地处理系统允许的进水水质标准，以保证系统常年稳定运行而不至于对周围环境造成污染；污灌对污水不进行任何预处理。

② 土地处理系统是能够全年连续运行的污水处理设施，即使在冬季、非灌溉季节和雨季，污水也能得到适当处理和储存；污灌是按照农作物的需要进行灌溉，冬季、非灌溉季节和雨季的污水则直接排入地表水体，造成环境污染。

③ 土地处理系统是按照要求的出水标准精心设计和施工，有完整的工程系统，可以人为调控的污水处理系统；污灌不具备这些条件。

④ 土地处理田上种植的植物以有利于污水处理为主，一般不种植直接食用的农作

物；污灌的土地常以蔬菜、粮食等农作物为主。

在 3 种土地处理类型中，需要的工艺运行条件和典型设计参数存在一定的差异（表2-15）。通常认为如下。

① 污染物去除性能：三种处理工艺对有机污染物（BOD 和 COD）和 SS 都具有很高的去除能力，但对氮、磷的去除性能而言，慢速渗滤有更高的去除效果。

② 经济性能：从占地面积来看，慢速渗滤占地面积最大，只适合土地资源丰富的地区使用；与传统的污水处理厂相比，快速渗滤有最经济的单位面积处理能力，地表漫流次之。

③ 污染物去除途径：投配污水的去向在三种工艺类型中还是有所不同，但不管是土壤水分的蒸发、土壤的渗滤还是地表径流的方式，在设计过程都要考虑将土壤-植物系统不能消耗的多余的处理水收集进行集中达标排放到指定水体。

④ 不管何种处理工艺，都必须设置预处理系统以满足土地处理的进水要求，以保证处理系统的长效稳定运行。

表 2-15 土地处理工艺的典型设计性能对比（US EPA，2005）

性能	慢速渗滤	快速渗滤	地表漫流
投配方式	人工降雨器或地表投配①	常用地表投配	人工降雨器或地表投配
年负荷率/m	0.5～6	6～125	3～20
要求的灌溉田面积/hm²②	23～280	3～23	6.5～44
典型的周负荷率/cm	1.3～10	10～240	6～40③
美国最低限度的预处理	初次沉淀④	初次沉淀	格栅和除砂⑤
投配污水的去向	蒸发和渗滤	主要是渗滤	地表径流、蒸发和少量渗滤
是否需要种植植物	需要	随便	需要

① 包括垄沟和坡畦灌水。

② 灌溉面积以公顷计，不包括缓冲区、道路和沟渠等，表中数值是处理 3785m³/d（1×10⁶gal/d）的污水流量所需面积。

③ 范围包括原污水到二级处理的出水，对于较高的预处理水平，其负荷率也较高。

④ 限制公众出入，作物不直接供人类消费。

⑤ 限制公众出入。

美国曾经对建成投产运行的污水土地处理系统做过大量的深入调查，认为只要严格按照工艺要求对场地条件进行设计，三种土地处理类型通常有较好的去除有机物染物、氮、磷等的能力，具体效果如表 2-16 所列。

表 2-16 土地处理不同工艺对几种污水成分的去除效率（US EPA，2005）单位：%

项目	慢速渗滤	快速渗滤	地表漫流
BOD	80～99	85～95	>92
COD	>80	>50	>80
SS	80～99	>98	>92
TN	80～99	80	70～90
TP	80～99	70～90	40～80
细菌	>95	50～95	>50

2.2.3.2 土壤渗滤

（1）土壤毛管渗滤系统（也称地下渗滤系统）

日本最先针对农村污水处理提出污水土壤毛管渗滤处理系统，这是一种将污水投配到具有一定构造的土壤与混合基质组成的渗滤沟内，在土壤毛细管的作用下，污染物通过物理、化学、微生物的降解和植物的吸收利用得到处理和净化（图2-10）。美国、前苏联、澳大利亚、以色列和西欧等国家和地区一直十分重视该系统的开发研究和应用，在工艺流程、净化方法和构筑设施等方面做到了定型化和系列化，并编制了相应的技术规范。

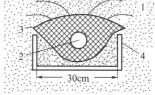

(a) 典型示意剖面图

1—透气性土壤；2—有孔管；3—砾石；4—膜

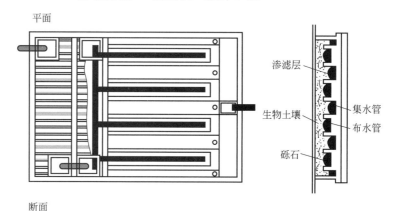

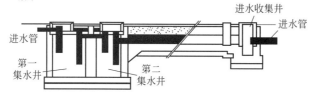

(b) 工程图(平面图和剖面图)

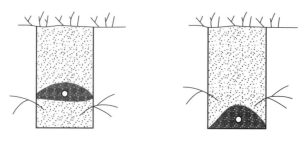

(c) 两种布管方式

图2-10 土壤毛管渗滤浸润型渗滤沟工程示意

地下渗滤处理法较传统二级生物处理法具有以下优点：

① 整个处理装置放在地下，不损害景观；

② 净化出水水质良好、稳定，可用于农业灌溉；

③ 对进水负荷的变化适应性强，能耐受冲击负荷；

④ 不受外界气温影响或影响很小；

⑤ 不易堵塞；

⑥ 在去除 BOD 的同时，能去除氮、磷；

⑦ 污泥产生量少，污泥处置或处理费用低；

⑧ 建设容易，维护简便，基建投资少，运行费用低；

⑨ 由于覆盖土壤，故不产生臭气等。

土壤毛管渗滤系统正常运行的关键性问题如下。

1）土壤的选择与配比　土壤的颗粒组成、结构等性质和渗滤土层厚度决定了地下渗滤系统的处理能力和净化效果，因此，正确的土壤选配措施是地下渗滤系统成功的前提；国外各国对土壤配比的配方通常采用专利进行保护。

2）水力负荷的选取　合适的水力负荷可以维持土壤中污染物质的投配和降解之间良好的平衡，保证系统连续运行状态下的处理效果，防止土壤的堵塞。地下渗滤系统一般根据经验数值确定设计水力负荷，而由此方法确定的水力负荷还应用以下方程式进行校核[32]。

在湿润地区，计算公式为：

$$L_W = E_T - P_r + P_w \tag{2-1}$$

式中　L_W——最大允许污水水力负荷率，cm/a；

　　　E_T——土壤水分蒸发损失率，cm/a；

　　　P_w——最大允许渗透速率，cm/a，一般取土壤限制性渗透速率的 4%～10%；

　　　P_r——降水量，cm/a。

在干旱和半干旱地区，依据覆盖植被对灌溉的要求，即地下渗滤系统应以灌溉为主要目的时，最大允许污水水力负荷率计算公式为：

$$L_W = (E_T - P_r)[1 + L_R/100] \tag{2-2}$$

式中　L_R——种植作物的年淋溶率；

其他参数同式（2-1）的说明。

基于土壤-植物对污染负荷同化容量的水力负荷的确定：对于城镇污水，在保证没有土壤堵塞问题的前提下，基于 BOD、P 和 SS 的负荷率都不会成为水力负荷的限制因素[32]，氮的去除率和负荷率通常是地下渗滤系统的限制设计参数，并决定系统所需的土地面积。基于氮负荷的最大允许水力负荷率可用下式较精确地计算：

$$L_W(N) = [C_p(P_r - E_T) + 10U]/[(1-f)C_n - C_p] \tag{2-3}$$

式中　$L_W(N)$——基于氮负荷的最大允许污水水力负荷率，cm/a；

　　　C_p——渗滤出水中氮的浓度，mg/L；

　　　C_n——进水的氮浓度，mg/L；

　　　U——植物吸收的氮量，kg/(hm² · a)；

f——投配污水中氮素的损失系数，投配污水为一级处理出水时 f 约为 0.8，二级处理出水时为 0.1～0.2；

E_T 和 P_r 意义同式(2-1)。

3) 保持土壤良好的理化性质 Van Cuyk 等[33]发现：土壤深度不同，其土壤含水量、E_h（氧化还原电位）、颗粒的比表面积均不同，保持一定厚度的土壤层对地下土壤渗滤系统的净化效果是非常必要的。不同土壤的固定磷素的能力也是极不相同的，通过改良土壤可增加其对磷的吸附与固定能力。Johansson 等[34]研究证明在原土中掺加适量富含 Fe、Al 物质不仅可增强除磷的效果，还能增加系统吸附磷的容量。Stevil 等[35]证明土壤粒径、土壤比表面积等对病原菌去除效率影响较大，而土壤的 pH 值、CEC（离子交换能力）等对其去除效率影响不大。在土壤有机质方面，Adelman 等[36]证明高 C/N 比土壤有利于提高氮的去除率。

（2）土壤渗滤

近几年澳大利亚科学和工业研究组织（CSIRO）提出了"非尔脱（Filter）"高效、持续性污水灌溉技术，其处理方式为用经过预处理的污水进行作物灌溉，通过土地处理，再用地下暗管将处理再生的出水汇集和排出（图 2-11）。该处理工艺可满足作物对水分和养分的要求，同时降低污水中的氮、磷等元素的含量并降低有机污染物的含量，使之达到污水排放标准。澳大利亚曾在格林菲斯市进行田间试验：先后两次试验面积分别为 $8hm^2$ 和 $16hm^2$，种植小麦、玉米、燕麦、粟米和牧草等作物，田间排水暗管的埋深 1.0m，用一级处理后的城市污水进行格田漫灌，每隔 14 天灌水一次。该系统的试验效果见表 2-17。除 TP 浓度从进水的 6.1mg/L 降至出水的 0.4mg/L 的效果值得质疑外，其他污染物的去除效果与许多研究者的结果相似。

图 2-11 土地渗滤系统

表 2-17 "非尔脱"系统的污水处理效果

污染物	浓度/(mg/L)		污染负荷/(kg/hm²)		
	进水（污水）	处理出水	进水（污水）	处理出水	削减率/%
TP	6.1	0.4	46.7	1.7	96
TN	19.2	15.0	131.4	55.8	58
有机物(以 N 计)	6.3	1.2	46.3	4.9	90
NH$_3$-N	12.5	0.2	82.4	0.7	99
BOD$_5$	10.0	0.9	80.1	3.9	95
SS	71.0	16.9	573.3	88.8	85
Chl-a	0.07	0	0.01	0	100
油和油脂	1.8	0	15.9	0	100

2.2.3.3 管理政策

美国的分散污水处理系统源于1972年美国国会颁布的《清洁水法》，该法修改了污水处理的老概念，对营养物通过土地应用进行回收利用给予了新的强调，指出土地处理系统是"最经济实用的污水处理技术"。1987年美国国会通过了《清洁水法》的修正案，并增补了非点源污染控制大纲；该修正案促使人们重视小社区的生活污水处理问题。此外，联邦政府专门拨款以寻找除传统集中处理外的可行的污水分散处理办法，以实现消除污染物排入水环境、改善水质以便鱼类生存和人游泳的最基本的目标。分散污水处理系统主要用于就地、聚集处理来自独户或相对集中的一小片住宅与商业区的小流量生活污水。在人口密度较小的社区或乡村，因输送这些生活污水到一个较远的集中式污水处理厂处理，将要花费格外高的费用。在今天的美国，仍然有1/4的人口和1/3的新建社区在使用这种处理设施。实践证明在恰当的操作和管理下，分散处理系统在环境和经济上是可以接受的且技术上是可行的。分散处理系统对贯彻《清洁水法》起到了重要作用，因而受到重视，分散处理系统不再是暂时安装、而后逐步被集中系统替代，而是作为一种永久性的方法来处理污水和再生利用处理出水，从而起到保护环境的重要作用。尤其是就地处理系统，如果能计划、设计、安装、操作和维护得当，更被视为极其重要的污水处理手段[37]。为此，美国环保局分别于2000年和2003年发布了分散处理系统指南。2003年"指南"明确了5种管理模型：住房者感知模型、维护协议模型、运行许可模型、责任管理实体运行维护模型及责任管理实体所有权模型。这些模型反映了改善管理、减小疏漏及对公共卫生及水资源存在潜在的危害需求。管理模型由州、部落及地方政府选择：

① 合适的管理目标来满足废水处理需求；

② 评估现有项目的优缺点；

③ 设计管理项目必须满足当地政府的目标；

④ 制订项目管理实施计划，提供基准（US EPA，2003）。

2005年，美国环保局发布了分散处理系统管理手册，主要内容为如何选择、评估、发展及实施分散处理系统管理指南中的内容[38]。

2.2.3.4 工程适应性分析

土地处理、土壤渗滤等处理技术通过"植物－土壤－水"体系中自然的物理、化学和生物作用，使污水达到设计的净化程度。其工程实践证明这是一种基建投资低、运行成本低、能耗低、处理效率高的经济实用的工艺，在具备条件的农村地区，是一种优先选择的工艺。

土地处理、土壤渗滤等处理技术由于主体处理单元依赖于自然净化能力，那么土地的场地条件、预处理深度和效果是决定工程运行效果的重要环节。例如，就上海的土壤等条件而言，快速渗滤工艺、土壤渗滤（包括地下毛细管渗滤在内）的工艺不适应，但地表漫流和慢速渗滤工艺比较适合。地表漫流涉及种植结构的改变，慢速渗滤因渗滤速率过慢造成占地面积过大，会使生产性规模应用变得困难。

采用人工土壤的土壤渗滤、地下毛细管渗滤处理技术有助于克服占地面积过大的缺陷。然而，即使这样的改进技术也比传统的污水二级处理厂的单位面积处理能力低。但改进的人工土壤的土壤渗滤、地下毛细管渗滤等处理技术以投资、运行、能耗省，处理效率高，地上部分依然可种植作物的优势，与传统污水处理技术成为一种互补，使农村污水处理工艺更加多样化，这有利于不同条件、不同环境的农村水环境的改善。

2.2.3.5 工程实例

（1）干厕所和洗涤废水分开处理设施

在有干厕所的住房里只需就地处理小水量的洗涤废水，也可以将洗涤废水通过一个混凝土的水池或者石头的排水装置简单地排到地面。这些情况在一些别墅或者老式的房子里比较常见，这些房子没有水管和水泵，所用的水都是提到房间里面的。

在有水管的房子里，用水量就变大了，这就要求至少要建一个二级化粪池在污水进入土地渗滤前作为预处理手段，或者其他的处理系统。

干厕所大多建在单独的房子的室外或者室内。合理使用的话，现代的干厕所是舒适且没有异味的。干厕所也有很多不同的模式，这些模式都基于堆制肥料工艺。堆制肥料的厕所可以划分为两种不同的模式：间歇式系统和连续式处理系统。间歇式系统是一个容器满了之后换一个空的容器，连续式处理系统是维持在堆制肥料的稳定常态，废水进入系统后通过堆肥减少体积并且向下运动，在6~12个月后就完全变成肥料了。

① 缺点　在设计中要特别关注堆肥的空出阶段，容器必须是容易得到的，维护和操作尽量简洁，需要有广泛知识和专业知识的人士来进行最佳模式的选择。

② 优点　维护的费用相对较低，不需要任何特殊的设备。节省纯水，能使水量减少20%~50%。废水中含有少量的磷和氮，因此可以采用简单的方法来处理。如果有砂滤系统来对废水进行处理就不需要单独的净化磷的处理单元了。这将会产生少量的污泥，而这将使倒空的间隔变长从而节省了费用。

③ 费用　平均10年的费用为2000~7000美元（包括干厕所＋土地渗滤/埋入的砂滤系统或者密封装置或者是封闭的化粪池）。

（2）近自然废水净化设施（匈牙利）

主要方法有树林（快速渗滤）、池塘（氧化塘）、栽种水生植物（建立湿地）。上述方法联合起来使用。

2002年环保局与调查员合作，2004年与布达佩斯科技大学合作，对匈牙利的纯自然废水处理方法的应用情况进行了调查。尽管调查结果与纯自然废水处理厂的数量不完全一致，因为这些处理厂多数在那时还没有应用，但是这个数量是不断在增加的。63%的树林种植杨树，27%是氧化塘，10%是湿地。49%的植物是为了处理从食品加工厂流出的废水，38%的植物针对公共废水，9%的植物针对液体肥料。只有70%的处理厂充分运作，只有两家运行得非常好，这两家都是位于多瑙河的下游，而建在蒂萨河的上游纯自然废水处理厂中有35%的处理厂都运行良好。

没有完全运行的最主要的原因是缺乏运行维护、电力不足，另外还缺少操作工，但是有事实表明操作故障是因为错误的设计和建造导致的，在调查期间普遍的结论是监测系统不完善。城市废水的随意排放也危及这些处理厂的运行。

（3）喷灌处置系统（加拿大）

喷灌处置系统是一个敞开排水的污水处置方法。出水从化粪池用泵排出后通过管道将出水排入空气中然后散落到地面上。其功能是废水喷灌系统应用在草地或是森林地区，比较少见。植被和土壤中的微生物的新陈代谢需要的大部分营养物质和有机化合物都是留在废水过滤过程中穿过的最初几英寸土壤里。清洁的水通过深处的根系来吸收，或者透过土壤进入地下水。

设计如下：在萨斯克彻温省有两种基本的喷灌处理形式：一种是喷射器系统；另一种是表面排放系统（图 2-12）。

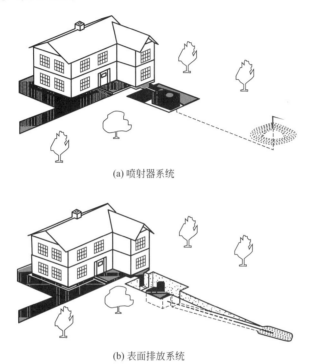

(a) 喷射器系统

(b) 表面排放系统

图 2-12　加拿大喷灌处置系统类型

在喷射器系统中，污水排放系统由化粪池、泵、延伸到污水处置场的地下管路和一个地面上的排水点构成。在这个系统中废水的出水在地面排放点喷射到地表，被周围的土壤过滤。同时也会发生蒸发作用，蒸发的量受温度的影响。尽管没有强制规定，仍推荐在排水点周围建砂滤床来减小腐蚀作用以及气味的扩散。排水点周围应安装栅栏以免孩子、宠物和家畜进入。值得注意的是，污水喷灌系统仅能在农村和无人的地方加以考虑，因此发展空间很小。

污水处理的最高目标是污染物去除过程中实现资源消耗减量化（reduce）、产品价值再利用（reuse）和废弃物质再循环（recycle）。我国对于城镇污水处理的技术政策是：城镇污水处理要根据污染源排放的途径和特点，因地制宜地采取集中处理和分散处理相结合的方式。以湖库为受纳水体的新建城镇污水处理设施，必须采取脱氮、除磷工艺，现有的城镇污水处理设施应逐步完善脱氮、除磷工艺，提高氮和磷等营养物质的去除率，稳定达到国家或地方规定的城镇污水处理厂水污染物排放标准（见《湖库富营养化防治技术政策》点源排放污染防治）。

事实上，传统的城市污水处理工艺不能完全适应农村生活污水特别是分散型农村生活污水处理的需求。这是因为，农村生活污水处理工艺与城市污水处理工艺的选择还存在差异。农村生活污水处理要求在保证有效的工艺基础上，更强调经济与实用性。具体地说，农村生活污水处理工艺要求工艺简单、处理效果有保证、运行维护简便、具有最佳的综合效益，提供污水处理和资源化利用、就地处理和营养物回收的可能性。

正是本着上述这些原则，在国内外农村污水处理技术发展过程中，从可供选择的技术思路出发，尽可能选择与研究主题相关的、能进行比较的、可筛选出适用于本地使用的处理技术；同时，对国外已积累了许多经验的生活污水处理技术也做了一些遴选，企图找到有可能应用于农村污水和分散点污染源的治理中的相关技术。

2.2.4 湿地与人工湿地

2.2.4.1 湿地与人工湿地概念

美国联邦管理机构曾这样定义"湿地"的概念，认为湿地就是那些经常或维持被地表水或地下水淹没饱和，在一般情况下被饱和的土地，适合用于特有生物普遍生长的区域。所谓"人工湿地"是指在人工模拟天然湿地条件下，建造一个不透水层，使挺水植物生长在一个处于饱和状态基质上的一个湿地系统。美国著名的湿地研究、设计与管理专家 Hammer 博士等将人工湿地定义为：一个为了人类利用和利益，通过模拟自然湿地，人为设计与建造的由饱和基质、挺水与沉水植被、动物和水体组成的复合体。

湿地处理系统有自然湿地与人工湿地之分，自然湿地通常是指那些未经人工改造或稍许做了些人工改造如设置排水系统等）的湿地，自然湿地有时也被直接称为"湿地"；人工湿地一般专指那些基质为碎石或砂石材料构建成的湿地，也称构筑湿地（constructed wetland）。

2.2.4.2 湿地与人工湿地应用情况

湿地系统一般利用各种微生物、植物、动物和基质的共同作用，通过过滤、好氧和厌氧微生物降解、吸附、化学沉淀和植物吸收污水中的污染物，达到净化污水的目的。与天然湿地和非全部人工构筑的湿地系统不同，构筑湿地的基质材料、床体和进出水系统均是人工构筑成分，在此基础上保留湿地挺水水生植物，利用挺水植物根部泌氧性能，组成具有污染负荷和水力负荷都很高的水生植物碎石床人工湿地处理系统，替代传统的通过机械曝气方式形成的好氧 - 缺氧 - 厌氧（即 A^2/O 法）污水处理工艺。

通常，当基质为碎石或砂石材料时，这类人工湿地有较好的去除有机污染物的能力，但脱氮除磷的能力很低，仅为 20%～30%。只有以土壤为基质的下行流垂直渗滤天然湿地、以土壤为基质或以有脱氮除磷能力的复合基质为填料的人工湿地才具有很好的去除氮、磷的效果，通常氮去除率≥85%，磷去除率≥95%。该技术在西欧、北美、澳大利亚和新西兰、亚洲等国家和地区得到了广泛应用。如目前在德国正在使用的人工湿地大约有 5000 个，广泛用于从单个家庭到上千居民的社区生活污水的处理[39]。

韩国农村的居民分散居住，认为兴建集中处理的污水处理系统造价太高，小型和简易的污水处理系统更适合在农村应用。国立汉城大学（现国立首尔大学）农业工程系对湿地污水处理系统在田间进行了试验，容器长8m、宽2m、高0.9m，用混凝土制成。容器内填砂并种植芦苇，未经处理的学校生活污水从一端引入，从另一端的卵石层中排出。进入的污水水质为：pH值为7.85、DO为0.23mg/L、BOD_5为124.4mg/L、SS为52.4mg/L、TN为121.13mg/L、TP为24.23mg/L；用经过湿地系统处理后的出水做水稻灌溉试验。

4种处理的试验得出的主要结论是：

① 利用湿地系统处理过的污水灌溉，对水稻的生长和产量无负面影响；

② 利用处理过的污水灌溉并加施肥料，水稻产量达5730.38kg/hm²，比常规稻田产量约高10%。

韩国试验研究的湿地污水处理系统，实质上也是一种土壤（砂土）-植物系统，至今已广泛用于欧洲、北美、澳大利亚和新西兰等地，湿地上多种植芦苇、香蒲和灯芯草，特别是采用土壤作为基质时，对病原体的去除效果好。但其缺点是需要大量土地，受气温和植物生长季节影响。

2.2.4.3 湿地与人工湿地的主要设计参数

从工程设计的角度出发，按照系统布水方式的不同和污水在系统中的流动方式不同，人工湿地可以分为自由表面流（free water surface，FWS）人工湿地和潜流（Sub-surface flow）人工湿地，而后者又包括水平流（horizontal sub-surface flow，HF）和垂直流（vertical sub-surface flow，VF）两种类型[40,41]。不同类型人工湿地在污染物去除效果、工艺条件以及设计参数方面存在较大的差异。

大部分人工湿地系统的水力负荷在10～100mm/d之间[42]，水力负荷较小，处理能力有限。水平潜流人工湿地应用广泛，对悬浮物和有机物去除效率较高，但因其输氧能力差，湿地经常处于厌氧或缺氧状态，导致细菌对氨的氧化作用受限，除氮效率有限[41～43]。资料表明，潜流湿地中氮的去除率一般在30%～40%之间[44]。水平潜流湿地系统中的氧来自挺水植物根系的输送释放、大气向湿地的扩散和污水中的溶解氧，但三者的总和仍少于氨氧化需要的氧气量[45]。

近年来人们开始利用不同人工湿地处理单元之间的组合进行水处理以提高水处理效果，尤其是对氮素的去除。垂直流人工湿地通常用作预处理，为有机质的矿化作用和氨氮的消化作用提供足够的氧[46,47]。有的组合还将表面流人工湿地用作后处理单元，以进一步去除营养元素和细菌，强化处理效果。Lin等[48]及Jing和Lin[49]研究了自由表面流和潜流人工湿地组合处理单元处理水产养殖废水和污染的河水；Märt Oövel等[50]研究了人工湿地组合系统对校舍生活污水的处理效果。组合系统包括两个使用轻型聚合体的潜流过滤池：一个两室的垂直流人工湿地和一个水平潜流人工湿地，总面积432m²。校舍生活污水处理的具体效果为：BOD_5、TSS、TP、TN、NH_3-N的平均去除率分别为91%、78%、89%、63%、77%，平均出水浓度分别为5.5mg/L、7.0mg/L、0.4mg/L、19.2mg/L、9.1mg/L，满足了爱沙尼亚颁布的水法（the Water Act of Estonia）中的污水处理排放标准。欧洲有一个长期运行的人工湿地工程实例，其水力负荷率为 800EP/hm² （即每公顷 800 人口当量），去除效率分别为：BOD 和 COD 80%～90%、细菌 99%、氮 35%、磷 25%。该湿地在相同的水力负荷条件下，营养物质的去除率可优化达到 50% 的氮、40% 的磷[51]。

人工湿地一般设计成有一定底面坡降的、长宽比大于 3 且长大于 20m 的构筑物。在构筑物内的底部上按一定坡度填充选定级配的填料（如碎石、砂、泥炭等），池底坡降及填料表面坡降往往受水力坡降和填料级配的影响，一般选值范围为 1%～8%。在填料表层土壤（也可以不是土壤）中种植一些处理性能良好、成活率高、生长周期长、美观和经济价值高的水生植物（挺水植物）。设计湿地处理系统要求考虑增加系统稳定性和处理能力，实际工程设计通常附加一些预处理、后处理的构筑物，且往往会将人工湿地多级串联或不同类型人工湿地进行串联使用。池深的选择根据池形、水质和湿地净化植物的根系深度来决定，使大部分污水都能在植物根系中流动。在美国，利用芦苇人工湿地处理城市污水，池深采用 60～70cm，而德国为 60cm。

人工湿地的植物选择是十分重要的事情。因为对污水充氧的强弱取决于植物能否通过茎叶输导氧气以及根系的泌氧性能，只有具备这些性能的植物才符合处理工艺的要求，并获得良好的净化效果。适合人工湿地种植的挺水植物有芦苇（reed）[52-54]、香蒲（cattail）[55,56]、灯心草（rush）[57]、昌蒲（calamus）[58] 以及风车草（水葵)[59] 等。

2.2.4.4 工程适应性分析

分析湿地与人工湿地具有的优点与存在的主要问题有以下几个方面。

① 用于暴雨径流或农业面源污染的自然湿地因处理进水污染物浓度低、水力停留时间长，表现出良好的效果。但由于污染负荷率低、水力负荷低，难以满足高强度的污水处理，加之占地面积大等缺陷，使其应用范围窄。

② 用于污水处理的人工湿地对污水中的 SS、BOD₅、COD 和病原菌有良好的去除效果。但是，人工湿地占地面积比较大；氮、磷去除效率差异也比较大，有些文献报道仅为 30%～50%，而有些却认为可高达 90% 甚至 98%。造成如此大差异的原因主要是湿地水力负荷、填料和工艺的不同。传统的人工湿地（表面流湿地和潜流湿地）主要是由于氧气供应不足，硝化作用受到抑制并进一步使反硝化作用受到抑制，使脱氮过程不彻底，从而导致氮的去除率不高。大量的研究证明，磷的去除主要是通过富含铁、铝和钙氧化物的填料的吸附与化学沉淀作用实现的。而国内外建造的绝大部分人工湿地的填料都是采用碎石、鹅卵石和砂子，从而影响了人工湿地对污水中磷的去除。

综上所述，直接影响工程技术的推广应用的是工艺存在的主要问题，这是更值得关注的事情。总体归纳湿地与人工湿地的问题是：a. 与传统活性污泥法二级污水处理相比，水力负荷较小，占地面积较大；b. 处理系统供氧不足，硝化和反硝化作用不充分，氮的去除率不太高；c. 填料选择和搭配不合理，磷的去除率不理想；d. 受气候、土壤和经济费用等因素的限制，温带和寒带区域难实现处理系统的终年稳定连续运行。

尽管如此，湿地和人工湿地因为投资低，对有机污染物、悬浮物和病原体的去除效果好，在农村居民家庭污水、村庄生活污水、农村暴雨径流废水以及农田面源废水处理中有推广应用的价值。其关键在于改进填料基质配比与提高氮、磷的去除能力。与其他

工艺技术集成与组合可弥补上述缺陷。

2.2.5 生物膜法处理

污水二级处理的生物膜法处理工艺包括普通生物滤池、高负荷生物滤池、塔式生物滤池、生物接触氧化池（淹没式生物滤池）、生物转盘、生物流化床、厌氧生物滤池、厌氧生物流化床、曝气生物流化池等。这些工艺方案绝大多数是针对城市污水以实现二级处理出水目标，同时较难适应河流流动的大流量水文条件。

在上述工艺方案中，由于生物接触氧化池有供微生物固着生长的填料，应全部淹没在污水中；采用与曝气池相似的曝气方法，提供微生物氧化有机物和氨氮等所需要的氧量，并起到搅拌作用；污水净化不仅可依靠填料上的生物膜，还依赖于池内一定浓度类似活性污泥的悬浮生物量，使生物接触氧化池成为一种具有活性污泥法特点的生物膜法处理构筑物，并综合了曝气池和生物滤池两者的优点。因此，生物接触氧化工艺除了可用于污水二级处理外，尚可用于污水三级处理和水源微污染的预处理。

2.2.5.1 生物接触氧化

生物接触氧化法是生物膜的一种形式，是在生物滤池的基础上，从接触曝气法改良演变而来的，因此有人称为"浸没式滤池法""接触曝气法"。国外早期的接触氧化处理效果都不太理想，BOD 去除率低，主要原因是：停留时间短、填料表面积过小、填料构造不尽合理容易堵塞。经德国、美国、日本和前苏联等不断研究与试验，处理工艺日益完善。1980 年以来，国外特别是日本，生物接触氧化技术得到了迅速发展。首先，在使用范围上，不仅用于水体富营养化处理，而且广泛地用于生活污水、生活杂排水以及食品加工、水果蔬菜罐头、鱼肉制品、酿造等工业废水处理中。其次，日本公布了构造准则，使接触氧化技术更加通用化、规范化和系列化，1981～1985 年 5 年间，接触氧化法处理槽装置占到全日本小型污水处理装置总量（154 万台左右）的 52.5%。至今生物接触氧化的填料、曝气和微生物三大关键技术取得较大的进展，使该技术除可以用于污水的二级处理外，还可用于污水的三级处理和水源微污染的预处理。生物接触氧化池具有容积负荷高、停留时间短、有机物去除效果好、运行管理简单和占地面积小等优点；同时，相对地适应河流水文和地形特征。这种工艺常被国内外加以改进后用于河流水质富营养化污染的控制，但如果设计或运行不当，容易引起滤料堵塞。

2.2.5.2 生物滤池处理技术

生物滤池是从间歇砂滤池演变而来的。生物滤池的基本处理过程依赖于填料表面生物黏液层的形成。黏液层的厚度为 2～3mm，相当于空气中氧的穿透深度，如果这层膜变厚，则局部形成厌氧会产生气味问题。黏液层厚度受滤池水力负荷的控制，增加水力负荷就可以控制黏液层的厚度。根据水力负荷的不同分为低负荷滤池、普通负荷滤池、高负荷滤池、超高负荷滤池（即塔式生物滤池）。前两种属第一代生物滤池，具有净化效果好（BOD_5 去除率达 85%～95%）、基建投资省、运行费用低等优点，但也存在占地面积大、卫生条件差等缺点，但对污水量较小的中小城镇，尤其是经济不太发达的城镇，仍然具有较大的应用价值。高负荷滤池和塔式生物滤池有机负荷大，一般为普通生物滤池的 6~8 倍或更高一些，因此池体积较小，占地面积也较少，塔式生物滤池的塔内微生物存在分层的特点，能承受较大的有机物和有毒物质的冲击负荷，并产生较少的污泥量。但 BOD$_5$ 去除率较低，一般为 75%~90%，因生物膜生长迅速，在高水力负荷条件下容易脱落引起滤料的堵塞，也存在基建投资较大等缺点。尽管如此，由于生物滤池是填料附着生长生物处理法的经典技术，有较好的处理效果和适应性，被选入环境工程专业著作——《Karl Imhoff 城市排水和污水处理手册》（德文版）中，因而融入德国及整个欧洲、美国的最新技术，使之在国外得到广泛应用。生物滤池处理技术也可能成为农村生活污水处理应用的一种重要技术，包括厌氧生物膜和好氧生物膜两种。目前，新型的生物膜反应器和固定化微生物技术也得到了广泛的开发研究。

2.2.6 化粪池

化粪池在众多工艺中都作为预处理单元对分散型污水进行处理，在污水处置的方法上与不同工艺相结合就构成了多种组合工艺。

2.2.6.1 芬兰化粪池

芬兰化粪池多采用化粪池＋砂滤池模式，砂滤池能提高磷的去除率。这个系统包括一个化粪池，带有收集管和磷去除单元的过滤池，这个单元可以是在化粪池处理系统中独立的预处理层或者是一个化学附加层（图 2-13），预处理后的废水流经砂床后（80cm 厚度的砂层），固体颗粒被过滤掉并被细菌消耗。如果周围的土壤渗滤性能好，则需要用塑料或者黏土将砂床隔离开。配水管是由穿孔塑料管做的（图 2-14）。收集管将纯化的水导入合适的接收场地。流出的水很干净，只需要额外的处理工序来对磷进行去除以达到净化的要求。

图 2-13　芬兰化粪池流程

注：图中所有的废水都通过埋入的具有独立除磷单元的砂滤池来处理。

多层滤料过滤是以传统的砂滤为基础的，主要的差异是多层滤料采用具有生物活性的塑料和非纺织材料。这种方法也用在多岩石的地区，那些地区不能采用传统的砂滤池。这种经验最初是从工程中得到的。

（1）制约因素

埋入式砂滤池需要很大的场地，这个场地是不允许大型车辆驶入的，而且在冬季能

图 2-14 芬兰埋入式砂滤池

够经受积雪的覆盖。微生物处理要求有氧环境和足够的负荷，滤场上不能种植任何植物，因为植物的根能破坏砂床，最好在上面种植草坪。

要想使这个系统产生效果，正确的操作是最基本的。油、有毒的化学物质、涂料或者其他溶剂会对微生物产生危害甚至杀死它们。必须保证足够的废水负荷以便饲养微生物，但是场地不能太湿（这样将产生厌氧条件）。这也是为什么要特别注意处理暴雨期的雨水。

需要专业的知识和设计来保证建筑的正确性。需要确定不同层内的砂粒粒度分布，滤砂在 20 年后需要更换，如果有足够的空地的话，改变滤床的地点会简单些。磷的去除率在系统运行过程中下降得很慢。

化粪池产生的污泥需要经常进行清空，否则滤场将会堵塞。磷的去除率不是十分有效，可以通过一个与集水管相连的独立的单元来提高磷的去除率。也可以在滤场中加入具有沉淀性能的材料做成附加层，或者在废水中加入化学药品。然而附加层的材料会引起堵塞和黏合。

（2）优点

通过测定出水水质可以很好地监测实际的处理效果。使用和操作都很方便，不需要电力。埋入的砂滤池不需要任何特殊的土壤因此适于不同地区。

（3）成本

建设费用为 2500~5000 美元，运行费用（清空和处理污泥）每年共 60~200 美元，平均 10 年的花费为 5000~8000 美元。

2.2.6.2 英国化粪池

英国化粪池（图 2-15、图 2-16）是被分割成若干部分的不漏水的池子，或是一系列池子，在厌氧条件下能够促进初级沉降和一定程度的二级生物处理。化粪池的处理效率取决于很多因素，包括清洗的频率、清空的频率、温度以及池子的尺寸。如果按照建筑说明来运行，化粪池能减少出水的有机物浓度，污水中的有机物浓度能减少 70%。

化粪池从各点（图 2-15 中的 A 点）收集污水，然后运送到中央腔进行处理（图 2-15 中的 B 点）。依照接收的土地的成分不同，出水可以被允许排到土地的排水沟中或者是以漫灌的形式排放（图 2-15 中的 C 点）。如果要求高质量的出水（例如悬浮物 30mg/L，BOD20mg/L）则需要生物滤池与传统的化粪池相结合；至少每年要清理一次污泥，容积是根据 BS6297 和给出的公式制定出的：

$$C = (180P + 2000) \tag{2-4}$$

式中　C——池子的容积，L；

　　　P——服务的人口数。

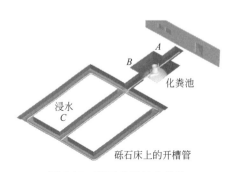

图 2-15　英国典型的化粪池

图 2-16　英国化粪池的横截面

2.2.6.3　匈牙利化粪池

匈牙利的农村污水处理指南中有 6 种相关的处理工艺，并分别列出了各种不同的工艺所应用的不同的地理条件，并对每种工艺在污染物净化上所存在的问题进行了介绍。

（1）简单的化粪池和传统的排水干燥系统

（2）简单的化粪池和传统的带有进水泵的排水干燥系统

（3）增大的化粪池，浅沟型砂滤干燥系统，带有进水泵

（4）增大的化粪池，砂滤池和传统的排水干燥系统交替运行

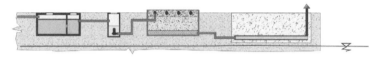

（5）增大的化粪池，砂滤池和传统的砂滤池排水系统交替运行，带有进水泵

（6）增大的化粪池，砂滤池和浅的干燥渠交替运行，带有进水泵

2.2.6.4　加拿大化粪池

加拿大萨斯克温的手册中的工艺都是按照固定的形式来进行编制的，从该工艺的定义、功能、设计、施工和后期的运行等方面对其进行简要介绍。

化粪池通常由沉降槽和控制槽两部分组成（图 2-17）。沉降槽的设计至少要将废水停留 24h，并存储附加的污泥，在这个槽中固体沉淀并分解成液体、气体和污泥。这是一个很重要的工段，因为如果不分解掉的话，积累的固体能够很快填满化粪池。另外油脂和肥皂上升在沉淀槽内形成一个密封的浮渣层。浮渣层的形成很重要，它能维持一个缺氧的环境使细菌得以消化污泥。当有废水流入沉降槽时相应量的出水就会进入控制槽。当控制槽内的水量到达设计的体积时，出水会被快速地排出或者由水泵输送到处理地区（通常是处置场）。快速间歇的出水排放要求：处理场地尽量平坦，在两次将出水排放到处理场地之间要有一个重要的休眠期，避免结冰。

注意：污泥和浮渣必须通过专业人士定期从化粪池中移走。污泥积累的量按每人每年 $0.06m^3$ 计算。

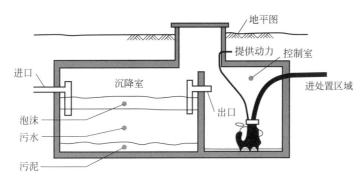

图 2-17　加拿大常用的化粪池简图

（1）化粪池＋沟渠布水

建造的沟渠的最大深度是 1m，宽度是 60cm～1m。挖好的沟渠内填上至少 30cm深的石头。多孔管分布在上面，上面再覆盖上 10～15cm 的石头。表面再铺上一层特殊的材料以阻止土壤堵塞。沟渠类型的处置场地要与预处理工艺联合起来，处置场地的表面上必须用表层土完全覆盖，平整后种上草。最后一步很重要，因为它通过表面水分的蒸发可以阻止土壤饱和（图 2-18）。

（2）化粪池＋总面积布水

总面积布水是建造一个浅的坑，其最大深度是 1m。坑中填入至少 60cm 的碎石，碎石上面布置着从中间延伸到四周的多孔管。多孔管上面覆盖一层纺织

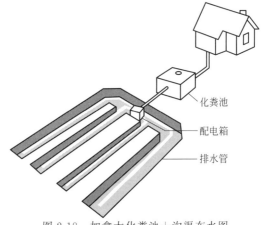

图 2-18　加拿大化粪池＋沟渠布水图

（注意：灰色废水处理场必须按照标准进行建设，大小不得小于标准处理场的 75％。）

品或者是其他符合规定的材料。最后整个处理场上面都覆盖上表层土，平整后种上草（图 2-19）。

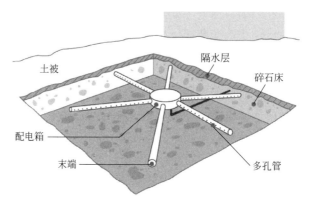

图 2-19　加拿大化粪池＋总面积布水图

2.2.7　膜生物反应器

膜生物反应器（MBR）是高效膜分离技术和传统活性污泥法的结合，几乎能将所有的微生物截留在生物反应器中，这使反应器中的生物污泥浓度提高，理论上污泥泥龄可以无限长，使出水的有机污染物含量降到最低，能有效地去除氨氮，对难降解的工业废水也非常有效。

目前，膜工艺被广泛用于城市用水的净化以及生活污水和工业废水的处理。膜工艺与传统生物处理工艺相比具有出水水质好、占地面积小、维修简便和操作灵活等特点。这些工艺的发展动力源于日益严格的环境标准对小型、高效的水处理工艺的需求，用于废水处理的膜反应器是其中一项很有发展前景的工艺。该工艺通过膜技术来强化生物反应器的功能。

2.2.7.1　膜生物反应器的历史

膜与生物处理工艺结合的膜生物反应器研究迄今已有 40 年了，其商业应用也有 30 年的历史。

1969 年，美国的 Smith 首次报道了美国 Dorr-Oliver 公司把活性污泥和超滤工艺结合处理城市污水的方法。该工艺最引人瞩目的地方是用膜分离技术代替了常规的活性污泥二沉池，用膜分离技术作为处理单元中富集生物的手段，而不是采用常规的回流循环来增加曝气池中微生物的浓度。它是用一个外部循环的板框式组件来实现膜过滤的，在生活污水的处理中获得了极佳的处理效果（出水 BOD＜1mg/L，COD 20～30mg/L），是常规好氧系统的 23 倍；膜通量为 7.5L/(m²·h)，COD 去除率为 98％。Dorr-Oliver 公司在 20 世纪 60 年代还开发了另一种膜处理工艺 MST（membrane sewage treatment）。在该系统中，污水进入悬浮生长的生物反应器中，并通过超滤膜组件的抽吸作用连续进水。膜组件为板框式，进出口压力分别为 345kPa 和 172kPa，膜通量为 16.9L/(m²·h)。尽管这些工艺取得了良好的出水水质，但由于当时膜技术发展相对落后，膜材料种类少，价格昂贵，使用寿命短，限制了该工艺的长期稳定运行，污水膜生物反应器仍然处于研究阶段。

1970年，美国的Dorr-Oliver公司和日本的Sanki Engineering有限责任公司达成协议，使得该工艺首次进入日本市场。20世纪80年代以后，随着膜制造技术的发展、膜分离工艺的完善、膜清洗方法的改进和污水厂出水水质要求的提高，MBR开始在污水处理行业得到应用。1989年，日本政府联合许多大公司共同投资进行了为期6年的"90年代水复兴计划"科研项目，其目的是寻求满足中长期水量需求、解决水污染问题和从污染物中获取能量。特别是开发一种膜技术与生物反应器相结合来处理工业和城市污水，省能省地，出水水质好，适用于污水回用的工艺。项目耗资118亿日元。Kubota作为其中的公司之一，研制了平板式浸没MBR。到1993年，已经报道有39套外置式MBR系统用于日本的卫生和工业领域。今天，日本已经有数家公司提供成套产品，应用于家庭污水处理和回用以及废水中COD较高的工业领域，例如饮料行业等。

20世纪70年代早期，美国密歇根州的Thetford系统公司（现为Zenon环境公司的一部分）推出了自己的外置式膜分离系统Cyclc-Let工艺用于住宅污水的处理。该系统采用两级污泥好氧-缺氧流程，外置管式超滤膜来处理污水，出水经过UV消毒后用于冲厕。1974～1982年间，Thetford系统公司共安装了27套Cyclc-Let工艺产品。1982年，Dorr-Oiliver公司应用膜厌氧反应器系统（MARS）来处理高浓度食品废水。该工艺采用外部循环超滤膜，总负荷8kg COD/($m^3 \cdot d$)，COD去除率达到99%。与此同时，英国采用超滤膜和微滤膜研制了两套污水处理系统，其概念在南非得以进一步发展而形成厌氧消化超滤工艺（ADUF）。ADUF系统采用管式超滤聚砜膜，稳定状态膜通量为37.3L/($m^2 \cdot h$)，固体浓度为50g TSS/L。1994年，Thetford系统公司与Zenon环境公司合并为Zenon市政系统公司。在20世纪80年代末和90年代初，Zenon环境公司继续了美国的Dorr-Oliver公司早期在工业污水领域的研究工作，研制成功Zenon-ZeeWeed第一系列工艺。特别是形成ZW-145（膜面积13.5m^2）、ZW-150（膜面积13.9m^2）、ZW-500（膜面积46m^2）、12件组合ZW-150（膜面积可达63m^2）、8件组合ZW-500（膜面积可达146m^2）等系列产品，大大推动了MBR技术的市场化进程。

国内外MBR的研究大致可分为以下几个方面。

① 探索不同生物处理工艺与膜分离单元的组合形式，生物反应处理工艺从活性污泥法扩展到接触氧化法、生物膜法、活性污泥与生物膜相结合的复合式工艺、两相厌氧工艺等。

② 影响处理效果与膜污染的因素、机理及数学模型的研究，探求合适的操作条件与工艺参数，尽可能减轻膜污染，提高膜组件的处理能力和运行稳定性。

③ 扩大MBR的应用范围，MBR的研究对象从生活污水扩展到高浓度有机废水（如食品废水、啤酒废水）与难降解工业废水（如石化废水、印染废水等），但以生活污水的处理为主。

另外，也有少数研究者采用硅橡胶膜生物反应器对废水中的挥发性有机化合物（VOCs）进行生物处理的传质动力学进行研究。

2.2.7.2 膜反应器工艺

（1）膜生物反应器的工艺特点

膜生物反应器工艺主要有以下特点：

① 污染物去除效率高，不仅对悬浮物去除效率高，且可以去除细菌、病毒等，设备占地小；

② 膜分离可使微生物完全截流在生物反应器内，实现反应器水力停留时间和污泥泥龄的完全分离，使运行控制更加灵活、稳定；

③ 生物反应器内的微生物浓度高，耐冲击负荷；

④ 有益于增殖缓慢的微生物，如硝化细菌的截留和生长，系统硝化效率得以提高，同时可提高难降解有机物的降解效率；

⑤ 传质效率高，氧转化效率高达 26%～60%；

⑥ 污泥产生量低；

⑦ 出水水质好，出水可直接回用；

⑧ 易于实现自动控制，操作管理方便。

（2）分类

水处理中的膜生物反应器由生物反应器与微滤、超滤、纳滤或反渗透膜系统组成，因而可分为微滤膜生物反应器、超滤膜生物反应器等。

据膜系统与生物反应器组合的方式和位置，膜生物反应器又可分为分置式（循环式）膜生物反应器和一体式（浸没式）膜生物反应器两种。

1）分置式膜生物反应器（RMBR） 生化后反应器中的废水经加压泵送入膜组件，透过液可回用于市政等；浓缩液再返回反应器，进一步生化降解或部分经循环泵加压后再返回膜组件中。

分置式膜生物反应器的特点是膜组件自成体系，运行稳定可靠，膜通量较大，有易于清洗、更换及增设等优点。但泵的高速旋转产生的剪切力对某些微生物细菌体会产生失活现象，而且一般条件下为减少污染物在膜表面的沉积，由循环泵提供的水流流速都很高，为此动力消耗较大。

2）一体式膜生物反应器（SMBR） 膜组件直接浸泡于反应器中，反应器下方有曝气装置，使空压机送来的空气形成上浮的微气泡，在曝气的同时，又使膜表面产生剪切应力，利于膜表面除污，透过液在抽吸泵的负压下流出膜组件。

一体式膜生物反应器不使用循环泵，可避免微生物菌体受到剪切力而失活。其最大特点是运行动力费用低，但其膜通量相对较低，易发生膜污染。通常膜部分的拆洗、清洗较困难，不过中空纤维式膜组件由于体积小、组装灵活，可分组设置成若干框架结构，便于从曝气池中拿出，克服了不易拆装、清洗的缺点。

（3）膜生物反应器运行的影响因素

膜生物反应器由膜分离单元与生物处理单元组成，因此影响其稳定运行的因素不但包括常规生物动力学参数（如容积负荷、污泥浓度、污泥负荷等），还包括膜分离的相关参数、膜的固有性质（如膜材料、膜孔径、荷电性等）、滤液的性质、操作方式、反应器的水利条件等。其中生物动力学参数主要影响 MBR 的处理效果，膜分离参数主要影响 MBR 的处理能力。

1）影响 MBR 稳定运行的生物动力学参数

① 有机负荷。研究表明：好氧 MBR 出水受容积负荷与水力停留时间（HRT）的影响较小，而厌氧 MBR 出水受冲击负荷与 BRT 的影响较大。李红兵用 MBR 处理生活污水，在水力停留时间为 1.5h、5.8h，COD 容积负荷在高负荷 [5.76kg/(m³·d)] 与稳态运行条件下 [0.8～1kg/(m³·d)]，处理效果基本相同，系统对 COD 去除率都达到 90% 以上。吴志超采用好氧 MBR 处理巴西基酸生产废水发现：COD 容积负荷分别为 1.2kg/(m³·d)、2.4kg/(m³·d)、4.8kg/(m³·d) 时，出水 COD 浓度变化不大，且 HRT 对出水水质无明显的影响。而何义亮用厌氧 MBR 处理高浓度食品废水却发现：当 COD 容积负荷从 2kg/(m³·d) 升高到 4.5kg/(m³·d)，COD 去除率从 90% 下降至 70%。且 HRT 对处理效果有重要影响，对这些研究的比较发现：在好氧 MBR 中，污泥浓度随容积负荷的增加迅速升高，有机物去除速率加快，污泥负荷基本保持不变，从而抑制出水水质的恶化，而在厌氧 MBR 中，污泥浓度升高缓慢，因此厌氧 MBR 出水水质易受容积负荷的影响。

李红兵、顾平对 MBR 处理生活污水的研究表明：冲击负荷对有机物的去除没有显著的影响，但 NH_3-N 受冲击负荷影响明显，出水 NH_3-N 的恶化程度与冲击负荷的大小成正比。这一现象可能是由于膜的拦截作用对 NH_3-N 的去除并无贡献。因此，MBR 对氮的去除效果易受生物反应器处理效果的影响。顾平的研究还发现：在冲击负荷条件下，膜通量衰减幅度是正常 COD 负荷的数十倍。通过分析冲击负荷期间进水 COD 和 MLSS 间的关系，发现反应器内 MLSS 的变化规律与最大膜通量的降低有类似之处，COD 冲击负荷使反应器内活性污泥浓度迅速增加，混合液的黏度增加，从而使液-固分离困难；同对，处于增长期的污泥活性高，有大量细胞外聚合物存在，增加了膜过滤阻力，导致膜最大出水量降低。

② 污泥浓度。污泥浓度是 MBR 系统的重要参数，不仅影响有机物的去除能力，还对膜通量产生影响。许多研究都表明污泥浓度与溶解性生物产物是影响膜通量的重要参数。这些研究成果表明：一定条件下污泥浓度越高，膜通量越低。顾平在一体式 MBR 处理生活污水的研究中却发现：当曝气强度足够大（气水比近似 100∶1）、MLSS 由 10g/L 变化到 35g/L 时，MLSS 与膜通量没有明显的相关性；但如果降低曝气强度，MLSS 对膜通量可能产生一定的影响。

污泥浓度对膜通量的影响程度与曝气强度、膜面循环流速、水力学条件等密切相关。桂萍应用正交试验的方法对一体式 MBR 中膜污染速度与污泥浓度、曝气量和膜通量的关系进行考察，研究结果表明：不同污泥浓度均存在一个污泥在膜表面大量沉积的临界膜通量，当膜通量小于临界通量时，膜污染主要由溶解性有机物在膜面的沉积引起；当膜通量大于临界膜通量时，膜污染主要由悬浮污泥在膜面的沉积引起；在污泥浓度较低时，曝气强度对膜的污染影响不大，在中、高污泥浓度条件下，增加曝气强度有利于减缓膜污染。临界膜通量 J 与污泥浓度 MLSS 和曝气强度 Q_A 有如下关系：

$$Q_A/J = 8.34e^{0.07MLSS} \tag{2-5}$$

但该试验中各变量的取值范围较窄。刘锐在桂萍试验的基础上，采用均匀设计法，扩大各变量的取值范围，以膜过滤阻力上升速率 K 作为膜污染发展速度的表征指数，建立了膜污染发展速度模型：

$$K = 8.933 \times 10^7 \Delta P \times \text{MLSS}^{0.532} J^{0.376} U_{\text{lr}}^{3.074} \tag{2-6}$$

由该模型知膜过滤阻力上升速率 K 随膜通量 J 与污泥浓度 MLSS 的增加而增加，随膜间液体上升流速 U_{lr} 的增加而减小。

2）膜操作参数　在保证出水水质的前提下，膜通量应尽可能大，这样可减少膜的使用面积、降低基建费用与运行费用。因此，控制膜污染、保持较高的膜通量，是膜生物反应器的重要研究内容。

① 膜通量或操作压力。膜生物反应器有两种操作模式：一种是恒定膜通量变操作压力运行；另一种是恒定操作压力变膜通量运行。

当采用恒定膜通量的操作方式时，膜通量的选择对于膜的长期稳定运行至关重要。对于某一特定的膜生物反应器系统，存在临界的膜通量，当实际采用的膜通量大于该临界值时，膜污染加重，膜清洗周期大大缩短。Kwon 和 Vigneswaran 明确提出了临界膜通量的概念。

Ⅰ. 狭义临界通量被定义为使粒子开始在膜表面沉积的膜通量。当膜通量低于此临界值时，无粒子沉积。

Ⅱ. 广义临界通量是使膜过滤阻力不随时间明显升高的最大膜通量。此定义以膜过滤阻力随时间发生明显升高为准则，因此即使发生粒子在膜表面的沉积，但只要膜过滤阻力随时间不发生明显变化，则认为该通量仍小于临界值。

临界膜通量的概念近年来得到了广泛的关注，许多学者的研究证明了只有把膜通量选择在临界值之下，才能延长膜的运行周期，否则，膜会因迅速发生污染而停止运行。例如，Defrance 和 Jaffrin（1999）发现：当实际采用的膜通量低于临界膜通量时，膜过滤压力保持平衡且膜污染可逆；反之，膜过滤压力迅速上升而不能趋于稳定，膜污染的可逆性显著下降。膜污染向不可逆方向发展的主要原因之一是在膜过滤时浓差极化层转化成致密的滤饼层；另外，膜通量增加后膜面污染层的结构发生改变，最终也将造成污泥层和凝胶层的阻力显著增大。如果实际采用的膜通量低于临界膜通量，曝气量的提高可以显著去除污泥层，否则，曝气量的提高对污泥的去除作用不大。临界膜通量随膜面错流流速的增加而呈线性增长。

同样，当采用恒定操作压力变膜通量运行时，存在一个临界的操作压力，在高于临界操作压力的条件下运行会导致膜迅速污染。临界操作压力随着膜孔径的增加而减小。

② 膜面错流流速。提高膜表面的水流紊动程度可以有效减少颗粒物质在膜面的沉积，减缓膜污染。但是，膜面错流流速并非越大越好，当膜面错流流速达到一个临界值后，其进一步增加将不会对膜的过滤性能有明显改善；而且，过大的膜面流速还有可能因打碎活性污泥絮体而使污泥粒径减小，上清液中溶解性物质的浓度增加，从而加剧膜污染。

③ 温度。温度对膜的过滤分离过程也有影响。Magara 和 Itdi 在不同温度下进行活性污泥的过滤试验，发现在试验范围内，温度每升高 1℃ 可引起膜通透量增加 2%，他认为这是由温度变化引起料液黏度的变化所致。也有研究表明，提高温度不仅降低了混

合液的黏度，还改变了膜面上污泥层的厚度和孔径，从而改变了膜的通透性能。

④ 操作方式。针对一体式膜生物反应器，Yamamoto提出间歇抽吸的操作方式，这种操作方式可以有效减缓膜污染的发展速度。桂萍进一步通过试验指出，出水泵开15min停5min能最经济有效地控制膜污染。

阶段启动也有利于减缓膜的不可逆污染。Chen发现，逐步提高膜通量到设定值要比直接应用该通量时的膜操作压力要低得多。

Defrance和Jaffrin对恒定膜通量运行和恒定操作压力两种情况进行了比较，认为采用恒定膜通量的操作方式在运行初期能够避免膜面过度污染，更有利于膜的长期稳定运行。

2.2.7.3 膜生物反应器在污水处理中的应用

（1）生活污水处理

与传统生物处理工艺相比，膜生物反应器具有良好的污染物去除效果与较低的污泥产率。

表2-18为膜生物反应器与常规生物法反应器的比较。

表2-18 膜生物反应器与常规生物法反应器的比较

项目	普通活性污泥法	SBR	接触氧化	UASB	MBR
MSLL/(g/L)	2～3	2～8	5～10	20～40	6.0～40
N_v/[kg BOD$_5$/(d·m³)]	0.5～1	0.1～3	3～5	5～20	1.5～5

生活污水经MBR处理后，COD、BOD、浊度都很低，大部分细菌、病毒被截留，出水水质已达到建设部《生活杂用水水质标准》（CJ 25.1—89），可直接作为建筑中水回用及城市园林绿化、清洁、消防、洗车等用。

（2）粪便污水处理

1）粪便污水 国外把粪便污水又称为黑水（black water），与黑水相对的另一概念是灰水。国外的黑水定义有两种：一种定义为含有粪便物质的生活污水；另一种定义为厕所污水，包括冲厕水和人类营养物溶液（anthropogenic nutrient solutions，ANS）。粪便（night soil）是指不含或含少量冲厕水的黑水。本书叙述中的粪便污水包括含有冲厕水的黑水和不含冲厕水的黑水即粪便。

黑水含有较高的COD、N、P等物质（是生活污水中80%～90% N、P和50%～57%的有机物质来源）和病原菌，而粪便中的有机物和营养物质浓度更高，见表2-19。

表2-19 粪便污水的水质情况

名称	COD/(mg/L)	N/(mg/L)	TN/(mg/L)	P/(mg/L)
黑水	1270～1700(1480)	250～275		35～40
粪便	32000～44000(38000)		3000	400

注：表中括号内数据为平均值。

长期以来，粪便污水的处理方式以输送到污水处理厂或粪便处理厂集中处理为主。处理难度大，费用高。因此，解决粪便污水的就地处理问题已提上日程，与之相关的粪便和粪便污水处理的研究、开发与应用也得到不断发展。

粪便污水处理技术可分为两类：一类是以厌氧处理为主的技术，这种处理技术把粪便污水作为可回收资源，生物降解不完全，氮、磷去除少，粪便污水无害化后的产物作为肥料；另一类技术包括好氧、厌氧或厌氧和好氧混合工艺，它将粪便污水经过生物降解去除有机物和氮、磷等营养物质，使出水达到排放或回用标准。

2）MBR 处理粪便污水技术　MBR 处理粪便污水的典型工艺流程有 5 种。

① 高效生物反硝化-超滤。根据小反应池位置不同有两种工艺。粪便的前处理用粗网和细网去除纤维和粗大固体颗粒。生物反硝化单元包括两个反应池，主反应池中用来去除大部分 BOD_5 和 N，并加入甲醇加强除氮功能；小反应池利用反硝化菌的内源呼吸进一步去除 N。好氧和厌氧段由计算机根据氧化-还原电位（oxidation reduction potential，ORP）、溶解氧（DO）情况调节供氧量。处理水的深度处理包括凝聚超滤、活性炭吸附和消毒。

② 高负荷反硝化-超滤。污水经粉碎、絮凝-筛网后经过生物反应池。与高效生物反硝化-超滤流程不同，生物反应池只有 1 个，采用间歇曝气式除去总氮，生物处理出水经深度处理后排放。

③ 高负荷活性污泥-超滤。日本静冈的粪便处理厂采用高负荷活性污泥-超滤的 MBR 处理粪便和化粪池的污泥，处理量是 $160m^3/d$，污水中含 BOD 和 TN 分别是 1199kg/d 和 356kg/d。生物反应分为两个阶段：第一阶段生物反应包括厌氧/好氧两个反应池，污水经格栅前处理，进入第一阶段生物反应器，处理出水经膜过滤，膜过滤液进入第二阶段生物反应器，浓缩液回到第一阶段的厌氧反应器；第二阶段反应池处理第一阶段反应的膜过滤液和厂中的低浓度污水，第二阶段处理出水经包括凝聚超滤、活性炭吸附和消毒的深度处理，系统中产生的污泥经脱水后焚烧。

④ 活性污泥-超滤。上述 3 种工艺流程均是日本粪便污水处理厂的工程实例，活性污泥-超滤 MBR 是国内河海大学实验规模的工艺流程。粪便污水经稀释后储存在调节池中，然后气提至曝气池，再进入浸没式 MBR。粪便污水中有机污染物被微生物降低，处理水由负压抽吸经膜过滤后出水。

⑤ 高效沼气发酵-超滤。处理量为 $0.5m^3/d$，粪便经筛网过滤处理，一部分进入沼气发酵反应器，另一部分经过膜分离。分离浓缩液进入沼气发酵反应器，透过液与沼气发酵反应器的超滤出水进入 UASB 沼气发酵反应器，反应后的混合液进入沉淀池进行泥水分离，澄清水排出系统，该工艺的前半部分可看作是 MBR 法。

以上 5 种流程是采用 MBR 处理粪便污水的典型工艺，前 4 种处理工艺是工程实例，后 1 种是试验工艺。

与膜结合处理粪便污水的生物技术依据硝化与反硝化是否在同一个反应池内进行可分为间歇曝气和 A/O 形式。目前，大部分工艺都采用间歇曝气或 A/O 工艺去除氮，可外加碳源如甲醛、甲烷、甲醇等促进反硝化。

3）MBR 处理粪便污水的效果　处理粪便污水有很大的优势：由于污泥浓度高，一般在 15g/L 左右，所以食物/微生物比（F/M）很小，BOD 污泥负荷一般为 $0.1 \sim 0.2kg/(kg \cdot d)$，TN 污泥负荷一般为 $0.05kg/(kg \cdot d)$；容积负荷相对较大，BOD 容积负荷为 $1.5 \sim 3.0kg/(m^3 \cdot d)$；TN 容积负荷为 $0.6 \sim 1kg/(m^3 \cdot d)$；MBR 内污泥浓

度高，MBR 的 HRT 和 SRT 可以独立控制，一般 HRT 可以控制在 4h 左右的较短时间内而不影响处理效果。MBR 处理粪便污水时污泥浓度高、容积负荷大，生物降解及膜分离单元的水力循环使生物反应器能维持在一定温度，一般在 36℃ 左右，这有利于生化降解效率的提高。MBR 处理粪便污水的操作参数和处理效果见表 2-20 和表 2-21。

表 2-20　MBR 处理粪便污水的操作参数

项目	污泥负荷/[kg/(kg·d)]		容积负荷/[kg/(m³·d)]		污泥浓度/(g/L)	溶解氧/(mg/h)	污泥龄(HRT)/h	温度/℃	工艺编号
	BOD	TN	BOD	TN					
一体式					5~14	3.0~4.0	5		工艺5
分体式			2.5	0.6	12~18	A/O		<42	工艺4
分体式					15	间歇曝气		36~37	工艺3
分体式工艺1	0.1	0.04	1.66	0.6	16.3	间歇曝气	4.7	35	工艺1
分体式工艺2	0.2	0.06	2.8	0.9	14.4	0~2	3.6	36	工艺2
分体式	0.08~0.14	0.03~0.05			10~15	间歇曝气 0~6	4~9	33~36	工艺6

注：工艺1、工艺2为高效生物反硝化-超滤；工艺3为高负荷反硝化-超滤；工艺4为高负荷活性污泥-超滤；工艺5为活性污泥-超滤；工艺6为高效沼气发酵超滤。

表 2-21　MBR 处理粪便污水的处理效果

项目	COD/(mg/L)	BOD/(mg/L)	TN/(mg/L)	TP/(mg/L)	NH₃-N/(mg/L)	SS/(mg/L)	工艺及编号
进水	1250~13500				1000~4000		好氧
出水	58~592					>96%②	5
进水粪便	5420①	5790	3250	296	2580	4420	
进水污泥	3720	3880	530	77.3	145	6170	
UF1 出水	53	2	5.6		<0.1	5.1	A/O
UF2 出水	35	<1	4.0		<0.1	0.6	4
最终出水	6	<1	1.3	0.02	<0.1	0.6	
进水		5500	2370			3980	
UF1 出水	<1		21	73		<1	
UF2 出水	<1		12	0.6		<1	间歇曝气
最终出水	<1		8	0.2		<1	3
进水	2800~4000	6550	2600			4600	间歇曝气1
UF1 出水	130~250	7.7~9.7	25~41			<2	
进水	19000	7000	2600		2100	5400	厌氧
出水	2200	500					6
工艺1FU1 出水	227	5	<30	65		<2	间歇曝气
工艺2FU1 出水	64	6	40	0.008		0	1、2
工艺2UF2 出水	35		10~26	0.3			

① CODMn值；

② 去除率：UF1、UF2 分别为生物反应器后的超滤出水与凝聚后的超滤出水。

由于传统的固液分离技术分离效果不稳定，从而导致出水水质恶化。采用膜分离技术后，由于不受污泥浓度和沉降性能的影响，膜可以截留微生物、悬浮物质和蛋白质等大分子有机物，致使出水悬浮物和有机物浓度低、浊度小，保证了出水水质。表2-21中列出的数据说明了MBR处理粪便污水出水水质优于其他传统技术。

比较处理工艺1、2、3、4的UF1出水与工艺5、6的出水不难看出：MBR处理高浓度的粪便污水采用间歇曝气或A/O工艺的处理效果优于连续曝气的好氧处理，采用厌氧处理的出水水质最差。

据报道，MBR在处理粪便污水时出水中大肠杆菌超标。还有报道认为，粪便中含有大量的难降解BOD_5成分（大部分为颜色物质），预计COD_{Cr}最大去除率为80%～85%。由表2-21看出，仅靠MBR一级处理的出水水质较差，需加上深度处理出水才能排放或回用。深度处理一般包括絮凝-超滤、活性炭柱吸附、消毒（氯消毒、臭氧和紫外消毒）。絮凝-超滤的作用是去除磷、难降解COD、颜色物质和胶体物质。絮凝剂一般选用聚合氯化铝、氯化铁或其他有机絮凝剂。工艺中活性炭柱的作用是去除痕量的COD和颜色成分。消毒能保证出水中不含病原菌。

2.2.7.4　工艺系统设计

设计基本原则：对一定的污水或废水，在MBR设计中，通常据物料特性和工艺要求，确定反应器类型和结构，确定最佳工艺、操作条件和工艺控制方式，确定反应器大小和结构参数等。

（1）膜孔径的选择

曝气池中活性污泥由聚集的微生物颗粒构成，其中一部分污染物被微生物分解或黏附在微生物絮体和胶质状的有机物质表面。尽管微生物颗粒的直径取决于污泥的浓度、混合状态以及温度条件，但仍有一定的分布规律。普通颗粒直径在接近$10\mu m$处有个高峰，而一般小颗粒的直径大于$0.2\mu m$。Masaru Uehara认为应用MBR处理污水在选择膜孔径时，应考虑到活性污泥的状态与水通量，通常选择$0.1\sim0.4\mu m$孔径的膜。高从皆认为，膜的孔径在$0.01\sim0.1\mu m$为好，优选孔径分布窄、单皮层非对称膜以耐污染和易清洗；膜纯水渗透性在$4\sim40L/(m^2 \cdot kPa)$；据实际需求，运行中膜通量能保持在$20\sim200L/(m^2 \cdot h)$。

（2）膜表面亲、疏水性的选择

目前，几乎所有的膜技术都依赖于有机高分子化合物。应用于MBR的膜材料不仅要有良好的成膜性、热稳定性、化学稳定性，同时最好为亲水性的膜，以提高水通量和抗污染能力，常用的方法是进行膜材料改性或膜表面改性。目前在日本，一些有机膜材料如聚乙烯、聚砜都经改性而具有稳定的亲水性。日本Mitsubishi Rayon公司的研究证实，中空纤维膜组件应用于污水处理时，亲水性的膜组件抗污染能力远远超出疏水性的膜组件。

（3）MBR抽吸过滤的压力选择

MBR出水采用抽吸过滤的压力是一个关键性的技术指标，压力过高会导致膜破裂；压力过低则出水通量达不到。T.YAhashi通过试验证实了最好使压力<0.1MPa，在这种压力下膜不会受到损伤，同时能有效减缓由于压力过滤而导致污染物层加厚带来的膜

清洗困难。一般情况下操作压力在 $0.1\sim0.3MPa$。

对于一体式 MBR，浸泡的膜组件在负压下工作，曝气之后控制在 $1m^3/(m^2$ 膜面积·h）左右。

（4）膜面流速与浓差极化和凝胶层形成

膜面流速取决于膜组器的型式和 MBR 的类型，对浸泡式 MBR，取决于曝气强度等；对 RMBR，为消除浓差极化和凝胶层形成，内压式中空纤维组件膜面流速通常应在 $1.5m/s$ 以上，这与进料的黏度和 MLSS 有关；对高黏度的进料应选择管式膜组件，膜面流速通常应在 $3m/s$ 左右。

（5）MBR 膜组件的设计

MBR 中膜组件的设计宗旨是考虑如何使膜抗堵塞，从而维持较长的使用寿命。现在日本采用最多的型式是以中空纤维膜制成膜块和膜堆，整齐排列并浸没在污水中和集水管相连，通过抽吸作用出水。这种型式可以有效地防止膜内部的阻塞。

2.2.7.5 膜污染与清洗

（1）膜污染

膜工艺的一大缺点是膜在运行一段时间以后会因为膜受到污染而导致膜通量降低，如何减缓膜污染进程从而维持膜通量，是应用膜工艺时所面临的一大挑战。

1）膜污染概念　膜污染是指处理物料中的微粒、胶体粒子或者溶质大分子，由于与膜存在物理化学相互作用或机械作用而引起的在膜面上沉淀与积累或膜孔内吸附造成膜孔径变小或堵塞，使水通透膜的阻力增加，妨碍了膜面上的溶解与扩散，从而导致膜产生通透流量与分离特性的不可逆变化现象。广义的膜污染不仅包括由于不可逆的吸附、堵塞引起的污染（不可逆污染），而且包括由于可逆的浓差极化导致凝胶层的形成（可逆污染），两者共同造成运行过程中膜通量的衰竭。水力清洗着重去除可逆污染物（凝胶层）及部分不可逆污染物（膜面污染物）。归结起来，浓差极化作用、凝胶层的形成和微生物的滋生是使膜分离过程的运行阻力增加、通量降低的主要因素，并且浓差极化会加剧膜的污染。

2）无机污染　膜的无机污染主要是指碳酸钙与钙、钡、锶等硫酸盐及硅酸等结垢物质的污染，其中碳酸钙和硫酸钙最常见。在膜反应器中保持水的紊流态对防止膜的污染是重要的，碳酸钙垢是由化学沉降作用引起的、二氧化硅胶体富集作用决定的。有机污染膜的特性，如表面电荷、憎水性、粗糙度，对膜的有机吸附污染及阻塞有重大影响。国外学者研究了细胞外聚合物的变化、溶解性有机物质的积累、上清液对膜分离的影响，发现细胞外聚合物、溶解性有机物及细微胶体对形成凝胶层、导致水通量下降有重要影响。无机膜-生物反应器处理啤酒废水时出现的膜污染现象，也主要是由于微生物代谢产生的多糖类黏性物质和一些胶体在膜内表面形成一层凝胶层，增加了过滤阻力。

3）微生物污染　微生物污染主要是由微生物及其代谢产物组成的黏泥。膜表面易吸附腐殖质、聚糖脂、微生物进行新陈代谢活动的产物等大分子物质，具备了微生物共存的条件，极易形成一层生物膜，因此造成膜的不可逆阻塞，使水通量下降。

（2）膜清洗

对于不同的分离对象，造成膜面堵塞的物质有矿物质、脂类、蛋白类、糖类等多种类型。膜分离的对象一般是多组分的混合物，组分之间存在着较复杂的物理化学作用，膜表面的堵塞也往往是各组分协同作用的结果。因此，从化学组成的角度来确定膜面堵塞物的种类常有很大的困难，甚至是不可能的，这就使得对超滤膜、微滤膜清洗机理与技术的研究进展十分缓慢。

膜面堵塞发生后，一般可用物理或化学的手段对膜进行清洗以恢复其通透能力。膜的清洗技术因此可大致分为物理清洗技术、化学清洗技术两大类。在实际的清洗操作中常常是两类清洗技术交叉使用，以达到预期的清洗效果。

1）常用的物理清洗技术

① 清水或气、水混合物正向冲洗。采用膜出水或气、水混合物，以高速低压冲洗超滤膜、微滤膜表面。借助水力剪切作用减少膜面上的堵塞物，使膜的透水性能得到一定程度的恢复。这种方法单独使用时，膜通透能力的恢复效果不明显，一般需结合其他清洗技术来使用。

② 清水或气、水混合物反向冲洗。采用膜出水或气、水混合物逆膜出水方向反冲超滤膜、微滤膜面。根据堵塞程度的不同，可选择不同的反冲压力、反冲洗流速和反冲洗历时，以达到较好的清洗效果。此方法仅对堵塞初期膜的清洗有一定效果，而且所需的冲洗频率较高。

③ 水力输送海绵球去除软质堵塞物。采用海绵球直径略大于膜管直径，海绵球在水压的推动下流经堵塞的超滤膜、微滤膜表面，对堵塞物进行强制性清除。该技术特别适用于以有机胶体为主要成分的膜面堵塞的清洗，但操作较复杂，而且堵塞物中硬质组分往往会损伤膜表面。

2）常用的化学清洗技术　常用的化学清洗技术可谓多种多样。按化学清洗剂的种类来分，有碱洗剂清洗、酸洗剂清洗、酶洗剂清洗、表面活性剂清洗、络合剂清洗、消毒剂清洗、复合型清洗剂清洗七大类，并且分类间存在交叉。化学清洗的效果与清洗剂的种类、清洗剂浓度、温度、pH 值等有密切关系，特别是和清洗剂的种类直接相关。

① 碱性清洗剂。氢氧化物在某种程度上能溶解 SiO_2、皂化脂类、溶解蛋白类物质。

碳酸盐直接清洗能力很弱，主要用于调节 pH 值。

磷酸盐呈弱碱性，清洗效果有限。常被用作分散剂、溶解碳酸盐、调节 pH 值、乳化脂类、胶溶蛋白等。

过硼酸盐如过硼酸钠，用于清洗膜孔内的胶体堵塞。

② 酸性清洗剂。硫酸反应剧烈，使用时有危险。可用于较宽的温度范围，不挥发，其成盐的溶解度较硝酸、盐酸小，钙盐溶解度小。常与柠檬酸混合用于锅炉等设备的清洗，很少用于膜面堵塞的清洗。

盐酸是常用的一种清洗用酸，其溶解力强，广泛用于除二氧化硅外的几乎所有堵塞物的清洗，而且适于低温。但清洗过程中可能产生的氯化氢气体对钢材有腐蚀性，这使其应用受到一定的限制。

硝酸化学反应强烈，成盐溶解度大，可钝化不锈钢、铝等。应用范围较盐酸、硫酸等都广，但对低碳钢有轻微的腐蚀。

氢氟酸化学反应强烈，溶解度大，可较好地溶解 SiO_2 类堵塞物质。由于其挥发性、腐蚀性极强，毒性大，难处理，极少用于膜堵塞的清洗。

氨基磺酸（氨基硫酸）粉状，易处理。与碳酸盐、氢氧化物等类堵塞物反应强烈，对铁氧化物的溶解力弱。其钙盐的溶解度大，尤其适用于钙盐和氧化铁水合物为堵塞物主体的膜面堵塞的清洗。

柠檬酸固体易处理，危险小。与堵塞物形成的盐溶解度较大，常作为清洗剂的助剂使用。即使在碱性条件下，对铁离子的络合力大，也难以形成氢氧化物沉淀。但常需在 $80 \sim 100℃$ 下使用，而且清洗历时较长。

③ 酶清洗剂。对有机物，特别是蛋白质、多糖类、油脂类膜面堵塞物的清洗是有效的。其突出缺点是价格昂贵，反应速率慢，需长时间浸渍，而且残留的酶清洗剂会影响微生物的正常生长。

④ 表面活性剂。主要有阴离子表面活性剂、阳离子表面活性剂、非离子表面活性剂三种，它们可以改善清洗剂和膜面沉积物的接触，减少水的用量，缩短清洗所需的时间。

阴离子表面活性剂 pH 呈中性，可作为有机发泡剂，如肥皂、磺酸盐等。

阳离子表面活性剂由四元氨基化合物构成，较阴离子、非离子表面活性剂的活性差，但即使很低的浓度也能抑制微生物的生长、繁殖活性。

非离子表面活性剂，这类表面活性剂由浓缩产品组成如环氧乙烷，具有低泡、易洗脱、不受 pH 值限制的优点，但比阴离子表面活性剂的活性差。

⑤ 络合剂。如 EDTA，它几乎能与所有金属离子络合，反应速率快，生成的螯合物大都水溶性好，并且比较稳定。

⑥ 消毒清洗剂。这类物质一般都具有较强的氧化能力，在消毒的同时，能有效地清除掉膜面堵塞物中有机物成分，使膜通透能力得到恢复。常用的有次氯酸钠、双氧水等。

次氯酸钠能非常有效地清除以有机质为主的膜面堵塞物，化学反应迅速，清洗历时短。其缺点是腐蚀性强，特别在 pH 值较低时，对不锈钢有明显的腐蚀作用。当清洗温度较高时，其中溶解的氯气会逸出，刺激人的呼吸系统。

双氧水为二元弱酸，遇光、氧化物、还原物即分解，并产生大量泡沫，是一种较温和的消毒杀菌剂。1.2%的水溶液对清洗有机质堵塞的超滤膜、微滤膜具有良好的效果。

⑦ 复合型清洗剂。这类清洗剂常常是碱性清洗剂、磷酸盐、络合剂、酶洗剂等的混合物，它具有比单纯的碱性清洗剂或酸性清洗剂都好的清洗效果。

上述 7 类膜清洗剂中，最常用的酸性清洗剂是硝酸、柠檬酸、盐酸；最常用的碱性清洗剂是氢氧化钠、氢氧化钾；最常用的消毒清洗剂是次氯酸钠，同时也是碱性清洗剂。复合型商品化的膜清洗剂在欧美地区使用较为普遍。

选定的膜面堵塞清洗技术必须能有效地清除膜面堵塞物，使超滤膜、微滤膜的正常通透能力与分离性能得到恢复。理想的清洗剂应具备以下特征：a. 能松动或溶解膜面堵塞物；b. 能使膜面堵塞物分散或呈溶解状态；c. 不能导致新的堵塞；d. 对超滤膜、微滤膜本身和装置的其他部分不能有腐蚀；e. 对膜面及管路系统同时有消毒作用。

在实际的膜清洗操作中，针对不同材质和型式的膜组件、不同的分离对象，应当选择不同的清洗剂和清洗程序。特别是在选择清洗剂时，还必须考虑整个管路系统及循环泵各部件的耐受能力。一般，对含油膜面堵塞物，采用碱洗＋表面活性剂进行清洗；对钙盐、铁锰氧化物，可采用酸洗＋表面活性剂进行清洗；对凝胶、黏泥等以有机质为主体的膜面堵塞物，最好采用碱洗＋氧化剂进行清洗。

清洗技术要求的环境条件也很重要。在其他条件不变的情况下，温度越高化学反应速率越快，对膜材料的腐蚀也越严重。膜面流速越高，水力剪切产生的物理剥离作用就越显著。另外，清洗剂的价格、各步操作的简便程度也是选择超滤膜、微滤膜膜面堵塞清洗技术时应该考虑的问题。

2.2.8　一体化处理装置

小型污水处理设备从型式上可分为只处理粪便污水的单独型和统一处理厨房排水、洗衣排水和浴室排水等杂排水的合并处理型两种。从处理工艺上分，单独处理装置又分为腐化池和延迟曝气池；而合并处理装置可分为洒水滤池式、高速洒水滤池式、延时曝气式、循环水道曝气式、标准活性污泥法、分流曝气式、接触氧化法、污泥再曝气式、标准洒水滤池式、膜生物反应器、膜分离净化装置等。

小型污水处理装置的规划和设计按以下顺序进行：a. 根据服务人数来确定污水量；b. 确定排放标准；c. 了解污水特性；d. 确定处理方法；e. 计算处理装置容量；f. 进行详细设计。

在国外，如日本设置小型污水处理厂处理水水质指标时，以公害对策基本法为准则。根据设置地域、服务人数的不同，处理水的 BOD_5 在 90～30mg/L，深度处理水 BOD_5 小于 10mg/L。同时对 COD、SS、NH_3-N 等也提出了明确的要求。在我国，由于小污水处理装置开发应用时间短，尚无专门的排放标准。目前，主要执行现行的污水排放标准和中水水质标准及中水用于景观水的水质标准。究竟执行哪一类标准，需要事先经过充分的调查，根据实际需要而定。

确定污水量和水质后即可进行设计，设计时需注意：a. 污水排放时间；b. 污水流量的时间变化和水质变化；c. 污水量和 BOD 负荷每周的变化、月变化、季变化；d. 作为生物营养源的物质；e. 杂物、油脂类、消毒药剂混入的程度。

发展集预处理、二级处理和深度处理于一体的中小型污水处理一体化装置，是国外污水分散处理发展的一种趋势。日本研究的一体化处理装置主要采用厌氧-好氧-二沉池组合工艺，近年来开发的膜处理技术，可对 BOD_5 和 TN 进行深度处理。欧洲许多国家开发了以 SBR、移动床生物膜反应器、生物转盘和滴滤池技术为主，结合化学除磷的小型污水处理集成装置。

日本在法律上规定严格保持河流、湖泊和海域的优良水质，因此，促进了日本农村污水协会研究开发一系列适用于在农村乡镇中应用的污水处理设备。设计的 JARUS 模式的 15 种不同型号污水处理一体化装置可分为两大类：一类采用生物膜法；另一类采用浮游生物法。

在自然界中存在着大量依赖有机物生活的微生物，它们具有氧化分解有机物并将其转化为无机物的功能。生物膜处理就是利用微生物的这一功能，采取人工措施来创造更有利于微生物生长和繁殖的环境，使其大量繁殖，从而提高对污水有机物氧化降解效率，达到净化污水的作用。经生物膜法处理装置处理的污水，其 BOD_5 含量＜20mg/L、SS＜50mg/L、TN＜20mg/L。浮游生物法通过漂浮在污水中的微生物氧化作用净化污水。可使 BOD_5 含量为 10～20mg/L、COD＜5mg/L、SS 为 15～50mg/L、TN 为 10～15mg/L、TP 下降到 1～3mg/L。

日本农村污水处理主要利用生物膜法（生物接触氧化法），采用小型生活污水处理装置（净化槽），即淹没式生物滤池。这种工艺的污水处理设施体积小、成本低、运行操作简单，处理后的污水水质稳定，比较适合农村应用。这种处理工艺广泛用于小型 gappei-shori 净化槽系统，经过这个工艺处理后出水 BOD＜20mg/L，该工艺的流程见图 2-20[60]。

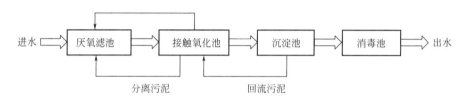

图 2-20 厌氧过滤—接触氧化处理流程

净化槽由厌氧滤池、接触氧化池、沉淀池和消毒池组成，在厌氧滤池和接触氧化池中加有填料。这一工艺已迅速发展成一体化的污水处理装置，图 2-21 为该净化槽的内部结构。在这个处理系统中，每个池子的池容等于或大于表 2-22 所给数值。

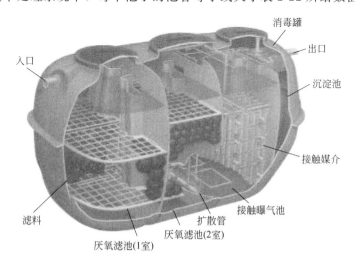

图 2-21 小型净化槽的实例

表2-22　厌氧生物滤池—好氧接触氧化工艺各池容积

使用人数/人	厌氧滤池/m³	接触氧化池/m³	沉淀池/m³	消毒池/m³
≤5	1.5	1.0	0.3	$0.2 \times n \times 1/96$
6~10	$1.5+(n-5) \times 0.4$	$1.0+(n-5) \times 0.2$	$0.3+(n-5) \times 0.08$	
11~50	$3.5+(n-10) \times 0.2$	$2.0+(n-10) \times 0.16$	$0.7+(n-10) \times 0.04$	

注：n 代表使用该装置的人数。

设计厌氧滤池不但能去除进水中的悬浮物，而且还降低了后续好氧处理的有机负荷。为了帮助污泥分离，厌氧滤池通常分成两个隔室。

日本的一体化的污水处理装置使用得较多的另一种工艺是反硝化型厌氧过滤-接触氧化工艺。这种净化槽处理系统用于要求出水 BOD 和总氮低于 20mg/L 的场合。系统中的每个池子的池容等于或大于表 2-23 所列的计算值。

表2-23　反硝化型厌氧生物滤池-好氧接触氧化工艺各池容积

使用人数/人	厌氧滤池/m³	接触氧化池/m³	沉淀池/m³	消毒池/m³
≤5	2.5	1.5	0.3	$0.2 \times n \times 1/96$
6~10	$2.5+(n-5) \times 0.5$	$1.5+(n-5) \times 0.3$	$0.3+(n-5) \times 0.08$	
11~50	$5.0+(n-10) \times 0.3$	$3.0+(n-10) \times 0.2$	$0.7+(n-10) \times 0.04$	

注：n 代表使用该装置的人数。

为了确保氮的顺利去除，接触氧化池的池容和曝气量较普通净化槽大，接触氧化池出水回流到厌氧滤池，以保证氮的去除。

总而言之，日本采用的生物膜法设备类型很多，按照生物膜与污水接触的方式，有填充式和淹没式两类，日本农村污水协会采用的是生物接触氧化工艺。生物滤池由池体、滤料、布水装置和排水系统 4 部分组成。滤料是生物膜的载体，对净化作用的影响较大，常用的滤料有砂、碎石、卵石、炉渣、陶粒和红杉板条等。"石井法"是利用用过的废乳酸饮料瓶作曝气池填料。近年来对填料的研究有很大发展，如利用各种塑料和化学纤维制成的纤维球和蜂窝式滤料等，使每立方米滤料的比表面积大大增加，空隙率提高到 93%~95%。例如日本尤尼奇卡公司用聚酯纤维制成的纤维球滤料的密度为 $1.38g/cm^3$，充填密度为 $50kg/m^3$，空隙率达到 96%，比表面积达到 $3000m^2/m^3$；流速高，水头损失小，经反冲洗后滤料可反复使用。

（1）芬兰污水处理设备

如图 2-22 和图 2-23 所示，目前已经能够买到一些工业制造的水处理设施，这些设施通常包括一个预处理器、组合的生物化学处理器以及用于除磷的排水渠。通常需要电力和化学药品。不同的处理设施有间歇式、活性污泥式、生物化学式。对于独立的家庭有很多模式可以选择，但是最好几个家庭共同使用一个处理系统。

1）制约因素　不同生产商之间的竞争十分激烈，广告的作用使消费者选择的过程变得复杂了。对于处理设施的长期运行和处理效果的研究不完善。各个系统都是在不断发展中，仅达到大致上精确。废水负荷要经过一年才能够达到完全无害的最佳的处理效

图 2-22 芬兰污水处理设备（1）

图 2-23 芬兰污水处理设施备（2）

果。设备要专业人士来维护。

2）优点 水处理设施不需要太大空间，也不需要特殊的土壤，净化过程可分为自动监视和人工控制，报警系统连在处理设施上。在认真建筑和维护的情况下处理效果良好。

3）花费 设备费用人工 3500～8000 美元，运行费用每年为 200～500 美元；平均 10 年的使用费用为 5000～10000 美元。

（2）英国污水处理设备

如图 2-24 和图 2-25 所示，英国的污水处理设施都是模块化、高度集成化的，只需要在现场组装完成就可以使用。装置通常包括初级沉淀池、滤床（空气注入或旋转式喷灌）和二级沉淀池。这种高度集成化的污水处理设备能够满足高标准的出水要求。家庭污水从各点收集到设备中（图 2-24 中 A 点），在那里经过初级沉降和厌氧分解（图 2-24 中 B 点）。这种污水处理设备在众多可供选择的处理方法中是最有效的，在英国也最普遍。这种污水处理设备的特点是：活性污泥单元延长了生物过滤作用，同时配备了旋转生物接触池。小型污水处理设备的特点如表 2-24 所列。

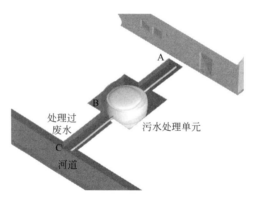

图 2-24　英国典型的污水处理设备

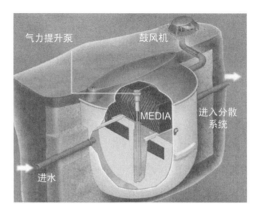

图 2-25　英国典型的污水处理设备横截面

表 2-24　小型污水处理设备的特点

类型	范围	优点	缺点
活性污泥：接触稳定	30～20000p.e	没有生污泥形成；次级污泥稳定且产量少；没有气味；紧密；储存的活性污泥有用；能达到 30：20 的出水	需要持续的能源和维护以保证通风和泵的运行，停电会很严重，水量过大会损失活性污泥，噪声也是个问题
活性污泥：延时曝气	17～30000p.e	没有生污泥形成，次级污泥部分稳定且产量少，没有气味，能达到 30：20 的出水	所有的类型都需要高能耗，维护中要求保证通风、清除泥渣和定期检查
延长的生物过滤	15～450p.e	没有生污泥形成，能处理间歇的出水，一体化处理设施，能达到 30：20 的出水	可能有气味的问题，最终的污泥很难脱水，耗能高，有效的运行需要可靠的能量供给，定期的检查和维护
旋转式生物接触器	5～40000p.e	能量消耗和水头损失都很低，能达到 30：20 的出水，不显眼，能除去令人讨厌的昆虫	每 3 个月需要去除污泥并维护发动机，严禁超负荷运行，停电会引起去除效率降低
氧化沟		能像延时曝气工艺一样运行，维护相似但是相对简单，能达到 30：20 的出水	不能节约土地但是节约了能量消耗，需要有规律的维护以便通风和清除泥渣，需要定期检查

注：p.e 为人口当量。

（3）国外好氧槽和污水处理设备

如图 2-26 所示，好氧槽在建筑上与化粪池相似，但是处理过程十分不同。这种方法花费高但是出水水质好。在氧化池中氧气进入废水中以提高好氧细菌的生长。微生物利用废水中的有机物生长将复杂的有机物氧化成简单无害的有机物。出水排入污水处置场或者进行进一步的处理。污泥必须由专业的人员用泵排出,需由一个权威的污水处理场操作工来对出水进行半年的监测,并且通过一个可信的监测站出具一年的出水监测报告并提交到环保局。

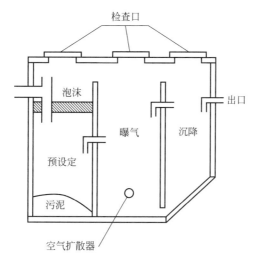

图 2-26 国外好氧槽和污水处理设备设计简图

2.3 国外几种农村污水处理系统的设计

2.3.1 化粪池处理系统

污水通过泵或者由重力作用从化粪池流入土地系统的沟渠中,然后出水分散到沟渠里预先铺设好的管路中,在那里经过碎石和下层土壤过滤后将营养物质和有害的有机物截留在土壤里。部分出水离开化粪池在地面以下进入排水装置,再通过土壤中的自然工艺进行二级处理。

常规化粪池处理系统由化粪池及土壤过滤系统(soil percolation system)组成,污水经化粪池初步处理后,被投配到土壤过滤区,通过表层过滤、理化反应及微生物降解,经土壤过滤区净化后,污水达标排放。其设计参数见表 2-25,化粪池系统平面与侧面如图 2-27 和图 2-28 所示。

表 2-25 化粪池设计参数表

设计人数 /人	有效容积/L	尺寸/m			
		长	宽		高
	$C = 180P + 2000$	a	d	b	c
3	2720	2.2	1.0	1.0	1.2
4	2720	2.2	1.0	1.0	1.2

续表

设计人数 /人	有效容积/L	尺寸/m			
		长	宽		高
	$C = 180P + 2000$	a	d	b	c
5	2900	2.4	1.0	1.0	1.2
6	3080	2.5	1.0	1.0	1.2

注：C—有效容积，L；P—设计人数。

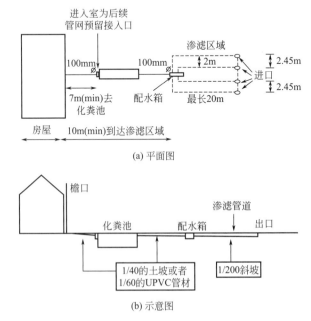

(a) 平面图

(b) 示意图

图 2-27　化粪池系统

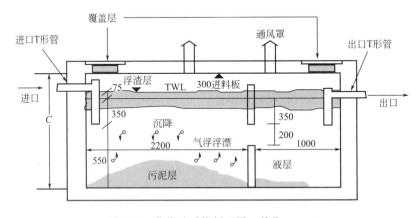

图 2-28　化粪池系统剖面图（单位：mm）

2.3.2　土壤过滤系统

土地过滤系统断面如图 2-29 所示。假设土壤过滤系统的水力负荷为 $20L/(m^2 \cdot d)$，按每人每天排放污水 180L 计算，处理一户人家（以 4 人计）需面积 36m²，若渗滤沟宽 460mm，则需渗滤沟长 80m。

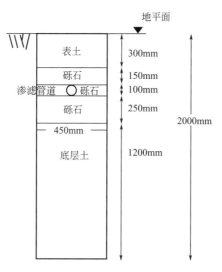

图 2-29　土地过滤系统断面图

具体设计参数详见表 2-26。

表 2-26　所需渗滤沟最小长度

设计人数/人	所需渗滤沟长度/m	设计人数/人	所需渗滤沟长度/m
3	60	7	140
4	80	8	160
5	100	9	180
6	120	10	200

当底层土壤不适合采用常规化粪池处理系统时，可以选择过滤系统。过滤系统包括：间歇性土壤过滤系统、砂滤及使用其他过滤材料的过滤器，如泡沫塑料、聚乙烯带等。

2.3.2.1　间歇式土壤渗滤系统

1≤土壤的 C/P（碳磷比）≤50，或者将表层土置换为碎石。每天进水 3～4 次，水力负荷为 4L/(m²·d)，管道的布设及安装同砂滤系统。

如图 2-30 所示，砂滤系统包括地埋式砂滤系统及开放式砂滤系统两种。地埋式砂滤系统及开放式砂滤系统的有效粒径 D_{10} 分别为 0.7～1.0mm、0.4～1.0mm，且 $D_{60}/D_{10}<4$。

具体设计参数详见表 2-27。

表 2-27　砂滤系统的设计参数

设计参数	土壤覆盖厚度	开度	设计参数	土壤覆盖厚度	开度
有效粒径(D_{10})/mm	0.7～1.0	0.4～1.0	水力负荷/[L/(m²·d)]	40～60	50～100
均一性系数(D_{60}/D_{10})	<4.0	<4.0	定量频率/(次/d)	2～4	1～4
砂滤深度/m	0.6～0.9	0.6～0.9			

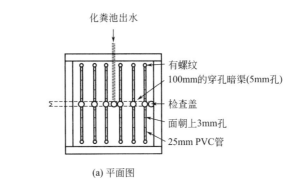

(a) 平面图

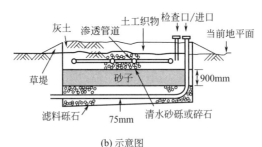

(b) 示意图

图 2-30　砂滤系统

2.3.2.2　泥炭过滤系统

泥炭成块放置并压缩，商业泥炭所需的面积按服务人口计为 $1m^2/$ 人。泥炭厚度 $0.7mm$，干密度 $200kg/m^3$。

2.3.2.3　增泽过滤器

增泽过滤器（polishing filters）用于处理间歇性滤池、人工湿地及机械曝气系统的出水，主要用于去除微生物、磷、亚硝氮。增泽过滤器滤料主要包括土壤（soil）及砂子（sand）。土壤过滤系统主要包括原位或者改良的土壤或外运土壤，而砂滤系统主要包括分层的砂子。

增泽过滤器有 3 种典型的布设，如图 2-31～图 2-33 所示。增泽过滤器的主要设计参数见表 2-28。

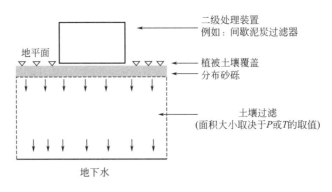

图 2-31　增泽过滤器类型Ⅰ

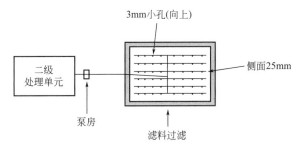

图 2-32　增泽过滤器类型 Ⅱ

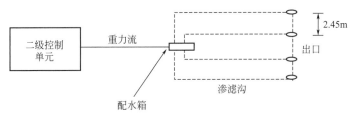

图 2-33　增泽过滤器类型 Ⅲ

表 2-28　增泽过滤器的主要设计参数

估计住房最多人数 (基于卧室数)/人	必需沟深[C/P 为 21~50,负荷 25L/(m²·d)]/m	必需沟深[C/P 为 1~20,负荷 50L/(m²·d)]/m
3	48	24
4	64	32
5	80	40
6	96	48
7	112	56
8	128	64
9	144	72
10	160	80

注：沟宽为 450mm。

①　在间歇性滤池之下，例如泥炭过滤系统（图 2-31），进水采取漫流的形式。增泽过滤器裸露的地方会被覆盖或种草。

②　在二级处理单元之下或旁边，进水可以采用泵抽的形式（图 2-32）。

③　在二级处理系统边上，进水依靠重力流入渗滤沟（图 2-33）。

增泽系统砂粒粒径分布如图 2-34 所示。

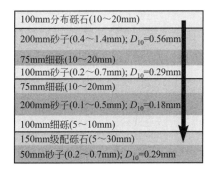

图 2-34　增泽系统砂粒粒径分布图

2.3.3 人工湿地系统

人工湿地处理系统可分为水平流人工湿地和潜流人工湿地等类型，如图 2-35、图 2-36 所示。按 BOD 计算，人均横截面积为 $5m^2/$人。

$$A_c = Q/(Ki)$$

式中 A_c——横截面积；

Q——流量；

K——湿地介质的渗透性能；

i——坡度。

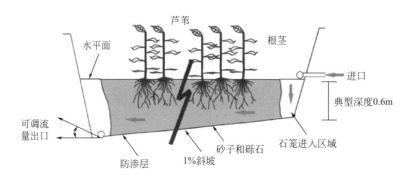

图 2-35 水平流人工湿地

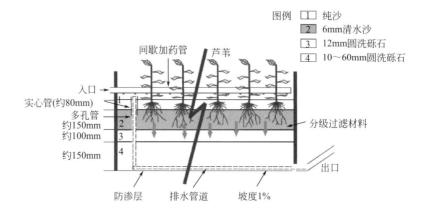

图 2-36 潜流人工湿地

2.3.4 机械曝气系统

机械曝气系统（mechanical aefation systems）主要包括生物接触氧化系统、生物转盘、间歇式活性污泥法（SBR）。机械曝气系统后接增泽过滤器如图 2-37 所示。

如果地形或者设计允许，也可以采取重力流

图 2-37　机械曝气系统＋增泽过滤器

2.3.5　间歇式砂滤池处理系统

2.3.5.1　粒径大小及分布

粒径的大小在 0.25～1.5mm，粒径均一性系数 $U_c = \dfrac{D_{60}}{D_{10}} < 4$。粒径除砂子外，还可用无烟煤、钛铁矿、尾矿渣等。这些填料的有机物必须小于 1%，酸度小于 3%。

2.3.5.2　水力负荷

水力负荷一般在 0.3～0.6m³/(m²·d)。

2.3.5.3　床深

床深在 62～107cm，主要反应发生在表层 20～30cm 处，床体越深，出水水质越稳定。

2.3.5.4　砂滤系统的设计标准及结构

砂滤系统的设计标准分别如表 2-29～表 2-31 所列。

表 2-29　砂滤系统设计标准

项目		设计标准
	预处理	最低沉降水平(腐化池)
水力负荷	腐化池给料	2.0～5.0gal/(d·ft²)
	需氧给料	5.0～10.0gal/(d·ft²)
介质	材料	耐洗颗粒材料
	有效粒径	0.35～1.0mm
	均一性系数	<4.0
	深度	24～36in
暗渠	材料	开口接合或多孔管
	坡度	0.5%～1.0%
	层面	耐水颗粒或破碎石块
	排水	上游末端
分布		表面沟槽、中央挡水板、喷水器分布
定量给料		洪水过滤 2ft，过滤频率大于 2d
数量	腐化池给料	双重过滤、达到设计流量
	需氧给料	单一过滤

注：1in＝2.54cm；1ft＝0.3048m；1gal＝3.785L。

表 2-30　地埋式砂滤系统设计标准

项目		设计标准
预处理		最低沉降水平(腐化池)
水力负荷	全年	$<1.0\text{gal}/(\text{d}\cdot\text{ft}^2)$
	季节性	$<2.0\text{gal}/(\text{d}\cdot\text{ft}^2)$
介质	材料	耐洗颗粒材料
	有效粒径	0.35~1.0mm
	均一性系数	<4.0
	深度	24~36in
暗渠	材料	开口接合或多孔管
	坡度	0.5%~1.0%
	层面	耐水颗粒或破碎石块(1/4~1in,1/2in)
	排水	上游末端
定量给料		洪水过滤 2ft,过滤频率大于 2d

表 2-31　循环式砂滤系统设计标准

项目		设计标准
预处理		最低沉降水平(腐化池)
水力负荷		$3\sim5\text{g}/(\text{d}\cdot\text{ft}^2)$(顺流)
介质	材料	耐洗颗粒材料
	有效粒径	0.3~1.5mm
	均一性系数	<4.0
	深度	24~36in
暗渠	材料	开口接合或多孔管
	坡度	0.5%~1.0%
	层面	耐水颗粒或破碎石块(1/4~1in,1/2in)
	排水	上游末端
分布		表面沟槽、中央挡水板、喷水器分布
循环率		(3:1)~(5:1)
定量给料		洪水过滤大约 2ft,每 30min 抽滤 5~10min,空循环池停留少于 20min
循环池		流量至少不低于每天的原废水流量

几种砂滤系统设计结构如图 2-38~图 2-40 所示。

2.3.5.5　砂滤系统处理效率

几种砂滤系统处理效率如表 2-32~表 2-34 所列。

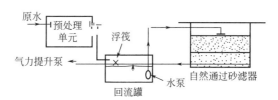

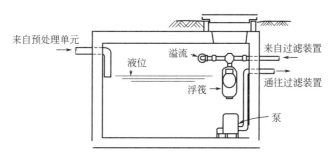

图 2-38　砂滤系统结构

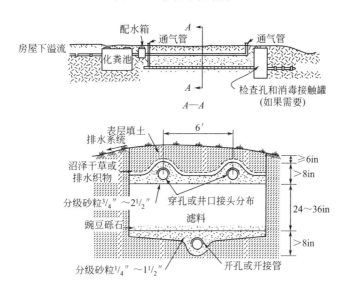

图 2-39　地埋式砂滤系统结构

表 2-32　地埋式砂滤系统处理效率

过滤特性				流量特性			
有效尺寸/mm	系数	水力负荷/[gal/(d·ft²)]	深度/cm	BOD/(mg/L)	SS/(mg/L)	NH₃-N/(mg/L)	NO₃⁻-N/(mg/L)
0.24	3.9	1	76.2	2.0	4.4	0.3	25
0.30	4.1	1	76.2	4.7	3.9	3.8	23
0.60	2.7	1	76.2	3.8	4.3	3.1	27
1.0	2.1	1	76.2	4.3	4.9	3.7	24
2.5	1.2	1	76.2	8.9	12.9	6.7	18
1.7	11.8	0.2	99.1	1.8	11.0	1.0	32
0.23~0.36	2.6~6.1	1.15	61.0	4.0	12	0.7	17

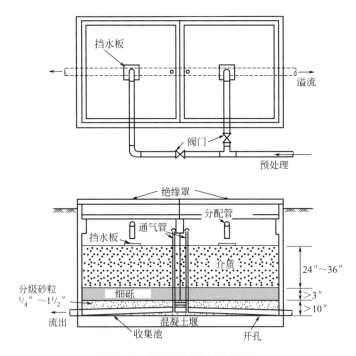

图 2-40　循环式砂滤系统结构

表 2-33　开放式砂滤系统处理效率

过滤特性				频率	流量特性				运行时间
有效尺寸 /mm	系数	水力负荷 /[gal(d·ft²)]	深度 /cm	/(d/循环)	BOD /(mg/L)	SS /(mg/L)	NH₃-N /(mg/L)	NO₃⁻-N /(mg/L)	/月
0.23~0.26	—	4.5	152.4	—	23	—	8	32	6
0.41	—	2.3	152.4	—	11	—	3	46	6
0.27	—	11.4	152.4	—	17	—	2	29	6
0.41	—	14.0	152.4	—	18	—	2	33	12
0.25	—	2.75	76.2	1	6	6	5	19	4.5
0.25	—	4.7	76.2	2	3	8	2	22	36
1.04	—	—	76.2	2	28	36	10	13	>54
1.04	—	14	76.2	2.4	4	9	3	17	>54
0.45	3.0	5	76.2	2.4	8	4	3	25	3
0.19	3.3	3.8	76.2	3.6	3	9	0.3	34	12
0.19	9.7	9.1	91.4	3.6	2	3	0.5	4.0	1
0.19	9.7	9.1	91.4	1	9.4	9.6	4.6	1.0	4

表 2-34　循环式砂滤系统处理效率

过滤特性						流量特性			运行时间
有效尺寸 /mm	系数	水力负荷 /[gal/(d·ft²)]	深度 /in	循环率 (r/Q)	流量 /(L/h)	BOD /(mg/L)	SS /(mg/L)	NH₃-N /(mg/L)	/月
0.6~1.0	2.5	—	36	4:1	5~10	4	5	—	6
0.3~1.5	3.5	3.0~5.0	24	(3:1)~(5:1)	120~180	15.8	10	8.4	6
1.2	2.0	3.0	36	4:1	303.8	4	3	—	6

2.3.6　延时曝气处理系统

延时曝气（extended aeration）是活性污泥法的一种形式，特点是污泥负荷低、曝气时间长、有机物氧化度高和剩余污泥量少。延时曝气工艺类似于传统推流式工艺，但是该工艺在生长曲线的内源呼吸阶段运行，需要较低的有机负荷及较长的曝气时间。由于 SRT 长（20～100d），HRT 为 2～5d，曝气设备的设计就要受到混合需要的控制，而不是需氧量。延时曝气法既可用于单一农户的废水处理，也可用于多户的废水处理。延时曝气设备如图 2-41 和图 2-42 所示，其运行参数如表 2-35 所列。

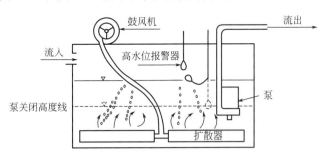

图 2-41　延时曝气设备（一）

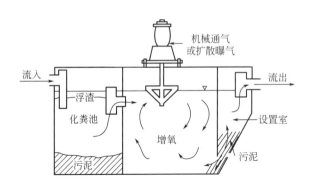

图 2-42　延时曝气设备（二）

表 2-35　延时曝气的运行参数

参数	平均值	最大值
MLSS/(mg/L)	2000～6000	8000
F/M/[lbBOD/(d·lb MLSS)]	0.05～0.1	—
固定延滞时间/d	20～100	—
水力延滞时间/d	2～5	—
溶解氧/(mg/L)	>2.0	—
混合/(hp/10^3ft^3)	0.5～1.0	—
澄清器溢出率/[gal/(d·ft^2)]	200～400	800
澄清器固体负荷/[lb/(d·ft^2)]	20～30	50
澄清器围栏负荷/[gal/(d·ft^2)]	10000～30000	30000
污泥损耗/月	8～12	—

注：1lb＝0.454kg；1hp＝746W。

2.3.7 固定化生物膜处理系统

固定化生物膜处理系统（fixed film systems）是指使废水中有机物或其他组分转化为气体和细胞组织的微生物附着于某些惰性介质（例如砾石、炉渣、矿渣）和专门设计的陶瓷或塑料填料上生长的生物处理工艺。其可分为附着生长好氧生物处理工艺（常用的有滴滤池、粗滤池、生物转盘和固定床硝化反应器）和附着生长厌氧生物处理工艺（常用的有厌氧滤池）。

2.3.7.1 常见的生物膜反应器结构

生物膜反应器结构如图 2-43 所示。

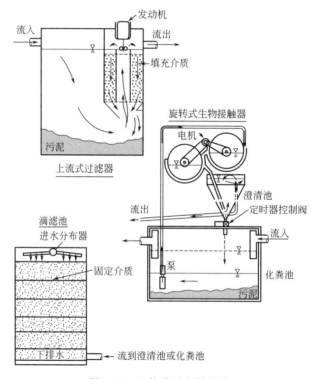

图 2-43　生物膜反应器结构

2.3.7.2 固定生物膜法的运行参数

固定生物膜法运行参数如表 2-36 所列。

表 2-36　固定生物膜法运行参数

参数	固定介质	RBC
水力负荷/[gal/(d·ft²)]	25～100	0.75～1.0
有机质负荷/[lb BOD/(d·10³ft³)]	5～20	1.0～1.5
溶解氧/(mg/L)	>2.0	>2.0
溢流率/[gal/(d·ft²)]	600～800	600～800
溢流负荷量/[gal/(d·ft²)]	10000～20000	10000～20000
污泥消耗/月	8～12	8～12

2.3.8 序批式反应器

序批式反应器（sequencing batch reactor，SBR）是一种按间歇曝气方式来运行的活性污泥污水处理技术，又称序批式活性污泥法。与传统污水处理工艺不同，SBR 技术采用时间分割的操作方式替代空间分割的操作方式，非稳定生化反应替代稳态生化反应，静置理想沉淀替代传统的动态沉淀。它的主要特征是在运行上的有序和间歇操作，SBR 技术的核心是 SBR 反应池，该池集均化、初沉、生物降解、二沉等功能于一池，无污泥回流系统。

序批式反应器设计参数见表 2-37。

表 2-37 序批式反应器设计参数

参数	SBR 系统	参数	SBR 系统
预处理	腐化池等	固体停留时间/d	20～40
MLSS/(mg/L)	2000～6500	溢流率/[gal/(min·ft^2)]	<100
水力延迟时间/h	9～30	污泥消耗	根据所需
总循环时间/h	4～12		

2.4 适用于国内农村污水处理的技术模式与应用案例

由于农村生活污水中的污染物是以有机物为主，其生化性较好，所以通常情况下生活污水的处理都是采用生物处理的方法。生活污水的处理方法从处理工艺上分，有厌氧生物处理和好氧生物处理。从处理方式上分，有集中处理和分散处理。集中处理的方法多采用好氧生物处理，运行可靠，处理效果好，但存在着基建投资大、动力消耗多、运行费用高、剩余污泥处理难等问题；分散处理方法大多数为厌氧生物处理，处理设施投资少、运行费用低，但相当一部分处理设施存在着处理效果不稳定、难以达到排放标准的问题。城市生活污水处理大多数采用集中活性污泥法处理，但这种方法不完全适于农村。

目前我国农村生活污水的处理技术比较多，名称也多种多样，但从技术上通常可归为两类。第一类是自然处理系统，利用土壤过滤、植物吸收和微生物分解的原理，又称生态处理系统，常用的有人工湿地处理系统、地下土壤渗滤净化系统等。第二类是生物处理系统，又可分为好氧生物处理和厌氧生物处理。好氧生物处理是通过动力给污水充氧，培养微生物菌种，利用微生物菌种分解、消耗吸收污水中的有机物、氮和磷，常用的有普通活性污泥法、A/O 法、生物转盘和 SBR 法等。厌氧生物处理是利用厌氧微生物的代谢过程，在无需提供氧气的情况下把有机污染物转化为无机物和少量的细胞物质，常用的有厌氧接触法、厌氧滤池、升流式厌氧污泥床（UASB）等。

农村生活污水的处理应当根据当地的自然、经济和社会条件等具体情况，因地制宜地采用集中和分散处理技术相结合的处理模式，做到适宜当地情况、节省投资又便于管理。按照其处理方式可分为集中处理和分散处理两种模式。

（1）集中处理模式

集中处理模式是将一个区域内的农户产生的生活污水经某种方式集中后，集中建站或者通过管道统一接入邻近的市政污水管网集中处理。该种处理模式具有抗冲击能力强、便于管理、出水水质好且占地面积小等优点。但该处理模式连接管线长，埋深大，管网投资高，故该种模式适于农村布局相对集中，人口较多，规模大而且经济条件较好的单个村庄或联村的污水处理。

（2）分散处理模式

分散处理模式是把一个较大的区域分为若干个较小的单元，每个单元为一个独立的系统，并单独布置管网系统，建设污水处理设施，互不交错，以实现最大的经济效益与环境效益。由于农村环境的特殊性，农户分散、相互之间距离远，且地势往往高低错落，沟渠、桥路等横穿村落，此时选用集中处理工程量大且造价高，为节省投资可采用分散处理模式。该处理模式具有灵活、管线短、埋深浅、施工简单等优点。其缺点是管理不方便，建站投资大。分散处理模式适于布局散、规模较小、地形条件复杂和污水不易收集的地区。

2.4.1　化粪池

2.4.1.1　化粪池概况

最早的化粪池起源于 19 世纪的欧洲。化粪池是一种利用沉淀和厌氧发酵原理来去除生活污水中悬浮性有机物的处理设施，属于初级的过渡性生活污水处理构筑物。在城镇生活社区、机关企事业单位内设置化粪池的初始目的是积取肥料。随着城市化进展和环境污染的加剧，化粪池对保护水体起到积极作用。现今，在我国许多大城市，化粪池为农业生产提供肥料的作用已基本消失，化粪池已成为环境保护的基本措施之一。它在截流和沉淀污水中的大颗粒杂质、防止污水管道堵塞、减少管道埋深、保护环境上起到积极作用。化粪池能截留生活污水中的粪便、纸屑、病原虫等杂质的 50%，可使 BOD_5 降低 20%[61]，能在一定程度上减轻污水处理厂的污染负荷或水体污染压力。

国外发达国家通常将化粪池作为生活污水处理的一种设施对待，并给予了足够的重视。通常，由化粪池组成的小型生活污水处理装置有以下几种。

（1）改良型化粪池

改良型化粪池由腐化槽、沉淀槽、过滤槽、氧化槽和消毒槽组成（图 2-44）。污水经腐化槽腐化分离后，再经沉淀、过滤和氧化，最后经消毒后排出，沉淀污泥则定期清掏。

（2）立体多槽式化粪池

立体多槽式化粪池将各槽分格叠置，以节约用地。其又分为合置式和分置式两种。

① 合置式立体化粪池是将各槽设置在同一圆槽内，腐化槽设在氧化槽的上部，污

水进入腐化槽腐化分离，经过滤、沉淀，再经过氧化、消毒后排水，其结构如图 2-45 所示。

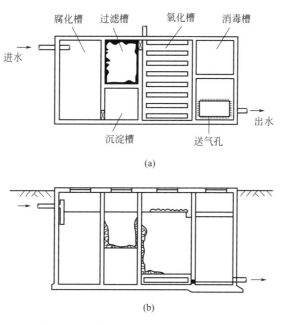

图 2-44 改良型化粪池平面及剖面图

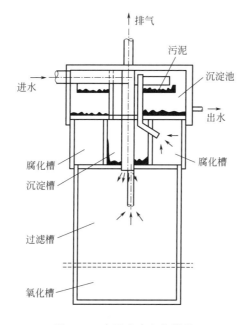

图 2-45 合置式直立化粪池

② 分置式立体化粪池是将腐化槽和过滤槽设在一起，氧化槽、消毒槽分别另设（图 2-46）。污水进入腐化槽后，污泥下沉，污水则进入沉淀槽，再经过滤、氧化，最后经消毒后排出。

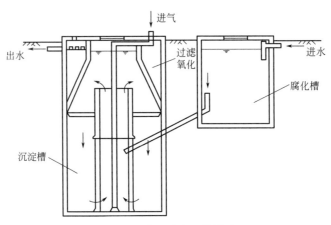

图 2-46　分置式直立化粪池

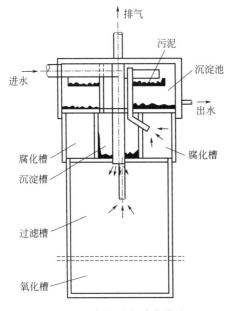

图 2-47　好氧曝气式化粪池

（3）好氧曝气式化粪池

好氧曝气式化粪池的最大特点是利用好氧曝气的方式来处理有机物。污水首先由污物分离槽进行预处理，将粗大颗粒物分离出去，然后在曝气室中曝气分解有机污染物，再经沉淀分离，最后清液经消毒后排出（图 2-47）。这种化粪池的污水停留时间很短（一般只有2～4h），出水水质稳定，池子容积较小，但运行和管理费用较高。

德国有一种类似于好氧曝气式化粪池的小型生活污水处理成套装置，其处理流程包括预处理、曝气和沉淀。三个流程可以合在一起，也可以分开。随装置的尺寸不同，能处理相当于实际使用人数为 12～150 人的生活污水。

（4）灭菌化粪池

灭菌化粪池由工作室、操作室、加热管、闸门和水泵组成（图 2-48）。污水首先进入第一工作室进行泥水分离，清水排入排水井，污泥排入第二工作室继续分离。

操作室是供加温消毒沉渣用的。关闭闸门、打开气阀，将水和沉积物中的细菌含量降低 60% 左右，并可全部杀死虫卵。消毒后的污泥用水泵排出，第二工作室中未经消毒的污泥再返回第一工作室进行重复处理。灭菌化粪池构造比较复杂，运行管理费用也比较高，但它能够有效地消除病菌、杀死虫卵，对传染病流行地区或医院粪水处理尤其适用。

（5）带提升泵的密封化粪池装置

这种类型的化粪池装置如图 2-49 所示。该处理装置本身带有提升泵和密封化粪箱，

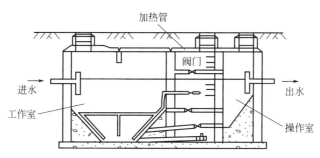

图 2-48 灭菌化粪池

粪便污水在密封化粪箱中沉淀分离,再由提水泵将清水抽送至城市排水管网。这种装置特别适用于有地下室的构筑或人防工程。

此外,国外还研制出一种用于小区的、简单而又价廉的处理系统。处理系统由固-液分离器和厌氧过滤的 UASB 组成。研究测试表明,污水经该系统处理后,出水水质良好,尤其是在低温时的厌氧处理效率高。

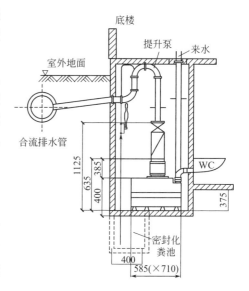

图 2-49 带提升泵的密封化粪池装置

2.4.1.2 三格化粪池工艺技术及应用条件

(1) 工艺原理

三格化粪池由相连的三个池子组成,中间由过粪管连通,主要是利用厌氧发酵、中层过粪和寄生虫卵密度大于一般混合液密度而易于沉淀的原理,粪便在池内经过 30d 以上的发酵分解,中层粪液依次由第一池流至第三池,以达到沉淀或杀灭粪便中寄生虫卵和肠道致病菌的目的,第三池粪液成为优质化肥。

新鲜粪便由进粪口进入第一池,池内粪便开始发酵分解,因密度不同粪液可自然分为三层,上层为糊状粪皮,下层为块状或颗粒状粪渣,中层为比较澄清的粪液。在上层粪皮和下层粪渣中含细菌和寄生虫卵最多,中层含虫卵最少,初步发酵的中层粪液经过粪管溢流至第二池,而将大部分未经充分发酵的粪皮和粪渣阻留在第一池内继续发酵。流入第二池的粪液进一步发酵分解,虫卵继续下沉,病原体逐渐死亡,粪液得到进一步无害化,产生的粪皮和粪渣厚度比第一池显著减少。流入第三池的粪液一般已经腐熟,其中病菌和寄生虫卵已基本杀灭。第三池主要起储存已基本无害化的粪液的作用。

(2) 结构组成

传统的三格化粪池一般是方池平顶,大多采用砖混墙体,钢筋混凝土现浇或预制顶盖板结构,分别在每格顶盖板上做一个作业井口。施工时必须支模,工艺复杂、工期长、造价高。当化粪池容积较大时,施工时方坑容易塌方,且三个作业井口易失盖掉人,存在一定的不安全因素。

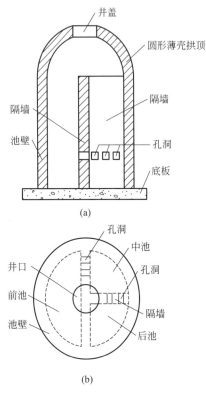

图 2-50　砌体圆拱式三格化
粪池结构

国内有一种改进型的砌体圆拱式单井口三格化粪池，采用砌体材料，由圆形筒身和圆底面球形薄壳顶盖两大部分组成（图 2-50）。圆形筒身部分分前池、中池和后池 3 部分，由池壁、隔墙和孔洞组成。圆底面球形薄壳顶盖由圆形薄壳顶、井口、井盖组成。

圆形筒身部分在前池接进水管，后池接排水管，中池通过设在隔墙上的墙洞分别与前池、后池相连。孔洞分别设在隔墙高度 1/2 处。

三格化粪池共用一个拱顶和井口，当对化粪池进行检修维护时，只需打开拱顶上井口的活动井盖便可任意出入三格化粪池。

2.4.1.3　化粪池出水水质

1998 年上海市随机调查了有关小区 15 只化粪池，化粪池出水水质（表 2-38）说明：化粪池污水排放规律表现为，居民起床后至上班前一段时间，排放量最大；中午和晚上的一段时间内排放量其次；晚间 8 时至凌晨 4 时污水量最小。统计出的 COD_{Cr} 与 BOD_5 线性回归方程为 $BOD_5 = 0.71COD_{Cr} - 150.6$；其回归方程的相关系数 $r = 0.78$，符合我国化粪池出水 COD_{Cr} 与 BOD_5 之间的相关性好且两者线性回归方程相关系数 r 值在 $1 > r > 0.6$ 之间的结论。由此计算出的人均排放量负荷为 17.8gCOD_{Cr}/(人·d)、7.77gBOD_5/(人·d)、6.00gNH_3-N/(人·d)、6.98gSS/(人·d)。COD_{Cr}/BOD_5 值为 0.33～0.56，平均值为 0.43，表明化粪池出水的可生化性较好。上述调查实际是上海城镇的化粪池系统出水情况，与上海市郊农村的三格化粪池出水水质有较大的差异，通常农村的人均日排放污染物负荷低于城镇的。

表 2-38　上海市居住小区化粪池出水水质

项目	1d 含量	48d 含量范围	48d 平均含量
污水量/(m³/d)	3.05	2.34～5.51	3.42
排水率/[L/(人·d)]	30.00	22.5～53.9	33.5
COD_{Cr}/(mg/L)	592.2	315.0～723.7	539.3
BOD_5/(mg/L)	262.8	153.6～313.7	231.8
NH_3-N/(mg/L)	222.4	86.1～241.3	179.2
SS/(mg/L)	110.3	78.0～470.0	208.4

上海农村的化粪池与市区内的居住小区的情况还不相同，目前普遍建成"三格化粪池"类型。宋伟民等[62]调查的松江县春申村一户五口之家冲水式厕所，认为每日粪便污水量约为 0.1m³。化粪池试验采用容积为 2.3m³ 的小型三格化粪池，其一、二、三

格容积分别为 0.8m³、0.5m³、1.0m³。在进行三格化粪池污水坑式土壤渗滤处理效果试验研究中，统计出不同季节不同地点的三格化粪池污水水质情况如表 2-39 所列。

表 2-39　不同季节不同地点三格化粪池出水水质统计值

项目	寒季			暖季			全年		
	X	S	n	X	S	n	X	S	n
NH₃-N/(mg/L)	158.57	25.03	15	134.35	36.45	14	122.33	31.65	29
NO₃⁻-N/(mg/L)	0.72	0.21	15	0.71	0.19	14	0.71	0.20	29
COD_Mn/(mg/L)	55.5	9.6	15	76.7	13.8	14	65.7	15.8	29
粪大肠菌群/(个/mL)	1750	982	15	3604	3255	14	2893	2811	29

注：X 为算术平均值；S 为标准差；n 为调查的化粪池数量。

2008 年，笔者曾对上海近郊的金山区等地区的化粪池出水做过实际调查，测定的出水水质结果如表 2-40 所列。与表 2-39 比较，NH_3-N 较为接近，但 COD_{Cr} 和 BOD_5 的浓度与表 2-38 中上海市居住小区的化粪池结果相接近。TP 因只有一个调查数据，无法进行比较。因此，有必要继续对农村化粪池的出水水质进行更多的实际测定，弄清真实、可靠的平均值和范围值，对科学的设计有好处。

表 2-40　上海近郊农村化粪池出水水质统计值　　　　　　　　单位：mg/L

项目	COD_Cr	BOD₅	NH₃-N	TP
平均值	600.1	219.5	94.33	12.09
标准差	51.6	28.2	30.99	5.646
范围值	510.4~640.1	170.9~240.4	52.58~131.97	5.711~18.26

注：表中的统计值依据 6 个化粪池的 1 次测定结果获得。

2.4.1.4　农村化粪池在污水处理中的应用、管理与设计中应注意的问题

（1）农村化粪池在污水处理中的应用概况

无害化化粪池是徐州市引进的专利技术，用于分散处理城乡生活污水。无害化化粪池由两池一沟（厌氧消化池、厌氧过滤池、接触氧化池）组合而成，无需动力，无需清掏，且采用预制构件，施工方便，布置灵活，使用年限长，处理效果好。

无害化化粪池原理如图 2-51 所示。

图 2-51　无害化化粪池原理

生活污水经检查井通过污水管道进入无害化化粪池。首先，在厌氧消化池内厌氧消化、泥水分离。由于水流速度很小，污水中的悬浮物沉淀效率较大，沉淀下来的污泥在厌氧菌及兼性菌作用下进行厌氧分解，经 18~24h 的酸化、水解、甲烷化过程可去除 60%~80% 的有机物，污泥中的有机物无机化，不溶于水的有机物转化为溶解物。在厌氧过滤池内，水流自下而上通过滤料兼性消化，过滤出水。进入接触氧化沟后，一方面水流经折板不断改变方向；另一方面在池底敷设鹅卵石，增大水中氧的转移，透气管的自然抽力促进了空气循环，水中溶解氧增加，加速了氧化代谢。透气管和雨水管相连，

雨季时可冲刷氧化沟。

其工艺流程如图 2-52 所示。

图 2-52　无害化化粪池工艺流程

经济上比较，无害化化粪池造价约为传统化粪池的 1.47 倍，但其定期清掏管理维持费用均为零。技术上比较，传统化粪池属一级处理，出水水质不符合现行排放标准，不能直接排入水体，必须进行后续处理；而无害化化粪池出水水质优于二级生物处理，是环保型化粪池。实际推广中，建设单位为了节省投资，仍选用传统化粪池；设计单位也习惯直接选用传统化粪池图集。加上有关部门在推广示范、执行力度上相对薄弱，安装滤料工艺还未公开普及，也是推广不力的重要因素。上海农村地区普遍实施的"三格化粪池"厕所，已成为农户卫生建设的主要类型，取代了过去的"旱厕"或"马桶"，不仅使粪液成分有所改变，而且大大增加了排入水体的数量，加重了环境的污染。

三格化粪池的主要问题如下。

① 化粪池出水中有很高的有机污染物负荷，TN、NH_3-N、TP、PO_4^{3-}、细菌和病毒含量高，使后续处理工艺将它作为比城市生活污水水质更差的污水看待。

② 不同季节化粪池出水的水质和水量差异极大，造成冲击负荷大。

③ 化粪池的建设质量普遍较差，渗漏现象严重、容积偏小、化粪和发酵的效果差。

④ 化粪池接纳的不完全是厕所污水，还有其他生活用水，使水质的波动性大，且 BOD_5/TN 和 BOD_5/COD_{Cr} 值低。

所以在引进消化国外的"生活污水→化粪池→土壤渗滤→出水""生活污水→化粪池→人工湿地→出水"工艺时，必须分析国内与国外化粪池出水的差异（表 2-41）。从表 2-41 中可以看出：在国内化粪池出水水质中，各种污染物含量普遍比国外的高得多。这主要出于两方面的原因：一是国内农户的人均用水量大大低于国外的用量；二是出水水质与化粪池的防渗质量、土壤浅水层的埋深深度密切相关。表 2-41 列举的昆明的化粪池数据是昆明枯水期测定的范围值，其低限值必然会比雨季的低限值高。由此可见，在化粪池进水、出水水质的比较分析中，统计分析最好的方法还是采用年均值、范围值以及标准差。

表 2-41　国内外化粪池出水水质的比较

地点	有机污染物/(mg/L)	SS/(mg/L)	TN/(mg/L)	NH_3-N/(mg/L)	TP/(mg/L)	细菌/(个/mL)	病毒/(个/mL)
国外	140～200[①]	50～90	25～60	20～60	10～27	0～10^2	0～10^3
上海	510.4～640.1[②]	78.0～470.0	—	52.58～158.6	12.09	1750～3604	—
昆明	338.3～782.4[②]	71.3～253	29.9～160.7	—	5.24～12.2	—	—

① 用 BOD_5 含量表示。

② 用 COD_{Cr} 含量表示。

注：上海的细菌数值实际是粪大肠菌群的数值。

（2）化粪池应用中存在的问题

化粪池的设计已标准化、系列化，但它作为一个建筑物的简单附属，并未引起设计、施工、管理人员的重视。往往是先由设计人员选用标准图，再由施工人员照图建造。有时还发生偷工减料、建设不到位的情况。由于在市政管理方面缺乏有关规定和相应措施，使用单位也疏于管理，放任自流，最终化粪池不仅失去其应有的作用，而且还引发诸多的新问题。

1) 化粪池渗漏严重　据有关资料报道，95%以上的普通砖混化粪池在使用1~2年后开始出现严重渗漏。由于问题没有得到重视，有些地区现在已严重污染了地下水源或城市地下供水管道。

2) 投资大、效果差，出水水质难以保证　传统化粪池自身的弊端是缺乏技术含量，有机物去除率低，沉淀和厌氧消化同在一个池内进行，污水与污泥直接接触，致使出水呈酸性，有恶臭。因疏于管理，本该一年清淘一次化粪池，但建成后多年或一直不进行清淘，化粪池内堆满沉渣，有效容积日趋减少，实际上使化粪池已变成过流池。在无市政管网的地区，排出的污水未经处理直接排入河库，给周边的水环境带来严重污染。

3) 污水外溢，影响环境卫生　粪便满溢分为构造性满溢和突发性满溢两种。

(3) 化粪池设计应注意的问题

1) 化粪池设计参数与有关计算　化粪池处理工艺比较简单，粪便污水进入化粪池后，污水中较大的悬浮颗粒、粪便首先沉降，较小的悬浮颗粒在停留时间内逐步沉降，最后经沉淀处理过的污水排出池外；沉于池底的粪便在缺氧条件下厌氧消化。因此，化粪池实际上是集沉淀池和消化池为一体的构筑物。

基于上述考虑，化粪池的池容计算可用式(2-7) 表达：

$$V_t = V_{污水} + V_{污泥} = [Nqt_s/24 + a_1 \alpha N T_w(1-b)/(1-c)] \times 1000 \tag{2-7}$$

式中　V_t——化粪池的容积，m^3；

N——使用人数，人；

α——使用百分数；

q——化粪池进水流量，L/(人·d)；

t_s——污水停留时间，h；

T_w——污泥清掏时间，h；

a_1、b、c——已知常数。

在设计参数计算确定时要注意以下几点。

① 化粪池进水流量。因建筑物排水流量是随季节变化的，夏季多、冬季少，显然按最大日排水量确定化粪池池容能满足全年的要求。但在设计过程考虑到下述具体原因：掏粪期（此时停留时间最短）不一定是最大排水日；最大排水日多在夏季，由于水温高，有利于悬浮颗粒的沉降；污水沉降在2h内最佳，扣除污泥气对沉淀的影响，所选择的t_s往往大大超出污水沉淀所需的时间。因此，化粪池进水流量q可按平均日排水量进行设计。

② 停留时间。环保的要求越来越高，考虑到任何建筑排水以24h为一个变化周期，取$t_s = 24$是比较合理的。如果建筑排水集中在某一段时间（T_P）内，其余时间（$24 - T_P$）几乎不排水或排水很小，选$t_s = T_P$就能满足要求，即使这样t_s也不应小于12h，否则将影响沉淀或会冲起化粪池底部的悬浮颗粒，严重影响出水效果。对于分散性大的农户

化粪池可采用 t_s＝12h 的停留时间，但对接待人数较多的农家乐而言，t_s＝24h 是比较合理的。但有关资料认为，最大日排水的污水停留时间与平均日排水的污水停留时间的比值（K_b）是 1∶1.5。如 t_s 取 24h，则最大日排水时的污水停留时间取 16h（即 24h/1.5＝16h），仍然符合规定。

③ 污泥清掏时间。污泥清掏时间（T_w）与化粪池内污泥需要的消化时间（T_x）相关，当取 $T_w \leqslant T_x$ 时，化粪池污泥未达到消化需要的时间，粪便处理效果不好；当 $T_w > T_x$ 时，在 T_x 前进入的粪便均未转化为熟污泥；只有 T_w 取值相当大（即 $T_w \gg T_x$）时，已消化的熟污泥占全部污泥的比例才会高，化粪池污泥处理效果才会好。但考虑造价、化粪池对污泥处理要求不像污水处理厂那样严格，清掏的污泥并不是立即施于农田，T_w 值可适当缩短，但不应小于 90d。

④ 三格化粪池的功能安排。对于三格化粪池而言，第一格池用于污泥消化和较大颗粒的沉淀，其容积按 $V_{污泥}$＋2h 的污水量考虑；第二格池用于较小颗粒的沉淀，其容积按 t_s－2h 的污水量考虑；第三格存放待排放的污水。分三格的目的是避免消化污泥对污水沉淀的影响。

⑤ 粪便、生活污水的分流、合流制排水对化粪池的出水影响分析。分流、合流制排水对化粪池出水是有影响的。但无论是分流排水还是合流排水，进入化粪池的粪便污泥量是相同的，而污水量不同。

通过计算，分流系统需要的污水容积与污泥容积几乎相等。在合流系统中，由于 $q \gg$30L/（人·d），污水容积远大于污泥容积。目前化粪池管理比较混乱，不能按期掏粪，粪便污泥积累使得污水实际停留时间小于设计时间。从分析中看出，分流制系统污水的停留时间缩短的速度高于合流制系统，水质恶化也快，因而分流制排水系统，化粪池实际选用的容积应大于设计容积。合流制系统中，化粪池污水容积远大于污泥容积，具有一定缓冲额外污泥增加的能力，但其出水水质受季节变化影响；夏季进水流量大，停留时间短，出水水质差，而冬季则相反；因此合流制化粪池最好在夏季用水高峰来临前清掏一次，人为地增加污水在化粪池中的停留时间。

在分散型农村污水处理中，化粪池出水如进入土壤渗滤、人工湿地等环境生态工程，则采用合流制系统化粪池的设计更恰当些，有利于降低出水中的 COD、BOD、TN、TP 和 SS 浓度，使之更能满足污水主处理系统的进水水质需求。

2）化粪池设计要考虑的特殊问题

在化粪池设计阶段要特别重视以下几个问题。

① 化粪池堵塞控制设计。在化粪池大样通用图中，化粪池第一格的设计水面到进粪管口底的高度为 10cm，这个高度在 20 世纪 80 年代前是合理的。因为那时候人们的日用品如卫生用品和食品包装主要是草纸材质，在自然环境中容易腐烂。80 年代后因塑料食品袋和化纤制品的大量使用，一旦化学制品、特别是塑料制品进入化粪池内，而塑料制品垃圾一般浮于水面，粪渣很快就升到了进粪管道口，造成了管道堵塞的现象。化粪池第一格的进出口高度加大到 15cm，有条件的加大到 18cm，可避免进粪管道口被堵塞。

② 化粪池内排水通道尺寸、标高等设计。要符合《建筑给水排水及采暖工程施工

质量验收规范》第10.3.2条规定（建设部，2002）：排水检查井、化粪池的底板及进、出水管的标高必须符合设计，其允许偏差为±15mm。若与设计偏差过大则会影响化粪池的使用功能。

3）公用厕所及三格化粪池的结构 在上海近郊农村中，除农户设置的化粪池外，村内还存在三格化粪池的公用厕所。三格化粪池厕所是将粪便收集和无害化处理建在一起的设施，粪屋部分与普通厕所相似，粪池是无害化处理的关键。

在三格化粪池中，三格粪池的布局、形状、容积、进粪口、过粪口、出粪口、清渣口、排气管等都与无害化和保肥效果有密切关系。

① 化粪池布局：粪池可设置在蹲位下面，也可设置在粪屋外，根据情况因地制宜。蹲位多且需两行排列厕所，粪池一般设置在屋内，但要将清渣口设在屋外，以便利清渣和防止盖板不严臭气泄漏而污染厕所内的空气。蹲位单行排列的厕所，宜将化粪池建在屋外以方便检修和排渣。

② 化粪池形状：长方形粪池，盖顶建筑材料易解决，施工方便，且能延长粪便在池内的流程，有利于无害化处理。

③ 化粪池容积：容积要根据粪便在粪池内储存时间等决定。要求杀灭传染病虫卵和病菌的，第一格和第二格的池容积要满足服务人数的30d粪便停留时间，其中第一格稍大些，占18d；当不做这种考虑时，设计时间可按第三格化粪池的时间进行设计。第三格容积视用肥或排水后水处理设施情况决定，一般为服务人数的10~20d的粪便停留时间。

④ 过粪口：三格池子的格与格之间设有过粪口。过粪口关系到粪便流动方向、流程长短，是否有利于厌氧和阻留粪皮、粪渣等问题。较好的过粪口形式是在隔墙上安装（斜放）直径150~200mm的过粪管。管的下端为入粪口，在第一、第二格之间设在隔墙下1/2处，在第二、第三格之间设在隔墙中部或稍高的位置；管的上端为出粪口，上端均设置在隔墙顶部位，出水口下缘即第一、第二格的粪液面，粪便超过这个液面，即溢过下一格。过粪管可用陶管、水泥预制管、PVC管、砖砌空心柱等。

⑤ 进粪口：广东省农村的经验值得借鉴，所建的三格化粪池进粪口多采用管形粪封式。这种进粪口是借助第一格粪液面把进粪管一端的口封住，可以大大减少臭气，并防止蚊、蝇进出。进粪管是在蹲位下的粪斗（盆）或滑粪道下接一根直径100mm、管下端插入第一格液面20~30mm的管子（如陶管）；为防止进粪时粪水上溅，管道要斜放，斜度以管道中轴线与水平面夹角为70°~80°为宜。

⑥ 出粪口与清渣口：出粪口设置在第三格顶部，建筑尺寸为宽500~600mm、长500~1000mm，同时设置活动盖板；第一、第二尺顶部设置直径500mm大的清渣口，并设活动盖板。

⑦ 排气管：粪便在粪池内发酵过程会产生沼气等气体，为保证安全，第一格池顶部可设置一口径50~100mm的排气管，管的上段高出厕屋的顶部。

供农户家庭使用的小型三格化粪池类似上述的公厕化粪池，除排气管等少数结构和布局存在一些差异外，其他的大体相似。

4）化粪池附属设施的臭气泄漏防护设计 混凝土检查井盖板的提环，现在一般做成能上下活动的钢筋提环。这种做法：一是很难保证提环根部的密封而不泄漏臭气；二是因为提环一部分伸在井池内，受井池内沼气、高湿度环境的影响，会加快提环的锈蚀。若把提环做成环根部固定，提环外露在一个槽底呈棱形、槽高20mm的槽上部，就能克服上述的缺点。改造后提环只有一小部分露在外面，又与盖面平整，不会造成行人绊脚的情况，维修起盖时，用一根钢筋钩环或一段钢丝绳加上一条杆即可。

检查井、雨水井应避免臭气泄漏，污染环境。废水排出管与室外污水管道连接处的检查井，以及雨水管并入污水管道处的检查井，若在来水管端头接一个与来水管大小相同的弯头，可防止臭气由各户的地漏泄出。当然，防止臭气由各户的地漏泄出，也可将各户的地漏装成有防臭功能的地漏。但是，不常有水的地漏就不能防臭了。

（4）化粪池管理应注意的问题

1）化粪池施工建设管理要注意的问题

① 地址：无论是公厕还是家庭化粪池，要选择距村庄内饮用水源包括饮用水管30m以上、地下水位较低、不容易被洪水淹没、在上风方向和方便使用的地方建设。

② 粪池要注意防渗漏：池壁、池底要用不透水材料构筑，严密勾缝，内壁要用符合规范的水泥砂浆粉抹。粪池建成后，注入清水观察证明不漏水才能使用。

③ 进粪口粪封线的掌握：进粪口要达到粪封要求，需注意准确测定粪池的粪液面。其粪液面是过粪管（第一、第二格之间）上端下缘的水平线位置，进粪管下端要低于此水平线下20～30mm。

2）化粪池建成后的日常维护管理　要加强管理，健全管理制度。化粪池日常管理工作包括：防止进粪口的堵塞；定期检查第三格的粪液水质状况（COD、SS、TN、TP等），特别要关注悬浮物含量，过高时要求在预处理过程给予特殊处理；定期清理第一、第二格粪池粪皮、粪渣，清除的粪皮、粪渣及时与垃圾等混合高温堆肥或者清运作卫生填埋；经常检查出粪口与清渣口的盖板是否盖好、池子损坏与否、管道堵塞等情况，并及时做好维修工作。

（5）农村化粪池性能的总体评估

吴慧芳等[63]认为：化粪池能够降低70%～75%的SS和30%～35%的BOD_5，但是无法达标排放；能截留生活污水中50%的粪便、纸屑、病原虫等杂质。与城镇社区化粪池相比较，目前农村化粪池的建设更不规范，化粪池容积、水力停留时间、污泥消化的设计参数均存在不确定。化粪池实际效果也不尽如人意，化粪池出水的COD、SS、TN、TP等含量十分高，不能满足土壤渗滤、人工湿地等环境生态工程设计规定的进水水质要求。同时，化粪池的渗漏现象严重，不仅造成工程的污水收集率低，还会对地下水污染造成严重的影响。化粪池的维护管理混乱，污泥消化不彻底，并大量溢入后面二格池内，造成出水SS含量高，造成土壤渗滤、人工湿地等后序污水处理系统的堵塞。

因此，在分散型农村污水处理工程建设过程中，首要的任务是对化粪池进行适当的改造，并要增设必要的预处理设施，避免化粪池污水直接进入以自然净化为主体的水处理设施中，以延长处理系统的寿命。

2.4.2　稳定塘

2.4.2.1　稳定塘的原理和类型

稳定塘又名氧化塘或生物塘，其对污水的净化过程与自然水体的自净过程相似，是一种利用天然净化能力处理污水的生物处理设施。稳定塘是一种天然的或经过一定人工修整的有机废水处理池塘，按照占优势的微生物种属和相应的生化反应，其可分为好氧塘、兼性塘、曝气塘和厌氧塘四种类型。

四类稳定塘的主要性能如表 2-42 所列。

表 2-42　四类稳定塘的主要性能

项目	曝气塘	好氧塘	兼性塘	厌氧塘
典型 BOD_5 负荷 /[g/(m²·d)]	8~32	8.5~17	2.2~6.7	16~80
BOD_5 去除率/%	50~80	80~95	50~75	50~70
DO	饱和	饱和	饱和过渡至 0	0
微生物	好氧、兼性	好氧	好氧、兼性、厌氧	厌氧、兼性
氧源	曝气	藻类、大气	藻类、大气、无	无
水深/m	2~6	0.3~0.5	1.2~2.5	2.5~5
出水中藻类浓度 /(mg/L)	0	>100	10~50	0
常用停留时间/d	3~10	35	5~30	20~50
主要用途及优缺点	常接在兼性塘后，用于工业废水的处理。易于操作维护，塘水混合均匀，有机负荷和去除率高	处理其他生物处理的出水。水溶性 BOD_5 浓度低，但藻类固体含量高，因而用途受到限制	处理城市原污水及初级处理、生物滤池、曝气塘或厌氧塘出水。运行管理方便，适应能力强，是氧化塘中最常用的池型	用于高浓度有机废水的初级处理，后接好氧塘可提高出水水质。污泥量少，有机负荷高。但出水水质差，并产生臭气

2.4.2.2　稳定塘的规划设计

（1）塘址选择

稳定塘占地较多，应尽可能利用不宜耕种的土地，如废旧河道、塘坝、低洼地、沼泽和贫瘠地等，若有高差应充分利用。为了防止春、秋季翻塘时臭气的干扰，塘址应离居民区 1000m 以上，并位于其主导风下风方向。当用于处理城镇污水时，应结合建设规划统一考虑污灌、污养和水的综合利用问题，以求经济效益、环境效益、社会效益的统一。

（2）塘型及其组合

塘型的选择应从处理对象的水质特征出发，结合当地气候、地形条件确定。例如：在光照充足、没有持续冰封期的地区，可选用好氧塘；而在处理高浓度有机废水时，应在系统中设置厌氧塘；在处理城市污水和工业废水时，应根据原水性质及处理水的用途和要求，宜采用多塘组合系统。

（3）塘体防渗

稳定塘渗漏可能污染地下水源，应做好防渗。方法有素土夯实、沥青防渗衬面、膨润土防渗衬面和塑料薄膜防渗衬面等。为防止水浪的冲刷，塘的衬砌应在设计水位上下各 0.5m 以上。

（4）塘的进出口

设计时应注意配水、集水均匀，避免短流、沟流及混合死区。主要措施为：采用多点进水和出水；进口、出口之间的直线距离尽可能大；进口、出口的方向避开当地主导风向。

（5）塘的设计参数

稳定塘通常是按有机污染物的负荷、塘深和停留时间等参数设计的。厌氧塘、兼性塘、部分曝气塘及生态塘通常按 BOD_5 表面负荷确定水面面积。厌氧塘亦可按 BOD_5 容积负荷设计，部分曝气塘亦可按 BOD_5 污泥负荷进行设计。

控制出水塘宜按其前置处理设施的实际处理流量与受纳水体季节允许排放污水流量之差设计。用于农灌的控制出水塘可按农灌需水量进行设计。

1）厌氧塘

① 厌氧塘并联数不宜少于 2 座。

② 为使厌氧塘处于厌氧状态，厌氧塘 BOD_5 表面负荷最小容许值采用 $300kg/(10^4 m^2 \cdot d)$。

③ 厌氧塘的水力停留时间应按水体积计算，底层污泥所占的容积应另加。厌氧塘水深一般为 3~5m，当土质或地下水条件许可时宜采用上限值。

④ 厌氧塘可采取加设生物膜载体填料、塘面覆盖和在塘底设置污泥消化坑等强化措施。

⑤ 厌氧塘应从底部进水和淹没式出水，厌氧塘进口位于接近塘底的位置，高于塘底 0.6~1m。塘底宽度小于 9m 时，可只用 1 个进口；大塘应采用多个进口。厌氧塘出口为淹没式，淹没深度不应小于 0.6m，不得小于冰覆盖层或浮渣层厚度，在堰和孔口之间应设置挡板。

2）兼性塘

① 兼性塘可以按串联形式，也可以按并联形式布置，一般多用串联塘。

② 兼性塘系统可采用单塘，在塘内应设置导流墙。

③ 兼性塘内可采取加设生物膜载体填料、种植水生植物和机械曝气等强化措施。

④ 应在满足表面负荷的前提下考虑塘深，适当增加塘深以利过冬。

⑤ 兼性塘深应有储泥层的深度、北方地区冰盖的厚度以及为容纳流量的变化和防风浪冲击的超高，塘内储泥层厚度可按 0.3m 考虑，冰盖厚度一般为 0.2~0.6m，超高为 0.5~1.0m。

3）部分曝气塘

① 部分曝气塘用于生活污水出水水质要需达到 DB 64/ T700—2011 中规定的二级或三级标准的农村地区。

② 部分曝气塘的曝气供氧量应按生物氧化降解有机负荷计算，其比曝气功率负荷应为 1~2W/m³。

4）生态塘

① 生态塘水中溶解氧应不小于 4mg/L，可采用机械曝气充氧。

② 生态塘中放养的鱼种和比例应根据当地养鱼的成功经验和有关研究成果确定。

③ 塘中养殖的水生动植物密度应由实验确定。

5）控制出水塘

① 为保证稳定塘的出水效果或为适应农灌用水需要，应设置控制出水塘。

② 控制出水塘在冬季一般用作储存塘，冬季污水在塘内的水力停留时间取决于当地的冰封期及冰融后的水质状况。

③ 控制出水塘最低水位为 0.5m。

④ 控制出水塘容积设计应考虑到冰封期需要储存的水量，塘深应大于最大冰冻深度 1m，塘数不宜少于 2 座。

⑤ 控制出水塘应按照兼性塘校核有机负荷率。

2.4.2.3 稳定塘的优缺点

（1）优点

① 基建投资低，旧河道、沼泽地、谷地可利用作为稳定塘。

② 运行管理简单经济，动力消耗低，运行费用较低，为传统二级处理厂的 1/5～1/3。

③ 可进行综合利用，实现污水资源化，如将稳定塘出水用于农业灌溉，充分利用污水的水肥资源；养殖水生动物和植物，组成多级食物链的复合生物系统。

（2）缺点

① 占地面积大，没有空闲余地时不宜采用。

② 处理效果受气候影响，如季节、气温、光照、降雨等自然因素都影响稳定塘的处理效果。

③ 设计运行不当时可能形成二次污染，如污染地下水、产生臭气和滋生蚊蝇等。

2.4.2.4 稳定塘的研究与发展

目前稳定塘技术的不足之处主要表现在两个方面：一是水力停留时间较长，效率低下；二是占地面积大，基建费用高。

（1）稳定塘的机理研究

在稳定塘的研究中，以菌、藻的活动为主体，以主要营养元素 C、N、P 的迁移为线索，建立系统内各种生物、化学反应之间的联系，全面认识稳定塘的机理，提高稳定塘设计的合理性，必使稳定塘技术有更大的发展。

（2）稳定塘发展方向

稳定塘向着规范化、高效化、系统化发展。国内大多数稳定塘由于前期设计不够规范，导致其在后续运行中有效容积急剧缩小或塘失效。现在稳定塘的设计有了扎实的理论作为指导，包括稳定塘的污染物迁移转化规律、净化机理、氧传递规律、水力学特性、生物群落演变、塘型组合等已经取得一定的研究成果。未来的稳定塘必然是包括稳定塘预处理、高效合理的塘型组合、高效水生植物修复、生态养殖、复合基质和污水综合利用等组成更为复杂的系统工程。

2.4.2.5 稳定塘工程应用案例

（1）工程概况

天津汉沽生物稳定塘位于天津渤海湾之滨，是按照多年野外调查和室内模拟试验所提供的基础数据和设计参数于 1993 年建成并于 1995 年正式投入运行的多级污水净化系统和示范工程。污水通过近 30km 的地下水泥管道，经 5 座梯级泵站输送进稳定塘。它占地 80 万平方米，设计日处理 5 万吨含盐化工废水和城市生活污水。该稳定塘的建立对于改善渤海湾的水质发挥了十分重要的作用。

（2）工艺流程

污水──→预处理塘──→集水池──→泵房厌氧塘（两级）──→兼性塘（六级）──→生态塘──→出水

（3）主要设计参数

主要设计参数如表 2-43 所列。

表 2-43　主要设计参数

数值	预处理塘	厌氧塘	兼性塘	生态塘
BOD 负荷/[kg/(hm² · d)]		27	35～40	
停留时间/t	3～6	5	17～12	
K 值/d⁻¹		0.065	0.026	
单塘尺寸/m				
长	350	175	360	
宽	350	100	100	
深	2.5	4	1.5～2.4	2
有效容积/m³	153125	277777	849600	5600000
表面积/hm²	12	7	43～49	298

（4）系统处理效果

系统处理效果如表 2-44 所列。

表 2-44　系统处理效果

项目	原污水	沉淀塘	厌氧塘	兼性塘1	兼性塘2	兼性塘3	兼性塘4	兼性塘5	兼性塘6	去除率/%	生态塘	去除率/%
BOD/(mg/L)	265	94	18	54	44	34	20	16	10	96.1	12	95.3
COD/(mg/L)	532	331	296	282	247	211	171	159	104	80.4	116	78.2
SS/(mg/L)	98	57	53	51	46	43	39	37	21	76.6	50	49
VSS/(mg/L)	57	31	29	28	22	29	21	18	10	82.1	33	42.2
TP/(mg/L)	27.95	7.17	4.80	4.50	2.77	2.40	2.27	2.20	1.65	94.1	0.85	97
磷酸盐/(mg/L)	10.25	2.50	1.69	1.75	1.58	1.56	1.44		1.17	88.6	0.63	94
TN/(mg/L)	23.48	7.14	4.12	7.92	10.95	6.99	8.13		8.74	62.8	4.78	79.6
NH₃-N/(mg/L)	19.5										5.4	72.3
叶绿素 a/(mg/L)	7.3	19.7	13.1	23.8	34.2	69.9	80.8	84.4	77.8		122.4	
pH 值	7.1	7.9	8.2	8.2	8.2	8.2	8.2	8.2	8.4		8.6	
氯化物/(mg/L)	3326	3102	2881	2893	2887	2878	2878	2971	3173		3573	
细菌总数/(10⁶ 个/mL)	1.7	2.2	0.56	2.4	3.4	11	15	4.7	1.7		0.013	
大肠菌群/(10⁵ 个/mL)	122.53	11.50	1.46	1.23	1.20	1.03	1.31	0.58	0.24	99.8	0.07	99.95

2.4.3 土地处理系统

2.4.3.1 土地处理系统的原理和类型

污水土地处理是在人工调控下利用土壤-微生物-植物组成的生态系统净化污水的处理方法。在污水得以净化的同时，水中营养物质和水分也得以循环利用。因此，土地处理是使污水资源化、无害化和稳定化的处理利用系统。

土地处理系统主要类型包括慢速渗滤、快速渗滤、地表漫流、湿地（wetland）、地下渗滤等。

（1）慢速渗滤系统

慢速渗滤系统适用于渗水性能良好的土壤、砂质土壤及蒸发量小、气候润湿的地区。慢速渗滤系统的污水投配负荷一般较低，渗流速度慢，故污水净化效率高，出水水质优良。慢速渗滤系统有农业型和森林型两种，其主要控制因素为灌水率、灌水方式、作物选择和预处理等。

（2）快速渗滤系统

快速渗滤土地处理系统是一种高效、低耗、经济的污水处理与再生方法。适用于渗透性能良好的土壤，如砂土、砾石性砂土等。污水灌至快速滤渗田表面后很快下渗进入地下，并最终进入地下水层。灌水与休灌反复循环进行，使滤田表面土壤处于厌氧-好氧交替运行状态，依靠土壤微生物对被土壤截留的溶解性和悬浮有机物进行分解，使污水得以净化。快速渗滤法的主要目的是补给地下水和废水再生回用。进入快速渗滤系统的污水应进行适当的预处理，以保证有较大的渗滤速率和硝化速率。

（3）地表漫流系统

地表漫流系统适用于渗透性的黏土或亚黏土，地面最佳坡度为 2%～8%。废水以喷灌法或漫灌法有控制地在地面上均匀的漫流，流向设在坡脚的集水渠，在流动过程中少量废水被植物摄取、蒸发和渗入地下。地面上种牧草或其他作物供微生物栖息并防止土壤流失，尾水收集后可回用或排入水体。采用何种方法灌溉取决于土壤性质、作物类型、气象和地形。

（4）地下渗滤污水处理系统

地下污水处理系统是将污水投配到距地面约 0.5m 深、有良好渗透性的底层中，借毛细管浸润和土壤渗透作用，使污水向四周扩散，通过过滤、沉淀、吸附和生物降解等过程使污水得到净化。地下渗滤系统适用于无法接入城市排水管网的小水量污水处理。污水进入处理系统前需经化粪池或酸化池预处理。

（5）湿地及人工湿地

湿地是指天然或人工、长久或暂时的沼泽地、泥炭地或水域地带，带有静止或流动、淡水、半咸水或咸水水体者，包括低潮时水深不超过 6m 的水域。

美国联邦管理机构曾这样定义"湿地"，认为湿地就是那些经常或维持被地表水或地下水淹没饱和，在一般情况下，被饱和的土地适于特有生物普遍生长的区域。所谓"人工湿地"是指在人工模拟天然湿地条件下，建造一个不透水层，使挺水植物生长在一个处于饱和状态基质上的一个湿地系统。该系统一般利用各种微生物、植物、动物和基质的共同作用，通过过滤、好氧和厌氧微生物降解、吸附、化学沉淀和植物吸收污水中的污染物，达到净化污水的目的。当基质为碎石或砂石材料时，这类人工湿地有较好的去除有机污染物的能力，但脱氮除磷的能力很低，仅为 $20\%\sim30\%$。只有以土壤为基质的下行流垂直渗滤天然湿地、以土壤为基质或以有脱氮除磷能力的复合基质为填料的人工湿地才具有很好的去除 N、P 的效果，通常 N 去除率$\geqslant85\%$，P 去除率$\geqslant95\%$。

2.4.3.2 土地处理系统的净化机理

污水土地处理系统的净化机理十分复杂，它包含了物理过滤、物理吸附、物理沉积、物理化学吸附、化学反应和化学沉淀、微生物对有机物的降解等过程。因此，污水在土地处理系统中的净化是一个综合过程。

（1）BOD 的去除

BOD 大部分是在土壤表层土中去除的。土壤中含有大量的、种类繁多的异氧型微生物，它们能对被过滤、截留在土壤颗粒空隙间的悬浮有机物和溶解有机物进行生物降解，并合成微生物新细胞。当污水处理的 BOD 负荷超过让土壤微生物分解 BOD 的生物氧化能力时会引起厌氧状态或土壤堵塞。

（2）N 和 P 的去除

在土地处理中，磷主要通过植物吸收、化学反应和沉淀（与土壤中的钙、铝、铁等离子形成难溶的磷酸盐）、物理吸附和沉淀（土壤中的黏土矿物对磷酸盐的吸附和沉积）、物理化学吸附（离子交换、络合吸附）等方式被去除。其去除效果受土壤结构、阳离子交换容量、铁铝氧化物和植物对磷的吸收等因素的影响。

氮主要通过植物吸收、微生物脱氮（氨化、硝化、反硝化）、挥发、渗出（氨在碱性条件下逸出、硝酸盐的渗出）等方式被去除。其去除率受作物的类型、生长期、对氮的吸收能力以及土地处理系统等工艺因素的影响。

（3）悬浮物的去除

污水中的悬浮物质是依靠作物和土壤颗粒间的孔隙截留、过滤去除的。土壤颗粒的大小，颗粒间孔隙的形状、大小、分布和水流通道，以及悬浮物的性质、大小和浓度等都影响对悬浮物的截留过滤效果。若悬浮物的浓度太高、颗粒太大则会引起土壤堵塞。

（4）病原体的去除

污水经土壤处理后，水中大部分的病菌和病毒可被去除，去除率可达 $92\%\sim97\%$。其去除率与选用的土地处理系统工艺有关，其中地表漫流的去除率较低，但若有较长的漫流距离和停留时间，也可以达到较高的病原体去除率。

（5）重金属的去除

重金属主要是通过物理化学吸附、化学反应与沉淀等途径被去除的。重金属离子在土壤胶体表面进行阳离子交换而被置换、吸附，并生成难溶性化合物被固定于矿物质晶格中；重金属与某些有机物生成螯合物被固定于矿物质晶格中；重金属离子与土壤的某些组分进行化学反应，生成金属磷酸盐和有机重金属等沉积于土壤中。

2.4.3.3 土地处理系统的工艺选择和工艺参数

土地处理系统工艺类型主要根据土壤性质、透水性、地形、作物种类、气候条件和对废水处理程度的要求等来选择。根据需要有时采用复合土地处理系统，如地表漫流与湿地处理相组合。

土地处理系统的主要工艺参数为负荷率。常用的负荷率有水量负荷和有机负荷，有时还辅以氮负荷和磷负荷（表2-45）。

表2-45 各类土地处理工艺的限制设计参数

土地处理工艺	可能的限制设计参数
快速渗滤	一般为水力负荷
慢速渗滤	土壤的渗透性或地下水硝酸盐
地表漫流	BOD、SS、N
湿地	BOD、SS、N
地下渗滤	土壤的渗透性或地下水硝酸盐

2.4.3.4 土地处理法应用中应注意的几个问题

① 选择适宜的废水类型，不是任何废水都可用土地处理法处理；城市污水及与城市污水水质相近的工业废水可作灌溉用水。医药、生物制品、化学试剂、农药、石油炼制、焦化和有机化工处理后的废水不适用作灌溉用水。

② 选择适当的植物类型，一般以树木、经济作物为主，如选用农作物，应注意在水质允许的情况下还要保证农作物不被污染，不减产，而且不要种植蔬菜、果品类植物。

③ 做好防渗处理问题，避免污染地下水源。

④ 控制进水水质，不能长期使用含盐量高的污水，防止土壤盐碱化。

⑤ 注意防止生物污染（如医院废水不能进入系统），防止传染疾病和对人畜产生危害。

2.4.4 其他几种污水处理技术

2.4.4.1 人工湿地处理技术

（1）技术原理及类型

人工湿地污水处理技术的基本原理是在一定的填料上种植芦苇、美人蕉、水葱等特定的植物，当污水流过时，经砂石、土壤过滤，植物的富集吸收，植物根际的微生物活动等多种作用，水质得到净化。通常，人工湿地污水处理系统由适合的湿地植物、植物生长其中的基质、调控污水的阀门和管道、防止污水渗入地下的衬套四部分组成。

目前，国内应用较多的人工湿地污水处理技术主要有地表流式和潜流式两种类型。地表流式又称渗滤式，是把污水直接排进湿地，停留若干天后再排出的一种方法。这种方法成本及运行费用较低，但它的缺点是污水直接暴露在大气中，导致污水中的细菌等污染物直接通过气体散播，容易造成二次污染，而且在寒冷地区由于冬季污水易结冰而影响处理效果。潜流式则是将污水通过管道输送到人工土壤介质中，在水床低位运行，表面种植植物，类似于微灌、滴灌，用这种方法处理污水，污染物去除率高、不滋生蚊虫、无臭味，而且在寒冷的北方也可以持续运行。

（2）技术优势

目前，我国的污水处理还主要依赖于传统污水处理厂，其普遍存在处理水平低、投资和运行费用高、易产生二次污染等问题，而且不少污水处理厂由于资金短缺闲置或不能满负荷运转。

与传统的污水处理厂相比，人工湿地污水处理技术有以下优势。

1）建设成本及运行管理费用低廉　人工湿地的工程建设投资大约是城市污水处理厂的 2/3，运行管理费则是其的 1/10～1/8。

2）具有强大的生态修复功能　它不仅具有涵养水源、均化洪水、降解污染物、保护生物多样性的特点，还具有吸收 SO_2、CO_2、氮氧化物、增加氧气、净化空气、消除城市热岛效应、光污染和吸收噪声等环境调节功能。

3）保护野生动物和提高景观美学价值　人工湿地能够控制土壤侵蚀、防风护堤，是众多野生动物特别是珍稀水禽的栖息、繁殖、迁徙、越冬集聚之地，对保护野生动物和提高局部地区景观的美学价值有很大的益处。

（3）应用现状

我国北京、上海、深圳、沈阳、四川、云南、山东等许多省、市选择此项技术处理城市污水。

位于山东省南部的南四湖（微山湖、昭阳湖、独山湖和南阳湖）是南水北调东线工程的必经之地和调蓄水库。而近年来，由于大量的工业、生活及农业污水未经处理直接排入其中，造成大部分河流和部分湖区水域严重污染，2002 年监测结果表明，南四湖流域水质为地表水 Ⅳ～Ⅴ 类，富营养化程度比较严重。国家对南四湖全面进行人工湿地水质净化工程建设，规划面积 12 万亩，其中挺水植物芦苇、蒲草等栽植面积 6 万亩，浮游植物种植面积 4 万亩，沉水植物种植面积 2 万亩。到 2006 年，该工程全面发挥效益，各入湖水质经人工湿地净化后，达到地表水 Ⅱ～Ⅲ 类水质，确保南水北调调水水质的稳定性。

2.4.4.2　地下渗滤系统

（1）原理及主要技术经济参数

地下渗滤系统是土地处理系统的一种改进类型，利用并强化土壤微生物及土壤-植物等稳态生态系统的净化功能，采用在土壤亚表面布水的方式投配污水，将污水投配到具有一定构造和良好扩散性能的土层中，使污水中的污染物在生态系统的物质循环中进行降解、净化水质，使污水中的能量通过生态系统的能量流动逐级被充分利用，以维持生态系统正常发挥的中小规模的生态处理工程。

经长期攻关研究，确定地下渗滤系统的主要技术经济参数如下。

① 进水为经过一级处理的生活污水。

② 出水水质指标：BOD<20mg/L，COD<70mg/L，SS<20mg/L。

③ 中水回收率：70%～80%。

经济指标：一次性投资相当于二级生化处理工程的 1/2，运转费仅为其的 1/5。

（2）应用现状

地下土壤渗滤法在我国日益受到重视。中国科学院沈阳应用生态所"七五"至"九五"期间的研究和工程示范表明，在我国北方寒冷地区利用地下土壤渗滤法处理生活污水是可行的，且出水能够作为中水回用，其中最典型的实例是处理沈阳工业大学学生楼生活污水的中水回用工程。1992年北京市环境保护科学研究院对地下土壤毛细管渗滤法处理生活污水的净化效果和绿地利用进行了研究。清华大学在2000年国家科技部重大专项中，在昆明市呈贡县的农村地区推广应用地下土壤渗滤系统，取得了良好效果。

2.4.4.3 无动力、地埋式厌氧生物处理技术（UUAR）

该技术应用厌氧生物膜技术及推流原理，采用内充固定空心球状填料的地下厌氧管道式或折流式反应器装置为唯一处理设备，利用附着于空心球状填料内外表面或悬浮的专门驯化专性厌氧或兼性微生物去除生活污水中的有机污染物、病原菌和部分氮、磷，从而达到净化生活污水的目的。经过1年多的小试、中试及实际应用，结果表明：在水力停留时间1d及常温条件下，UUAR对农村生活污水 COD_{Cr}、BOD_5、SS、总氮、总磷、大肠菌群、细菌总数和蛔虫卵的平均去除率分别达到66.1%～68.3%、70.8%～76.8%、80.5%～90.2%、18.26%～23.0%、33.9%～35.2%、95.8%～99.8%、37.4%～82.9%和78.7%～100%，出水水质稳定达到国家二级排放标准；通过优化设计和调节球状填料的配比，并延长水力停留时间至2d，出水可达到国家一级排放标准，且未出现剩余厌氧污泥的积累问题。UUAR无日常运行费用，适用于农村生活污水的分散处理。

UUAR工艺流程如图2-53所示。

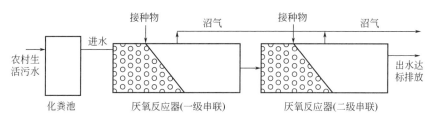

图2-53 UUAR工艺流程

UUAR无动力农村生活污水厌氧生物处理技术及设备可有效去除农村生活污水中的有机物质，通过优化设计和调节球状填料的配比，适当调控水力停留时间，出水水质可达到GB 8978—1996一级标准。

UUAR设备采用无动力厌氧生物膜技术，工艺流程简单，不耗能，全部埋于地下，不占地表，也无需专人管理。与好氧生物处理相比，UUAR技术设备的基建投资略高于好氧处理（在流量＜100m³/d时投资基本相等）。但本设备无日常运行费用的支出，2～5年后，节约的运行费用可在一定程度上抵消基建投入，本技术设备的优势将得到充分体现。目前本技术设备成功应用于浙江省、重庆市、山东省、山西省、上海市等400多个农村生活污水及城市生活污水处理，取得了满意的结果，出水均在《污水综合排放标准》（GB 8978—1996）的一级或二级排放标准以下（表2-46）。

表 2-46 UUAR 处理效果

HRT /d	分析指标	平均进水浓度 /(mg/L)	管道式装置平均出水浓度 /(mg/L)	平均去除率 /%	平均进水浓度 /(mg/L)	折流板式装置平均出水浓度 /(mg/L)	平均去除率 /%
1	COD_Cr	287.2	97.5	66.1	288.4	91.3	68.3
	BOD_5	120	35.0	70.8	139.8	32.5	76.8
	SS	73.3	14.3	80.5	96.8	9.5	90.2
2	COD_Cr	288.1	67.0	76.7	291.6	58.3	80.0
	BOD_5	120	26.8	77.7	139.8	20.0	85.7
	SS	73.3	11.7	84.0	96.8	15.0	84.5

2.4.4.4 厌氧沼气池处理技术

我国大中型厌氧沼气工程的现状和技术水平与国外相比还存在较大差距，但小型厌氧沼气的研究和工程应用获得的成就却领先于国外，特别是在农村家用沼气池推广应用上获得令世人瞩目的成就。除各类沼气池如水压式沼气池、新型沼气池、塞流式沼气池、赤泥草沼气池、曲流布料沼气池、GRC 沼气池以及四川结合沼气池可适用于不同条件下的沼气生产外，国家对农村家用沼气池已制定出各类标准，使沼气池的建设、安装可实行规范化管理。现行标准有《家用沼气灶》(GB/T 3606—2001)、《户用沼气池设计规范》(GB/T 4750—2016)、《户用沼气池质量检查验收规范》(GB/T 4751—2016)、《户用沼气池施工操作规范》(GB/T 4752—2016)、《农村家用沼气管路设计规范》(GB/T 7636—87)、《农村家用沼气管路施工安装操作规程》(GB/T 7637—87) 和《农村户用沼气发酵工艺规程》(NY/T 90—2014) 等。这些技术、管理和政策措施，使我国农村特别是山区农村生活污水处理的实践过程中能较好体现生态环境保护，并使环境效益与社会效益结合起来。

分散型无能耗污水处理系统是一种新型的污水处理系统，又称厌氧净化沼气技术，它是在我国各类化粪池和沼气池的基础上，借鉴日本、德国等国家和我国台湾省处理生活污水的经验而开发成功的以分散方式处理生活污水的工艺。

厌氧净化沼气池根据现代居民的用水情况和污水水质特点，在装置内增设有多处水力缓冲设施，能在一定范围内适应生活污水水质、水量波动较大的特点。装置采用自然启动、多级自流、逐步降解的工艺方法，依靠水位的自然落差自动运转，无需任何动力设备，运行稳定，无需专人维护管理。该装置布局灵活，可以用于分散处理住宅、办公楼、工厂生活和公共娱乐场所、牲畜养殖厂等的污水。近几年来，厌氧净化沼气池在我国中小城市，尤其是南方地区得到了较快的发展，其大致工艺流程如图 2-54 所示。

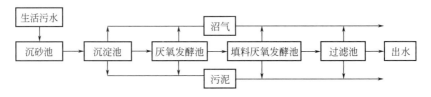

图 2-54 厌氧净化沼气池工艺流程

四川阆中市厌氧净化沼气池由前处理系统和后处理系统组成，见图 2-55。其反应器（在沉积老土地区）采用受力特性较好的球型结构；池壁及池顶口填土均匀夯实，保证土壤承载力，防止拉裂变形；池内密封，加涂防腐材料，防止池漏。

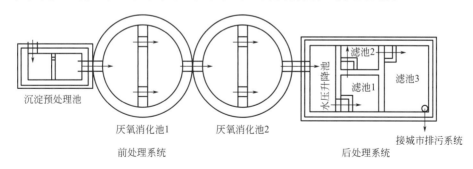

图 2-55　厌氧净化沼气工程

前处理系统（占系统容积的 60%～70%）包括 2 个沉淀预处理池及 1～2 个厌氧消化池。沉淀预处理池 1 主要利用金属栅格阻挡较大块状的、不易消化的固体废物；沉淀预处理池 2 是利用重力沉降将比水密度大的悬浮颗粒从水中除去，同时对厌氧消化池进行水封，最大限度地保证厌氧条件。经过沉淀预处理池的处理，一般可除去污水中 50%～60%的悬浮物。当每日通过沉淀池的污水量大于 10m³ 时应采用三格池。

厌氧消化池采用环流结构，以增长水流循环路径，增加水力停滞时间（HRT）。污水流入第一级厌氧消化池，厌氧菌开始繁殖，该级无需填料，HRT 为 24h。第二级为主发酵池，厌氧菌在该池内大量繁殖，为避免菌群被污水带走，池内加有 D2 软填料（占整个体积的 15%～25%）作载体吸附菌群，在隔绝空气的情况下，利用微生物的代谢过程，使废水中的有机物得以降解，在净化水体的同时有少量沼气产生，HRT 为 24h。厌氧消化池采用双层盖密封，以保证厌氧条件。

后处理系统由厌氧与好氧消化相结合的水压升降池和出水过滤池（兼氧）两部分组成。水压升降池对前处理池进行水封，同时起一个分界作用，产生沼气压力。出水过滤部分由 3 个上流式兼性滤池组成，采用折流途径，以增加水流流径，使水体中的残留悬浮物质继续沉淀；进水口采用折流囱，用以改变水流路径和循流方向；滤池内置硬滤料和半硬性滤料，进行出水过滤。经后处理系统处理后，水体排入城市排污系统。理论上，厌氧消化池处理的级数越多，污水净化程度会越高，但一般在实际修建时，因城市生活污水 BOD_5 值较低，常采用三级池（HRT 为 72h）。

厌氧净化沼气池处理技术的不足主要有以下几点。

1）出水水质尚未达标　由于各地区自然、经济、社会等因素的差异，对生活污水水量、水质及净化程度的要求也不尽相同。有些地区制定的出水标准低于国家排放标准，而在工艺的设计、管理和维护上主要以达到地方排放标准为目的，在设计上大多简单地采用一种单一的人均池容参数进行建造，启动后较少进行管理和维护，故对于低浓度的生活污水，若按国家标准严格检验，目前还有相当数量尚未达标。同时，对氨氮的去除效果也不理想，在要求较高的情况下需要进行后处理。

2）缺乏对内部机理研究　在我国，对厌氧净化沼气池的研究大多是在工艺参数上进行改进，对池内的生物反应研究甚少。如对池内有机物浓度、菌群的类型及分布、氧化还原电位的高低、温度、有毒物质的控制、营养物质的添加、pH值的测量调控等影响处理效果的内部因素几乎无研究报道。

3）沼气并未完全利用　由于该工艺以分散形式处理生活污水规模较小，加之生活污水浓度较低，产生的沼气量小而分散，且部分池子所产生的沼气被直接燃烧掉，有些直接排入大气，造成二次污染。

2.4.4.5　蚯蚓生态滤池

蚯蚓生态滤池是近年来首先在法国和智利发展起来的一种新型污水处理技术，它是根据蚯蚓具有提高土壤透水性能和促进有机物质分解转化等生态功能而设计的。

蚯蚓在生态滤池中的作用如下。

① 参与污水、污泥的分解吸收。

② 对滤床起清扫作用，防止堵塞。

③ 改变微生物种群结构并提高其生物活性。

④ 促进滤层中C、N的转化。

⑤ 增加滤床层的通气性。

⑥ 清除蚊蝇滋生，改善卫生条件。

蚯蚓生态滤池工艺流程如图2-56所示。

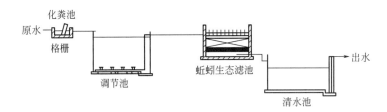

图2-56　蚯蚓生态滤池工艺流程

滤池主要有布水装置、生态滤床和排水装置三部分组成。生态滤床从下至上依次为鹅卵石（4～7cm）、碎石（1～3cm）、砂子和土壤层。砂子和土壤层也可以说是蚓粪层，是蚯蚓活动的主要场所，土壤上面可以种植一些植物。现已进行蚯蚓生态滤池的中试研究，根据运行试验的情况来看，此系统很适合于处理农村生活污水。

蚯蚓生态滤池对COD的去除率为83%～88%，对BOD_5的去除率为91%～96%，对SS的去除率为85%～92%，对NH_3-N的去除率为55%～65%。蚓粪中的微生物具有较高的活性，能促使有机氮的氨化和氨氮的硝化作用，蚓粪内部的厌氧层和生物膜内的厌氧层会发生反硝化作用产生N_2、N_2O气体，使出水TN减少。

由于蚯蚓的作用，与普通生物滤池相比，蚯蚓生态滤池的水力停留时间短，处理效率高，占地面积仅为普通生物滤池的1/10，且其能耗仅为传统活性污泥法的35%。因此与传统活性污泥法相比，蚯蚓生态滤池可节约20%～40%的工程造价及50%～65%的运行费用。

其工程经济估算如表2-47所列。

表2-47 蚯蚓生态滤池工程经济估算

处理水量/(m³/d)	投资估算/万元	占地面积/m²	运行成本/元
2	4.4	4.2	3
4	5.3	7.8	4.8
8	7	14.4	7
12	8.7	24	9

2.4.4.6 无纺布生物反应器

无纺布作为一种工业材料，不仅价格低廉而且比表面积大、表面粗糙，微生物易于附着，在无纺布上可以生长高浓度的微生物。其处理流程如图2-57所示。

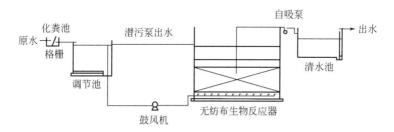

图2-57 无纺布生物反应器工艺流程

无纺布生物反应器通过无纺布进行固液分离，不受污泥沉降性能的影响，分离效果好且稳定，出水水质满足中水回用的要求。常敏超等研究发现：选取适当的无纺布孔隙度，可以降低污泥的产量。一体化无纺布生物反应器集反应池和沉淀池于一体，简化了处理工艺，其占地面积为常规处理工艺的1/5～1/3。

无纺布生物反应器工程经济估算如表2-48所列。

表2-48 无纺布生物反应器工程经济估算

处理水量/(m³/d)	投资估算/万元	占地面积/m²	运行成本/(元/天)
12	8.3	17	15
20	10.1	26	20
32	13.2	35	32
40	14.2	41	40

2.4.4.7 "FILTER"（菲尔脱）污水处理系统

澳大利亚科学家和工业研究组织（CSIRO）的专家在最近几年提出一种"过滤、土地处理与暗管排水相结合的污水再利用系统"，称为"FILTER"高效、持续性污水灌溉新技术，其目的主要是利用污水进行作物灌溉，通过灌溉土地处理后，再用地下暗管将其汇集和排出。该系统一方面可以满足作物对水分和养分的要求；另一方面可降低污水中的氮、磷等元素的含量，使之达到污水排放标准。

澳大利亚CSIRO与我国水利水电科学研究院和天津市水利科学研究所合作，在天津市武清县建立了试验区。试验区总面积2万平方米，暗管埋深1.2m。两种处理的暗管间距为5m和10m。引取北京市初级处理后的污水和沿程汇集的乡镇生活污水，灌溉小麦。试验表明，97%～99%的磷通过土壤及作物的吸收而被除去；总氮的去除率达

82%~86%、BOD 的去除率为 93%、COD 的去除率为 75%~86%。排水暗管的间距小，则去污效率高。

2.4.4.8 无动力多级厌氧复合生态处理系统

该技术适用于分散户厨房、洗衣、洗澡等低浓度农村生活污水的处理，尤其适合有地势差异的分散户或 2~5 联户的农村生活污水处理。厌氧生物专家 G.Lettinga 教授断言，厌氧处理生物技术如果有适合的后处理方法相配合，可以成为分散型生活污水处理模式的核心手段，这一模式比传统的集中处理方法更具有可持续性和生命力，尤其适合发展中国家的情况。

（1）基本原理

针对我国当前资金短缺、能源不足与污染日益严重的现状，厌氧处理技术是特别适合我国国情的一项技术。但因为单独的厌氧对氮、磷等营养元素基本上没有去除能力，污水中的氮、磷会使水体富营养化。同时单独的厌氧处理也不能很好地去除病菌，厌氧出水通常情况下不能达到国家的排放标准。因此，单独的厌氧处理还只能作为一种预处理，必须选择合适的后续处理单元。基于上述背景，针对独户或联户生活污水的处理，基本形成一套成熟的厌氧处理与生态床相结合的处理方法，简称无动力多级厌氧复合生态处理系统。

该系统主要由 2~3 格厌氧池和 1 格比表面积较大的砂砾石、细土等为基质的复合生态床组成，其中各池之间靠管道连通，污水在池内停留的时间为 5~7d。生活污水经过厌氧处理，生活污水中悬浮物可以沉淀，难降解有机污染物被厌氧微生物转化为小分子有机物。复合生态床表面可种植水生生物。

复合生态床除起到过滤作用外，有机物的床体还能够提高处理效果：一是植物的生长改变生态床的流态，生长的植物根系和茎秆对水流的阻碍作用有利于均匀布水，延长水力停留时间；二是植物的根系创造有利于各种微生物生长的微环境，植物根茎的延伸会在植物根系附近形成有利于硝化作用的好氧微区，同时在远离根系的厌氧区里含有大量可利用的碳源，这又提供了反硝化条件；三是植物生长对各种营养物尤其是硝酸盐氮具有吸收作用。

污水经厌氧"粗"处理后，后续"精"处理单元的负荷相对较小，这样可以节省生态床的占地面积，污水中的悬浮物经厌氧反应器处理后，大部分能被有效地去除，这样也可以防止生态床堵塞。因此，这种组合不但能有效地去除有机物，还能有效解决目前污水处理中难以做到的氮、磷皆能达标的难题。

（2）工艺流程

污水→污水收集系统（管道）→厌氧发酵处理池→复合生生态床。

工艺说明如下。

1）污水收集系统　该系统处理对象一般为厨房和洗浴房产生的污水，将下水道等与污水管道之间采用暗槽连接，并在入井口处设一格栅以去除较大的颗粒物。

2）处理池　由厌氧发酵池和复合生态系统床组成，形成一体化结构，厌氧发酵池由 3 格组成。厌氧发酵的第 1 格主要是用来调节水量，同时在某种程度上也具有均匀水质和初沉的作用；第 2、第 3 格对污水中有机物进行有效降解，有利于复合生态床处理。处理池总容积的计算：

$$V = QT$$

式中 V——升流池设计容积，m^3；

    Q——预计升流池处理水量，m^3/h；

    T——污水在升流池中的停留时间，h。

T 一般取 6～7h，目前在农村示范成功的池型容积有 $3m^3$ 和 $4.5m^3$。

3）复合生态床结构 复合生态床是处理系统中的主要构筑物，是一个或两个渗滤池组合而成的矩形的砖结构物。池内装有砂砾和人工土等基质。

4）砂砾和人工土的组成和厚度 砂砾层由不同粒径砂砾组成，一般分为 3～4 层砂砾，采用多孔、比表面积大的无机基质充填。

土壤中存在种类繁多，数量庞大的各种细菌、真菌、放线菌、藻类、原生动物等，是维持土壤、完成生态系统功能中物质和能量转化不可缺少的组成部分，它们是土壤生态系统中物质和能量循环的分解者和转化者。因此，人工土应选择砂、高肥力的耕层壤质土和草炭为原料。人工土的厚度一般为 10～20cm。

技术特点：该处理系统工艺流程简单，出水水质好，抗冲击能力强，运行工作极为简单，非常适宜我国农村迫切需要经济、高效、节能、技术先进可靠的污水处理工艺和技术的现状。

2.4.4.9 一体化设备污水处理技术

（1）设备优点

与大型污水处理系统相比，一体化设备具有处理效率高、耗能低、出泥量小、管理方便、占地面积小等优点。

① 充分利用社会闲散资金。一体化设备总投资额小，适于房产物业、小型工厂等社会小额资金投资。

② 缓解市政管网建设的压力。建设大型污水厂往往需要配套建设大规模的市政管网系统，而在小型住宅区、风景区、工厂等管网不发达的地方建设污水厂，既不便管理也不经济实惠，这种情况下适宜采用一体化设备。另外，对于分流制排水系统，较小流量的污水采用一体化设备处理后可直接排入雨水管道或水体，可缓解污水管道的压力。

③ 有效节约建设面积。

④ 有效实现中水回流，节约用水。

（2）工艺流程

一体化设备以好氧生化法为主要处理工艺。设备本体包括初沉池、生化池、二沉池和消毒池。设备本体之前一般须设置调节池，以均化水质和水量；设计停留时间 4～8h。初沉池和二沉池均为竖流式。生化池多采用生物膜法，鼓风曝气，设计停留时间 4～8h。二沉池出水进入消毒池，按规范设计接触时间 0.5h，对于医院污水接触时间 1.5～2h。

一体化设备主要处理对象为中小水量生活污水以及低浓度有机废水，设计进水 $COD_{Cr} < 400mg/L$、$BOD_5 < 300mg/L$。更高浓度的有机废水如食品、酿造废水等情况需设置前级物化处理措施，进水 BOD_5 一般为 600～1200mg/L，出水可达 GB 8978—

1996 一级排放标准，并且，增加适当的后级处理措施（深度过滤等），可以达到中水回用水质标准。目前一体化设备已形成系列化，设计处理量范围一般在 $0.5\sim50\mathrm{m^3/h}$；设备也可以并联使用，以增加处理能力。

（3）技术革新与发展

一体化设备主体工艺多采用生物膜法。生物膜法污泥浓度高、容积负荷大、耐冲击能力强、处理效率高。早期设备主要采用生物转盘，体积庞大，生物膜难控制，盘轴易损坏。目前，一体化设备逐渐发展为接触氧化法和生物流化床工艺。尤其是生物流化床成为近年来的一个研究热点。相比接触氧化法，生物流化床污泥浓度更高、耐冲击能力更强、剩余污泥率更低，且无堵塞、混合均匀，具有较好的脱氮效果，配置形式也较接触氧化法更为灵活。

普通的生物流化床是在污水中投加悬浮填料，给微生物提供一种良好的载体，提高了微生物浓度；填料在水流和气流的推动下呈流化状态，兼有生物膜和活性污泥的双重特点。随着研究的进展，生物半流化床、BASE 三相生物流化床、Circox 气提式生物流化床等新的型式不断涌现，流化床的充氧特性、水流状态、污泥浓度、脱氮效果得到较大的改进。新型流化床的处理效率更高，占地面积进一步减小，但是结构相对复杂，设备高度相应增加。因此，这些新型流化床应用于一体化设备还有待时日。近年来，MBR、SBR、DAT-IAT 等作为主体工艺的一体化设备也见诸报道。MBR 法具有较高的处理效率，而且不需要二沉池，但是投资和运行费用较高，管理相对复杂。DAT-IAT 和 SBR 法属于间歇式活性污泥法，处理效率较低。因此，一体化设备工艺的应用并不广泛。

工艺流程的改进主要着眼于提高处理效率，减少占地和降低能耗，其改进主要包括 4 个方面。

1）以酸化池代替原来的初沉池和污泥池，酸化池和调节池可以倒置。一体化设备的产泥量较少，沉淀池（过滤池）的污泥可以回流到酸化池中。酸化池的作用包括以下 3 个方面。

① 污水中的大分子有机物经过水解酸化可以分解为小分子有机物，提高可生化性；生化池的停留时间可以减少到 4h 左右；酸化池中也可设置填料，以提高酸化细菌的浓度。

② 回流污泥既可以提高酸化池的微生物浓度，又具有一定的生物絮凝功能，初步絮凝沉淀部分悬浮或胶体污染物，降低后续生化池的负荷。

③ 回流污泥在水力自重作用下压缩，同时污泥在酸化池中可以得到一定的消化，进一步减少污泥体积；酸化池中的污泥一般定期（1 年）抽吸。酸化池、初沉池和污泥池三位一体，大大减小了占地面积，提高了处理效率。

2）由原来的普通沉淀池发展为斜管沉淀或过滤池。普通沉淀池的污水上升流速一般为 $0.1\sim0.5\mathrm{mm/s}$，而斜管（板）沉淀池污水上升流速可以达到 $0.3\sim0.5\mathrm{mm/s}$，其表面负荷为普通沉淀池的 $3\sim5$ 倍。过滤池可以采用轻质滤料，如鹏鹞集团采用轻质泡沫滤珠，设计滤速可以达到 $0.5\sim1.0\mathrm{mm/s}$，进一步提高了处理效率。滤池采用重质滤料（白煤、石英砂等），滤速可达 $2\sim4\mathrm{mm/s}$；但是滤料质重，增加设备重量，不适于设备一体化。相比普通沉淀和斜管沉淀，过滤则利用生化池出水中的污泥的絮凝性，通过接触吸附在滤料表面上或者在滤料孔隙中沉积，实际上起到了絮凝吸附和浅池沉淀的双重作用。一般地，$10m^3/h$ 以上设备采用斜管沉淀或过滤池；$10m^3/h$ 以下仍采用普通沉淀池。

3）近年来，高效絮凝剂的不断发展促进了物化工艺在污水处理中的应用，污水处理趋于物化与生化工艺相结合。化学絮凝剂可以强烈吸附水中的悬浮物与胶体，可以进一步减少生化处理时间（0.5～2h），从而更大限度减少占地面积。已有部分单位开始了物化/生化相结合的一体化设备研发和应用，并且，也有完全采用物化方法的处理设备见诸报道，如 SPR 设备等。但是，物化方式存在的一个缺点是产泥量相对较大，增加了管理上的困难。

4）填料性能的提高。填料是生物膜法的主体，直接关系处理效果。填料的选择和研究包括以下 4 个方面。

① 水力特性：空隙率高、水流阻力小、流速均匀。

② 生物膜附着性：比表面积大，易于生物膜生长和老化膜脱落。

③ 化学与机械稳定性：经久耐用，不溶出有毒物质。

④ 经济性：来源广泛，价格便宜。

相比固定式填料，悬浮填料有下列优点：a. 孔隙率大，比表面积数值达几百至几千不等；b. 密度接近于水，可以全池流化翻动；c. 多采用聚乙烯、聚丙烯材质，既具有一定的机械强度，又不失弹性，使用寿命大大延长，且无浸出毒性。

2.4.4.10　膜生物反应器（MBR）

近几年来，随着新材料生产技术的发展，膜技术得到迅速发展，成为当代国际上公认的高新技术之一。近年来，水处理专家将膜分离技术引入废水生物处理系统，开发了一种新型的水处理系统，即膜生物反应器（MBR）。它是膜单元与生物反应器相结合的一个生化反应系统，用它可代替传统污水处理中的二沉池。膜生物反应器分为分离膜反应器、萃取膜反应器和无泡膜反应器三种，后两种还处在实验室阶段，无工程实例。按膜组件和生物反应器的位置，膜分离反应器又可分为一体化膜反应器、分置式膜生物反应器，如图 2-58 所示。

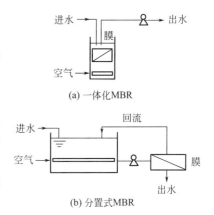

(a) 一体化MBR

(b) 分置式MBR

图 2-58　一体化膜反应器流程

一体化膜生物反应器与分置式膜生物反应器的生物处理条件相同，而过滤条件却相差很大，分置式膜生物反应器的面积小，通量和能耗大，一般为 $4～12kW\cdot h/m^3$；而一体化膜生物反应器无需生物循环，采用曝气来对膜进行清洗，能耗为 $0.4～0.8kW\cdot h/m^3$，是分置式装置的 1/20～1/10，这是一体化膜组件得已广泛应用的原因。常规活性污泥法二级处理能耗为 $0.3～0.5kW\cdot h/m^3$，如果为三级处理，则与一体化膜生物反应器能耗相同。

（1）一体化膜生物反应器的优点

① 出水水质好，不用消毒，直接回用。

② 占地面小，工艺设备集中。

③ 泥龄长，基本实现无剩余污泥排放。

④ 系统不受污泥膨胀的影响。

⑤ 流程启动快。

⑥ 模块化升级改造容易。

⑦ 容积负荷高，污泥负荷低。

⑧ 通过运行方式的改变，可脱氮除磷。

⑨ 通过 PLC，使系统自控。

总之，MBR 有其他污水处理方法所不具备的优点，特别是它的出水可满足目前最严格的排放标准。

（2）一体化膜生物反应器的缺点

① 膜价格高。

② 膜污染及清洗。随着新材料技术的发展，市场不断地推出高耐污染膜，现在膜的寿命已由原来的 3 年提高到了 8 年。由于膜在污水处理中的应用越来越广泛，市场竞争使膜的价格逐年下降。目前膜生物反应器处理生活污水设备造价 2000～3000 元/t，总造价为 3500～4500 元/t，普通污水处理场总造价为 3000～4000 元/t。

（3）一体化膜生物反应器的工作原理

将膜直接置于生物反应器中，膜表面的错流是由空气搅动产生的，曝气器设置在膜的下方。混合液随着气流向上流动，在膜表面产生剪切力，在这种剪切力的作用下胶体颗粒被迫离开膜表面，让水透过。

（4）一体化膜生物反应器的适用范围

膜技术的价格决定了它目前适合于小规模的污水处理，一般处理规模为 5～1000t/d。目前国外已有日处理万吨污水的工程出现。

（5）天津某综合楼生活污水处理及回用实例

在安装膜生物反应器的同时，对综合楼的给水系统工程进行双给水系统的改造，让卫生间进水管与楼顶给水箱相连，与膜生物反应器的清水箱共同构成中水道系统，如图 2-59 所示。

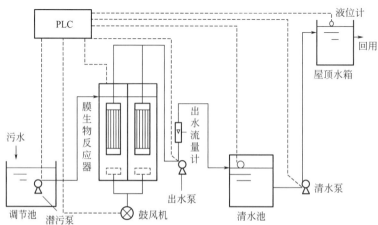

图 2-59　一体化生物反应器简图

一体化膜生物反应器处理能力为 25t/d，采用 SBR 运转方式，一个周期由缺氧静置和好氧出水段组成；缺氧段前期进水至高液位，好氧段曝气同时间歇出水，出水 8min，停止 2min。低液位时，停止曝气开始进水。膜生物反应器分两个单元交替曝气，整个系统由 PLC 实现全自动控制。所处理的污水来自该楼的化粪池的上清液，污水水质及处理结果如表 2-49 所列。

表 2-49　一体化膜生物反应器处理污水效果

水质参数	浊度/NTU	COD/(mg/L)	NH_3-N/(mg/L)
进水范围	10.5～56.8	41.5～136	6.85～38.4
平均值	25.2	95.8	23.8
出水平均值	0.2	33.5	1.5

结果表明，两单元出水 COD 平均值为 33.6mg/L 和 33.4mg/L，NH_3-N 去除率都在 95% 以上，出水氨氮平均值小于 1.5mg/L。低温下，只要维持良好的氧传质条件，仍能取得 90% 以上的氨氮去除率。该套设备本体占地仅 3.2m²，投资 10 余万元，能耗为 0.8kW·h/m³。该设备投入使用 1 年多来，其出水水质良好，通量稳定，仅需在清水池投加少量漂白粉来预防细菌在管路中滋生，该综合楼的月用水量也由原来 800t 下降到 150t，在很大程度上节约了用水量。

参 考 文 献

[1]　张婧怡，高嵩，宫徽，等. 国外典型地下污水处理厂空间设计与节能措施案例分析 [J]. 给水排水，2018，54（3）：136-142.

[2]　胡锋平，胡春燕，李伟民，等. Biowin 工艺及其在挪威 Groos 污水处理厂中的应用 [J]. 给水排水，2002（10）：1-3.

[3]　Vegard Arnesen，林宝法. 奥斯陆峡湾内部的污染与保护：重新确定 20 世纪废水处理政策的目标 [J]. AMBIO-人类环境杂志，2001，30（Z1）：282-286，328.

[4]　吴英. 挪威城市生活污水有机物的农业利用 [J]. 世界农业，1992（3）：46.

[5]　夏玉立，夏训峰，王丽君，等. 国外农村生活污水治理经验及对我国的启示 [J]. 小城镇建设，2016（10）：20-24.

[6]　王淑梅. 一体化小型生活污水生物处理装置研究进展 [J]. 中国环保产业，2007，2.

[7]　高拯民，李宪法，等. 城市污水土地处理利用设计手册 [M]. 北京：中国标准出版社，1991.

[8]　Dillaha，Theo A，Younos，Tamim M，et al. Biological treatment of wastewater in soils by the NiiMi process [C]. Second International Conference on Fixed Film Biological Processes，1984，831-845.

[9]　Butler D，Frledler E，Gatt K. Characterising the quantity and quality of domestic wastewater in flows [J]. Water Sciance and Technology. 1995，1（7）：13-24.

[10]　Orhon D，Ates E，Soam S，et a1. Characterization and COD fractionation of domestic waste waters [J]. Environmental Pollution，1997. 95（2）：191-204.

[11]　Papaiacovou I. Case study wastewater reuse in Limassol as an alternative water source [J]. Desalination，2001，1389（1-3）：55-59.

[12]　Gander M，Jefferson B，Judd S. Aerobic MBRs for domestic wastewater treatment：a revie w with cost considerations [J]. Separation and Purification Technology，2000，18（2）：119-130.

[13] Switzenbaum M S. Obstades in the implementation of anaerobic treatment technology [J]. Bioresowrce Technology. 1995，53：255-262.

[14] Rockey J S. Forster C F. Studies with an anaerobic expanded bed reactor comparing the performances achieved with synthetic waste and domestic sewage [J]. Enzym. Microb. Technol.，1985，7：401-404.

[15] Behling E，Diaz A，Colina G，et al. Domestic wastewater treatment using a UASB reactor [J]. Bioresource Technology，1997，61（3）：239-245.

[16] Nadon U J，Dague R R. Effects of temperature and hydraulic retention time on anaerobic sequencing batch reador treatment of lower strength wastewater [J]. Water Research，1997，31（10）：2455-2466.

[17] Dague R R，Bunik G C，Ellis T G. Anaerobic sequencing hatchreactor of dilate wastewater at psychrophilie temperatures [J]. Water Research，1998，70（2）：155-160.

[18] Gupta S K，Raia S，Gupta A B. Simultaueoas nitrification and denitrification in RBC [J]. Envion. Technol.，1994，15：143-150.

[19] Parker D，Jacobs T，Bower E，et al. Maximizing nitrification rates through biofilm control：research review and full-scale application [J]. Water Sci. Technol.，1997，36（1）：255.

[20] Gupta A B，Gupta S K. Simultaneous carbon and nitrogen removal from high strength domestic wastewater in an aerobic RBC biofilm [J]. Water Research，2001，35（7）：1714-1722.

[21] Renolds S L，Kalluri R，Schultz T E. Down under submerged system provides better biological treatment [J]. Ind. Wastewater，1997，5（5）：43.

[22] Palsdottir G，Bishop P. Nitrifying biotower upsets due to snails and their control [J]. Water Sci. Technol.，1997，36（1）：247.

[23] Chen-Lung H，Ouyang C F，Weng H T. Purification of rotating biological contactor（RBC）treated domestic wastewater for reuse inirrigation by biofilm channel [J]. Resources，Conservation and Recycling，2000，30（3）：165-175.

[24] Arsov R，Ribarova I，Nikolov N，et al. Two-phase anaerobic technology for domestic water-treatment at ambient temperature [J]. Water Science and Technology，1999，39（8）：115-122.

[25] Su J L，Ouyang C F. Advanced biological enhanced nutrient removal processes by the addition of rotating biological contactiors [J]. Water Sci. Technol.，1997，35（8）：153-160.

[26] Martin R J，Surampalli R Y，Berge D. Improving the performances of a rotating biological contactors by recirculating secondary clarifier solid：a case study [R]. Proc. Water Environ. Fed. 70th Annu. Conference Exposition，Chicago，Ⅲ，1997.

[27] 邱慎初. 化学强化一级处理（CEPT）技术 [J]. 中国给水排水，2000，16（1）：26-29.

[28] Pipes W O. Basic biology of stabilization ponds [J]. Water and Sewage Work，1961，108（4）：131-136.

[29] Anderson J B，Zweig H P. Biology of waste stabilization ponds [J]. Southwest Water Works Journal，1962，44（2）：15-18.

[30] Oswald W J. Quality Management by Engineered ponds. In：Engineering Management of Water Quality [M]. P. H. McGauhey. McGraw-Hill，New York，1968.

[31] US EPA，et al. Design manual for Municipal Wastewater stabilization ponds [R]. Center for Environmental Research Information，Cincinnati，1981.

[32] Lance J C. Land disposal of sewage effluents and residue [J]. Groundwater Pollution Microbiolo-

gy，1984.

[33] Van Cuyk S，Siegrist R，Logan A，Masson S，Fischer E，Figueroa L. Hydraulic and purification behaviors and their interaction during wastewater treatment in soil infiltration systems [J]. Wat. Res.，2001，35 (4)：953-964.

[34] Johansson L，Gustafsson J P. Phosphate removal from wastewater using blast furnace slags and opoka-mechanisms [J]. Wat. Res.，2000，34 (1)：259-265.

[35] Stevil T K，Ausland G，hansson J F，Jenssen P D. The influence of physical and chemical factors on the transport of E. coli through biological filters furification [J]. Wat. Res.，1999，33 (18)：701-706.

[36] Adelman D D，Tabidian M A. The potential impact of soil carbon content on ground water nitrate contamination [J]. Water Science and Technology，1996，33 (4/5)：227-232.

[37] USEPA. Voluntary National Guidelines for Management of Onsite and Clustered (Decentralized) Wastewater Treatment Systems [S]. 2003.

[38] USEPA. Handbook for Managing Onsite and Clustered (Decentralized) Wastewater Treatment Systems [S]. 2005，1.

[39] Luederritz V，Eckert E，et al. Nutrient removal efficiency and resource economics of vertical flow and horizontal flow constructed wetlands [J]. Ecol. Eng. 2001，18：157-171.

[40] Kadlec R H，Knight R L. Treatment Wetlands [M]. Boca Raton：CRC Press LLC，1996.

[41] Vymazal J. Constructed wetlands for wastewater treatment [J]. Ecological Engineering，2005，25 (5)：475-477.

[42] Garcia J，Aguirre P，Mujeriego R，et al. Initial contaminant removal performance factors in horizontal flow reed beds used for treating urban wastewater [J]. Water Research，2004，38 (7)：1669-1678.

[43] Vymazal J. Horizontal sub-surface flow and hybrid constructed wetlands systems for wastewater treatment [J]. Ecological Engineering，2005，25 (5)：478-490.

[44] Ouellet-Plamondon C，Chazarenc F，Comeau Y，et al. Artificial aeration to increase pollutant removal efficiency of constructed wetlands in cold climate [J]. Ecological Engineering，2006，27 (3)：258-264.

[45] Wu M Y，Franz E H，Chen S. Oxygen fluxes and ammonia removal efficiencies in constructed treatment wetland [J]. Water Environment Research，2001，73 (6)：661-666.

[46] Cooper P. A review of the design and performance of vertical-flow and hybrid reed bed treatment system [J]. Water Science and Technology，1999，40 (3)：1-9.

[47] Cooper P，Griffin P，Humphries S，et al. Design of a hybrid reed bed system to achieve complete nitrification and denitrification of domestic sewage [J]. Water Science and Technology，1999，40 (3)：283-289.

[48] Lin Y F，Jing S R，Lee D Y，et al. Performance of a constructed wetland treating intensive shrimp aquaculture wastewater under high hydraulic loading rate [J]. Environmental Pollution，2005，134 (3)：411-421.

[49] Jing S R，Lin Y F. Seasonal effect on ammonia nitrogen removal by constructed wetland treating polluted river water in southern Taiwan [J]. Environmental Pollution，2004，127 (2)：291-301.

[50] Oövel M，Tooming A，Mauring T，et al. Schoolhouse wastewater purification in a LWA-filled hybrid constructed wetland in Estonia [J]. Ecological Engineering，2007，29 (1)：17-26.

[51] Verhoeven J. T. A., Meuleman A. F. M. Wetlands for wastewater treatment: Opportunities and limitations [J]. Ecol. Eng., 1999, 12: 5-12.

[52] 籍国东，孙铁珩，常士俊，等. 自由表面流人工湿地处理超稠油废水 [J]. 环境科学，2001，22 (4): 95-99.

[53] 杨敦，徐丽花，周琪. 潜流式人工湿地在暴雨径流污染控制中的应用 [J]. 农业环境保护，2002，21 (4): 334-336.

[54] Perkins J，Hunter C. Removal of enteric bacteria in a surface floe constructed wetland in Yorkshire，England [J]. Wat. Res.，2000，34 (6): 1941-1947.

[55] Koottatep T，Polprasert C. Role of plant uptake on nitrogen removal in constructed wetlands in the tropics [J]. Water Sci. Tech.，1997，36 (12): 1-8.

[56] Karathanasis A D，Potter C L，Coyne M S. Vegetation effects on fecal bacteria，BOD，and suspended solid removal in constructed wetlands treating domestic wastewater [J]. Ecological Engineering，2003，20: 157-169.

[57] Hill D T，Payne V W E，Rogers J W，Kown S R. Ammonia effects on the biomass production of five constructed wetland plant species [J]. Bioresource Technology，1997，62: 109-113.

[58] 段志勇，施汉昌，黄霞，等. 人工湿地控制滇池面源水污染适用性研究 [J]. 环境工程，2002，20 (6): 64-66.

[59] 彭江燕，刘忠翰. 不同水生植物影响污水处理效果的主要参数比较 [J]. 云南环境科学，1998，17 (2): 47-51.

[60] Tanner C C，Sukias P S，Upsdell M P. Subsurface phosphorus accumulation during maturation of gravel-bed constructed wetland [J]. Water Sci. Tech.，1999，40 (3): 147-154.

[61] 李乃生. 城市化粪池存在的环境问题及改进建议 [J]. 山东环境，1999 (4): 44-50.

[62] 宋伟民，卢纯惠，李锦梅. 土壤渗滤处理三格化粪池粪液的可行性论证 [J]. 上海环境科学，1997 (3): 36-37.

[63] 吴慧芳，孔火良，金杭. 城镇小型生活污水处理设备及其展望 [J]. 工业安全与环保，2003 (05): 17-20.

第3章 多介质生态床分散污水处理技术

污水多介质生态处理技术是以分子筛、Fe/C 和 Fe/Fe₃C 双原电池效应生物陶粒等高效多介质功能材料为核心滤料，以嵌套填充式多介质生态床为核心装备，通过多种介质相互协调的生物、化学和物理作用，使污水中的污染物在生态系统的物质循环中进行分离、降解、吸附、固定，实现污水中 COD、氨氮、总氮和总磷等污染物的高效去除[1]。多介质功能材料包括分子筛、Fe/C 和 Fe/Fe₃C 双原电池效应生物陶粒等。生态处理系列化技术适用于农村分散型生活污水处理的多介质生物滤池、多介质人工湿地及多介质土地渗滤系统等。基于多介质生态技术原理，通过高效预处理系统及内嵌的双管进出水防堵塞结构解决了生态床的堵塞问题，大幅提高了系统的运行稳定性及使用寿命。系统低温运行条件下，通过冬季保温增温技术，保证出水水质稳定达到一级 B 标准。

3.1 多介质生态床分散污水处理技术主要内容

多介质功能滤料根据 Fe/C、Fe₃C 宏观和微观原电池原理制备，具有高生物亲和性、合适的孔径与粒度、高负载量等特点，该滤料实现了微生物（或污染物）与活性分子的直接耦联，并长期保持生物活性分子的活性。该滤料与嵌套式填充的生态床有机结合，适用于农村分散型生活污水处理的多介质生物滤池、多介质人工湿地及多介质土地渗滤系统等生态处理系列化技术。传统生态技术占地面积大、水力负荷低、易堵塞和脱氮除磷效率低，而多介质生态技术成功克服这些难题，通过多介质吸附固定、微生物氧化和生物提取等多种介质相互协调的生物、化学和物理作用，使污水中的能量通过生态系统的能量流动逐级充分利用，使污染物在生态系统的物质循环中进行分离、降解、吸附、固定，实现污水中 COD、氨氮、总氮和总磷等污染物的高效去除。

污水多介质生态处理工程的污染物去除途径中，微生物转化是多介质生态技术脱氮的主要途径[2]。利用 PCR-DGGE（变性梯度凝胶电泳）技术，确定多介质生态处理系统中优势微生物群落组成及多样性，利用 Real-time PCR（实时定量荧光 PCR）技术，定量揭示了假单胞菌、真细菌、古细菌、好氧氨氧化菌、厌氧氨氧化菌和反硝化功能菌群的时空演化规律。通过分析不同环境因子、营养条件、氧气供给、水力流态、基质性能和植物生长季情况下氮素的迁移转化规律，找到多介质滤料的理化性能对功能微生物种类及活性的影响机制。

3.1.1 多介质新材料

高效多介质功能材料的研制是农村生活污水多介质生态处理技术的核心内容[3]。针对目前农村污水人工湿地、地下渗滤以及生物滤池等生态处理技术存在的填料比表面积小、孔隙率低、吸附性能差、生物相容性弱、氮磷去除率不高等问题，采用高效多介质功能材料制备新工艺，制作了 4 种高吸附氨氮性能的新型人工分子筛材料，在此基础上制备了 3 种以分子筛为主要原料的高氨氮吸附性能的多介质陶粒，最后利用多介质陶粒和赤泥等单一填料研制了 3 种具有高效同步脱氮除磷功能的多介质复合功能材料。

3.1.1.1 新型分子筛材料

利用一种超导磁分离预处理-微波辅助的改进水热法连续生产分子筛工艺，成功解决了多介质功能材料新型人工分子筛制备工艺中存在的原料转化率低、反应时间长以及能耗高等问题。在原料的预处理阶段，通过采用超导磁分离工艺，实现了分子筛原料的无毒无害、低成本、大批量高效分离处理。在分子筛的水热法合成过程中，通过利用除水器保持了反应体系中碱液的浓度，提高了反应速率，缩短了反应时间，而且减少了碱的使用量，降低了后续碱液处理的难度。同时合成过程中，通过采用微波辅助加热的方式进行分子筛的晶化反应，也大幅度缩短了晶化反应的时间，改变了分子筛传统的小批量生产方式，实现了大规模连续生产新型分子筛。采用上述方法合成的新型分子筛具有高阳离子吸附容量，特别是对铵离子具有高选择性，吸附容量大，铵离子交换容量是天然分子筛的 150 倍，铵离子选择系数 95%～99%，可实现对氨氮等污染物的快速吸附，易再生重复使用。与天然分子筛相比，在相同条件下效率可提高 20 倍。每立方米材料每一个处理周期可以处理 2000m³ 以上农村污水，处理每吨农村污水的运行成本不超过 0.1 元。

3.1.1.2 多介质生物陶粒

农村污水生态处理技术中，使用普通填料陶粒存在原料成本高、堆积密度大、脱氮效果差等问题，多介质生物陶粒以具有高氨氮吸附性能的新型人工分子筛为主要原料，以粉煤灰、黏土、锯木屑和碳酸钙等为辅料，同时兼具了高吸附氨氮性能、堆积密度小且价格低廉等特点。与普通陶粒相比，一方面，多介质生物陶粒堆积密度小，仅相当于轻质粉煤灰陶粒（1.3cm³/g）的 1/2，减少了其在装置中单位体积的填充量，在节省成本的同时，增加了装置的有效容积，有利于延长使用寿命。另一方面，多介质生物陶粒的比表面积在 6.2～6.6m²/g 之间，为普通页岩生物陶粒的（4.1m²/g）的 1.5～1.6 倍，可提供更多的吸附点位。而且，多介质生物陶粒金属铁和 Fe_3C 丰度高，具有显著的原电池效应，可生成大量的 $Fe(OH)_2$ 和 $Fe(OH)_3$，促进氨氮的硝化反应，提高原电池阳极氧化氨氮的能力，从而提高了多介质陶粒的脱氮效能。

多介质生物陶粒 SEM 如图 3-1 所示，多介质生物陶粒成品如图 3-2 所示。

(a) 1#材料表面

(b) 1#材料内部

(c) 2#材料表面

图 3-1

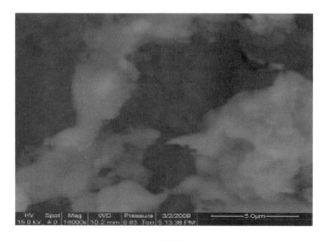

(d) 2#材料内部

(e) 3#材料表面

(f) 3#材料内部

图 3-1　多介质生物陶粒 SEM 图

(a)

(b)

图 3-2　多介质生物陶粒成品

3.1.1.3　多介质复合功能材料

以多介质陶粒和工业固体废物烧结法赤泥等单一填料为主要原料，充分发挥多介质陶粒的高吸附氨氮性能和赤泥的高吸附除磷性能，成功制备具有高效同步脱氮除磷功能的多介质复合功能材料，解决了农村污水生态处理中使用的单一填料成本高、生物亲和性不强、难以实现同步脱氮除磷等问题。在多介质复合功能材料制备过程中，除了有多介质陶粒和工业固体废物烧结法赤泥等单一填料，还添加了农作物残留物秸秆、市政污水处理厂的污泥等。通过将市政生活污水厂的剩余污泥处理后作为填料的辅料，充分利用其含有的大量有机质和营养成分，为填料表面的微生物生长提供丰富的有机质和微量元素；同时，复合填料中添加秸秆作为补充碳源提高污水中的碳氮比，提高了人工湿地对低碳氮比污水的处理效果。实验结果表明，多介质复合功能材料对 TP、TN 的平均去除率为 87% 和 70%，而粗砂等普通填料对 TP、TN 的平均去除率仅为 54% 和 40%，复合填料对 TP、TN 的去除率明显优于粗砂等普通填料。

3.1.2 多介质生态系统防堵塞技术

多介质生态处理系统运行关键瓶颈之一是堵塞问题。堵塞会引起湿地漫流或处理效率降低。若处理系统直接与农户相连，可能还会引起农户下水管网排水不畅，甚至回灌的现象。笔者经过多年现场规模化试验及大样本调查，发现多介质生态床前段沉积的较大的有机颗粒物及后段累积的细小无机颗粒物是引起系统堵塞的主要原因（图 3-3）。

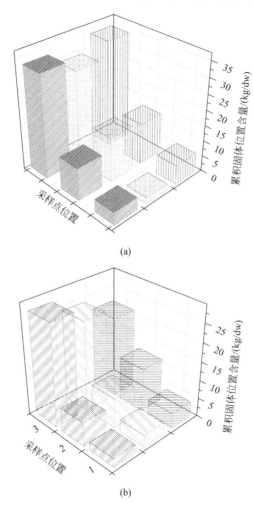

(a)

(b)

图 3-3　累积颗粒物在湿地中的分布规律（dw 指水深断面）

3.1.2.1 有机颗粒物沉淀及降解高效预处理系统

大颗粒有机物具有易沉淀、易降解的特性，利用大颗粒特性设置了有机颗粒物的沉降及降解高效预处理系统。装置内部由隔墙分隔为两个单元；第一单元用于过滤及发酵大块的颗粒物；第二单元用于过滤及发酵小块颗粒物。第二单元分隔为上下两层，并设溢流管防止填料堵塞，保证水流畅通。从预处理效果来看，预处理装置能够大幅度截流污水中的颗粒物，有效削减污水 COD_{Cr}，改善进水稳定性，解决了污水处理生态工程的前段的涌水及堵塞现象，具体装置如图 3-4 所示。

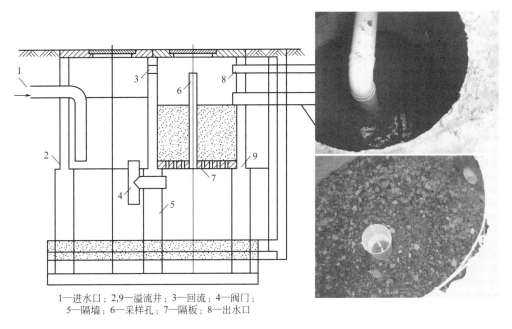

1—进水口；2,9—溢流井；3—回流；4—阀门；
5—隔墙；6—采样孔；7—隔板；8—出水口

图 3-4　高效预处理系统

3.1.2.2　无机颗粒物堵塞及控制技术

利用多介质生态床后段无机颗粒物质量轻、颗粒小的特征，开发了内嵌式双管进水结构及深层布水装置，本技术垂直上升和下降两种运行方式耦合，设置上层和底层多个阀门，通过调整阀门开关，实现多介质生态床运行方式的调控。通过间歇式改变水力流向，使累积在填料间隙内的颗粒物沉于系统的底部或随水流带到填料表层，显著缓解了无机颗粒物堵塞问题。粒径筛分曲线及堵塞前后水力停留时间的变化见图 3-5。

3.1.3　多介质生态冬季保温技术

针对冬季系统散热快，进水温度低引起的系统处理效率差的瓶颈性问题，以单位面积最小散热量为主要目标，改良了处理系统的结构，优化了冬季低温系统的运行方式，以农村常见有机废弃物为主要原料实现了无动力系统增温，系统出水在冬季低温时一级 B 稳定达标排放。

3.1.3.1　发明了冬季湿地运行的保温措施，降低了湿地的散热系数

可变流湿地可以根据外界具体的气温变化通过布水管道的调节，进行水平流湿地与垂直流湿地的相互转化，低温时将可变流湿地调节为水平流，进水直接进入填料内部，避免了垂直流湿地表面布水散热量大的缺点；通过调节不同高度分控阀控制水位形成冰层-空气层-保温层，从而减少气温对处理系统的影响，保证了低温条件下，系统能够持续稳定运行[4]。

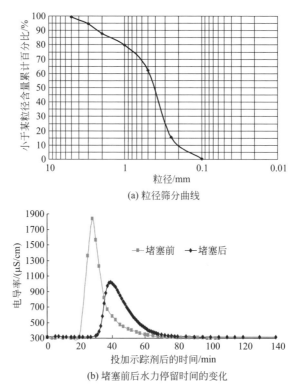

(a) 粒径筛分曲线

(b) 堵塞前后水力停留时间的变化

图 3-5　粒径筛分曲线及堵塞前后水力停留时间的变化

构建了处理系统散热模型，低温条件下通过将垂直流调节为水平流、建立冰层-空气层-保温层大大减小了湿地表面的散热系数，依据传热学及热工理论，通过科学的监测手段及方法，科学计算出了湿地在冬季低温条件下各个部位的散热量，提出了以单位面积最小散热量为主要目标的可变流保温结构，与传统处理系统相比，该系统散热量可减小 20％左右[5]。

3.1.3.2　冬季低温湿地无动力的增温装置

农村生活污水处理装置以水生植物、粪便及餐厨垃圾好氧堆肥及产热技术进行保温增温，将畜禽粪便的无害化和微生物代谢产热持续供暖有机结合，有效地解决污水处理装置低温条件下运行处理效果差的问题。将畜禽粪便和作物秸秆按照最大可持续产热比例进行均匀混合，调节混合物料的含水率到 50％～60％、每隔 1～2m 预留宽 0.2m 高度与混合物高度一致的通风槽等进行混合物料发酵，将微生物新陈代谢产生的热量通过合理的结构设计[6]（如增大传热面积、减小传热厚度、选用传热系数大的材料等）进行传热，为污水处理装置进行保温增温[7]。

3.1.4　分散型生活污水分质回用及水质安全保障技术

利用高效分子筛及生物陶粒填料系统开发了分散型生活污水分质回用一体化装置，结合农灌、养殖、景观用水等多质回用的集成技术，解决了农村生活污水处理后排水回用率低、病原菌等出水超标引起的环境卫生与安全问题，利用生态法去除了病原菌，保障了水资源的高质安全回用。

3.1.4.1 污水分区脱氮除磷及分质高效回用技术

针对农村分散型生活污水有机物浓度高、瞬时负荷大等特点，开发了有机污染物高效去除技术，利用堆积学原理，通过优化填料级配使填料孔隙度增大至 65%，有机物氧化区石灰石的粒径为 30～60mm，有机物氧化区的长度为整个处理装置总长度的 10%。种植根系发达的大型挺水植物，强化了大气复氧及植物根系释氧作用，设置石灰石、分子筛、土壤等混合填料，为好氧及兼性微生物提供了良好的生长环境，提高了微生物的活性及净化效能。经过有机污染物净化区后，出水满足农业灌溉用水标准。多介质填料孔隙度及 XRD 图如图 3-6 所示。

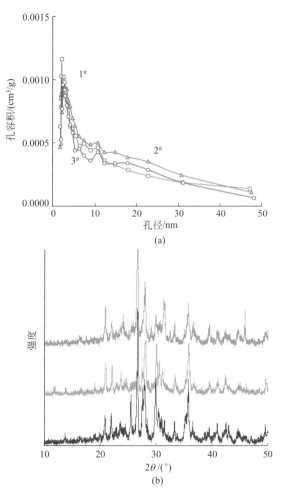

图 3-6 多介质填料孔隙度及 XRD 图

1#、2#、3#—石灰石、分子筛、土壤填料不同配比

污水具有氮磷浓度高、去除效率低、出水难以满足景观水回用要求的问题，采用分区域的脱氮除磷技术，通过填料的优化配置，将系统分为氨氮氧化区、氮还原区及磷去

除区 3 个功能区。氨氮氧化区内按质量比 1:1 装填有沸石与石灰石，沸石和石灰石的粒径为 15～30mm，氨氮氧化区的长度为整个处理装置总长度的 20%。氮还原区内装填有石灰石，其粒径为 15～30mm，氮还原区的长度为整个处理装置总长度的 50%。磷去除区的填料为粒径 30～60mm 的多介质生物陶粒，磷去除区的长度为整个处理装置总长度的 20%。氮磷吸附动力学曲线如图 3-7 所示。

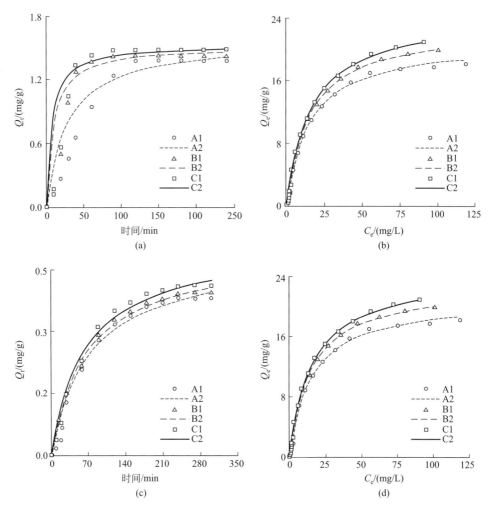

图 3-7　氮磷吸附动力学曲线

A—氨氮氧化区；B—氮还原区；C—磷去除区；1、2—不同的样品

3.1.4.2　太阳能辅助高效去除农村分散型生活污水中病原菌技术

污水中病原菌的有效去除是保障农村饮用水安全的重要问题之一。本技术采用水平推流式潜流型人工湿地，进行农村分散型生活污水中病原菌技术研究。通过多介质填料、水生植物、运行条件等关键参数的选择，强化了人工湿地中填料吸附、原生动物捕食和微生物厌氧灭活等过程，提高了湿地对生活污水中病原菌的去除效果，系统构建了人工湿地高效去除农村分散型生活污水中病原菌的装置。通过在复合人工湿地中两级潜流人工湿地的连接处设置太阳能辅助消毒区域，引导生活污水依次流入沉砂池；含有石

灰石和炉渣的一级潜流人工湿地，停留时间≥1.0h；太阳能辅助消毒池，停留时间≥1.5h；含有石灰石和沸石的二级潜流人工湿地，停留时间≥3.0h，强化了污水净化效果，保证了出水水质稳定和安全回用。利用该技术，农村分散型生活污水中病原菌去除率达到96%以上（图3-8），显著提高了污水净化效果，有效解决了污水安全回用问题，可省略后续灭菌深度处理装置，节约建设成本，提高处理效率。

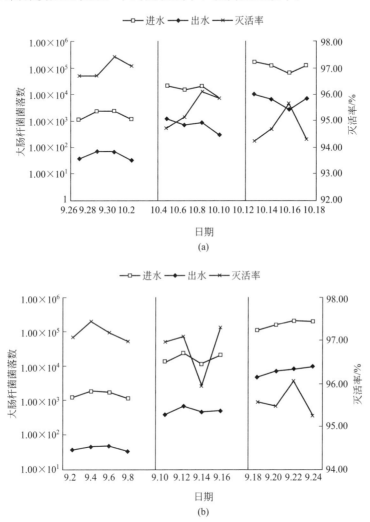

图 3-8　多介质系统对病原菌的去除效率

3.2　多介质生态床农村生活污水处理设备

我国农村生活污染源普遍呈总体分散、局部组团式分布及组团内水量小等特点，依据我国农村分散型生活污水的特点，结合现有50多项技术，因地制宜地研制了单户庭院景观式（1～10人）、小型分散式（10～100人）和分散式（100～2000人）3类处理装备（图3-9），实现了系统出水的稳定达标排放。

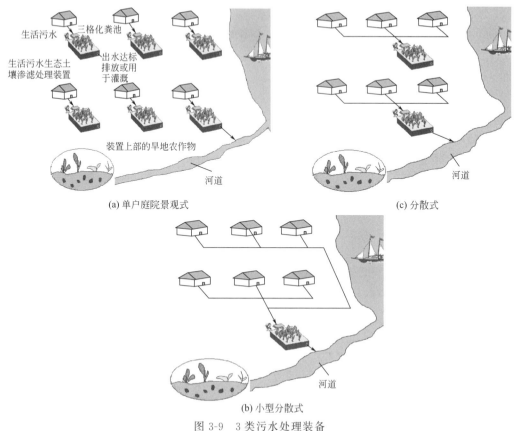

图 3-9　3 类污水处理装备

3.2.1　单户庭院景观化处理装备

针对单户型污水水量微小，污染物浓度、瞬时水力负荷及污染负荷大的特点，以专利化粪池——人工湿地农村生活污水庭院式景观化处理装置为设计依据，结合多介质生态床的防堵塞技术研究，系统研发了单户庭院景观化农村生活污水处理装备。庭院景观化人工湿地采用新型复合多介质基质配方，具有良好的水力传导性能，孔隙率达60%～65%，并能够有效附着微生物为其提供良好的生长环境，结合分子筛、粉煤灰等介孔材料的独特性能和合理极配，显著提高了湿地脱氮除磷能力，增大了系统的有效容积。如图3-10所示，单户庭院景观化生活污水处理装备的前端预处理装置位于地下，占地面积不足 $0.5m^2$，分区设计的化粪池能够有效截留 90% 以上的颗粒物，削减污水 COD_{Cr} 达 30%，保证了冬季低温稳定运行。该装备主体的人工湿地长 2m，宽 1.5m，湿地地面以上种植水生花卉或水生蔬菜，既美化景观、涵养水分，又起到污水处理的目的。处理装备总占地面积不足 $1m^2$，可以实现全自动长期稳定运行，且无动力消耗，建设成本仅为 800～1000 元/户，服务人口 1～10 人，适合农村单户生活污水的就地处理，

(a)

(b)

(c)

(d)

图 3-10　单户庭院式景观化处理装备实景图

污水中 COD_{Cr} 的去除率达到 85%～95%、NH_3-N 和 TP 去除率分别高达 90%～98% 和 90%～99%，处理后的出水达到一级 B 排放标准，可直接回用于农灌，实现了农村单户生活污水的深度处理和资源化。

3.2.2 小型分散式生活污水处理装备

由于几户或多户联合处理污水具有水量小，氮磷浓度高的特点，宜使用 2～30 户的小型分散型农村生活污水深度处理装备。以专利装备散户型生活排水生态处理的装置为设计基础，结合多介质生态处理技术的工艺优化，达到出水要求。

如图 3-11 所示，该装备由厌氧过滤槽、散水增氧槽和地下渗滤床串联组成。厌氧过滤槽填充孔径为 1～10mm 立体网状大孔填料，能够截留大量固体，散水增氧槽的散水富氧功能，能有效提高微生物活性和毛管渗滤的效率。地下渗滤重力过滤段引入"砖墙式"嵌套填充 5～10mm 的渗滤层，有效解决了传统生态化处理装置占地面积大、处理效率低等问题。装置最大处理能力为 $4m^3/d$。地下渗滤床占地面积设计为 $1.44m^3$，厌氧过滤槽和散水增氧槽为紧凑设计，占地面积为 $0.4m^2$，小型分散式污水处理装置总占地面积仅为 $3～5m^2$，是普通污水处理装置占地面积的 1/4。同时，该装备引入以工业弃物粉煤灰，农业废物生物质为原料烧结制成的多介质滤料，能够有效附着微生物，提高单位面积氮磷去除效率，污水总氮去除率达到 86%～90%，总磷去除率高达 90%～95%，处理后的生活污水能够达到一级 B 的排放标准。此外，多介质滤料透水性好，价格低廉，每立方米成本仅为 0.08 元，节约建设成本 40%。

3.2.3 分散式生活污水处理装备

针对相对集中的村落污水排放量较大，污染负荷高，用地紧张的特点，开发了微动力式深度脱氮除磷组合式处理装置。本装备由一体化厌氧、好氧生物反应器、多介质渗滤床和多介质人工湿地依次串联构成（图 3-12），氮磷去除率高，处理效果稳定，占地面积小，通过引入新型多介质滤料，合理配比、优化控制，实现了农村生活污水深度处理及资源化利用。

该装备生物反应器的厌氧单元设有防止污泥流失的三相分离器，好氧单元填充立体网状浮动床填料，在微动力条件下间歇运行，泥水无需回流，节省运行成本，在一个反应单元内实现同步硝化-反硝化脱氮，并大量富集聚磷菌，从而高效去除污水中的有机物、氨氮和总磷。多介质渗滤床由 2～4 个多介质快速滤槽和 1 个沉淀配水槽组成。多介质渗滤床的引入，使污水依次流经散水滤网、多介质功能陶粒滤料层、20～30cm 厚粒径大于 5cm 水洗钢渣层和 20～30cm 厚粒径小于 5cm 水洗钢渣层的过程中得以进一步净化，有效截留污水中的悬浮物和总磷，解决了湿地长期运行易于堵塞的问题。处理后的污水中颗粒物削减 90% 以上，COD_{Cr} 削减 70%，总磷和总氮去除率达到 85% 和 80%。多介质人工湿地床基质的良好吸附性能、植物的高效吸收作用以及微生物氧化还原作用，能够实现总氮、总磷和有机物的深度去除，处理后的出水可以达到四类水的

(a)

(b)

(c)

(d)

图 3-11　小型分散式处理装置实景图

(a)

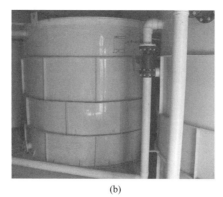

(b)

(c)

(d)

图 3-12 分散式生活污水处理装备施工与实景图

标准。

该装备在微动力运行情况下，将厌氧、好氧、多介质渗滤和人工湿地生态处理技术优化集成，优势互补，在微动力曝气、无泥水回流、不投加药剂的情况下，通过多介质生态协同处理过程，使村镇生活污水处理周期比常规方法缩短 3～5d，生态处理装置中微生物活性有较大幅度的提高，有效提高污水脱氮除磷能力。在生物滤池和人工湿地中引入新型多介质填料，不仅实现了工艺优化组合，更是节约了建设用地。该装备适用于 10～200t 规模的村镇生活污水深度脱氮除磷及资源化利用，服务农户 30～500 户，辐射人口达到 2000 人，利用微动力散户型处理装备每年可节约能耗 50％，削减污水 COD_{Cr} 达 90％～95％，削减 TN 和 TP 分别为 85％～90％ 和 90％～95％，占地面积仅为传统生态系统面积的 1/4。

参 考 文 献

[1] 高雄厚，杜晓辉. 介孔分子筛材料合成的研究进展 [J]. 石油科学通报，2016，1 (1)：164-170.
[2] 祝淑芳，倪文，张铭金，等. 介孔分子筛材料合成及应用研究的现状及进展 [J]. 岩石矿物学杂志，2006 (4)：327-334.
[3] 潘宝明，沈今川，侯书恩. 分子筛材料的研究现状和趋势 [J]. 地质科技情报，1998 (1)：74-79.
[4] 王锦彪，杨立中，张列宇，等. 猪粪与秸秆协同发酵产热及溶解性有机质的转化特征 [J]. 环境科学研究，2013 (2).
[5] 商静静. 人工湿地冬季水质净化效果研究及减排绩效评估 [D]. 济南：山东建筑大学，2017.
[6] 于鲁冀，柏义生，陈涛，等. 保温措施对潜流人工湿地运行效果的影响 [J]. 水处理技术，2016，42 (6)：102-105.
[7] 谭月臣，姜冰冰，洪剑明. 北方地区潜流人工湿地冬季保温措施的研究 [J]. 环境科学学报，2012，32 (7)：1653-1661.

第4章 深型土壤渗滤系统污水处理技术的应用

我国是一个农业大国，土壤营养成分是人们关注的重点。氮是农药、化肥的重要组成元素。而近年来，由于农药和化肥的大量使用，已造成了地表浅层土壤及地下水氮污染。氮在土壤中主要以5种化学形态存在，即氨态氮（NH_4^+-N）、硝态氮（NO_3^--N）、亚硝态氮（NO_2^--N）、有机态氮和气态氮。在土壤中氮素的迁移转化主要包括吸附作用、矿化作用、硝化作用和反硝化作用。氮素在土壤中经各种迁移转化作用后，主要以硝态氮的形态存在，其中，硝化作用是硝态氮的主要来源，而反硝化作用能够减弱其污染程度。但是，硝化作用与反硝化作用的不平衡，即土壤中反硝化作用的不足，极易造成土壤剖面中大量残留硝态氮，从而导致土壤污染和地下水污染。

磷作为农作物重要的必需营养元素，是动植物生长、繁殖不可缺少的营养元素。据了解，我国有74%的耕地土壤缺磷。磷肥的当季利用率一般只有10%～20%。外界输入土壤渗滤系统的污水主要为生活污水和生产污水，其中磷的主要赋存形态为可溶态的磷酸根离子，因而称为可溶态磷。磷在土壤中的迁移转化机理主要包括吸附作用和沉淀作用，土壤中无机磷的分级方法采用中国科学院南京土壤研究所顾益初等的"石灰性土壤无机磷分级的测定方法"，该方法将土壤中磷的类型划分为 Ca_2-P、Ca_8-P、Al-P、Fe-P、O-P 和 Ca_{10}-P，为磷在土壤中的形态转化的研究提供了可能。可溶态磷（W-P）在土壤中经过吸附作用变为吸附态磷，可溶态磷和吸附态磷在碱性土壤中可以很快地生成微沉淀态的 Ca_2-P，Ca_2-P 在土壤中继续生成较难溶的 Ca_8-P，难溶的 Ca_8-P 进一步生成沉淀态的 Ca_{10}-P。而在酸性土壤中，可溶态磷（W-P）和吸附态磷还可以沉淀生成 Fe-P 和 Al-P；此外，土壤无机磷还包括闭蓄态磷（O-P），由于这种类型的磷极难参与化学反应，通常不予考虑，因而磷在土壤中有效性的固定（衰减）被认为是土壤磷养分退化的一个重要原因。目前国内外分别对土壤中氮、磷的迁移转化已有大量文献报道，氮的研究内容涉及：氮素运移、转化规律及模拟模型研究；碳源是制约生物脱氮效率的重要因素；硝化作用和反硝化作用是土壤中氮素迁移转化的两个重要过程，主要受土壤类型、有机质含量、含氮量、温度、pH值以及湿度等诸多因素的影响。磷的研究内容包括：不同的土地利用方式对土壤中磷素的固定和释放机制作用影响；土壤的黏粒含量、饱和导水率对于氨态氮和速效磷的出流影响很大，旱地土壤深0.5～1.5m处的土壤磷含量为0.045～0.628mg/L，但在水田的土壤溶液磷含量极低，不超过0.02mg/L，磷素在土壤中的垂直迁移距离可达1.1m；在停留时间较长和水力负荷率较低的运行条件下，深1.3m以下的土壤及其中溶液的磷含量能处于安全水平。磷加入红壤后，有效磷迅速下降，但明显分为两个阶段：第一阶段从加磷开始（0时）到3h，有效磷迅速下降，而从3h后一直到60d，衰减速度渐减，呈曲线下降，其他供试验土壤的衰减均有类似规律；第二阶段土壤对磷运移有强烈的阻滞作用，其阻滞因子均大于1，富含碳酸钙和黏粒的土壤，去除碳酸钙后阻滞因子减小，说明碳酸钙是土壤中与磷反应的主要基质。对氮、磷两者的共同研究有：湿地生态系统中，土壤中的氮、磷元素是系统中极其重要的生态因子，并显著影响该系统的生产力；土壤-植被-生物系统的物理交换和吸附作用、吸收和过滤作用、微生物的降解和沉淀作用对水体污染物特别是氮、磷的吸收去除作用十分明显，施磷有利于植物对氮的吸收。但是，对于土壤中磷与氮素相互作用的研究尚处空白，基于上述研究成果提出这样的假设：反硝化作为脱氮的限制步骤，因其厌氧条件通常发生在深层土壤中，而由于浅层土壤对磷强烈的吸附截留作用使得深层土壤中缺乏微生物所必需的磷营养元素，从而抑制了反硝化菌的活性、限制了反硝化过程，造成土壤的脱氮效果不理想。

土壤渗滤系统（soil infiltration system）也叫土壤含水层处理（soil aquifer treatment，SAT），是一种良好的就地污水处理技术[1]。其原理就是利用环境工程技术和生态学过程，将污水投入扩散性能良好并具有一定构造的土壤层中，在土壤渗滤和毛细管浸润作用下，利用土壤的物理作用、化学作用和生物作用净化功能，使污水中的有机物、氮、磷等污染物质得以转化和利用，从而实现污水的再生与循环利用。

4.1 深型地下土壤渗滤系统对生活污水净化效果及机理

4.1.1 不同水力负荷条件下污水净化效果

传统研究认为地下土壤渗滤系统对污染物有很好的去除效果，尤其是在磷及有机物的去除方面；但是在氮的去除方面稍显不足，尤其是在硝态氮的去除方面。本部分主要讨论在深度为2.0m的有机玻璃柱内，水力负荷分别为4cm/d、8cm/d及10cm/d的条件下对污水的净化效果。

土柱装填完成后，为了避免土壤中有机质及氮淋溶出来对出水水质造成影响，在运行前进水为自来水，直到出水水质 TN<1mg/L，COD<10mg/L，TP<0.01mg/L；待出水水质稳定后，整个实验正式开始，启动时间为30d，实验运行时间为100d，共运行130d。

4.1.1.1 采用的水质标准

实验处理出水对照指标采用《城镇污水处理厂污染物排放标准》（GB 18918—2002），具体指标如表4-1所列。

4.1.1.2 不同水力负荷条件下的出水水质

如图4-1所示，由测量数据可知，在水力负荷分别为4cm/d、8cm/d及10cm/d的条件下，深型土壤渗滤系统对COD去除率分别为97.47%、95.86%及93.58%；对

NH_4^+-N 去除率分别为 99.21%、99.77% 及 98.99%；对 TN 去除率分别为 87.62%、83.68% 及 77.04%；对 TP 去除率分别为 99.98%、99.98% 及 99.96%。

表 4-1　部分基本控制指标

COD/(mg/L)	GB 18918—2002	
	一级 A	一级 B
	50	60
TN/(mg/L)	15	20
NH_4^+-N/(mg/L)	5(8)	8(15)
TP/(mg/L)	0.5	1.0

注：括号外数值为水温>12℃时的控制指标；括号内数值为水温≤12℃时的控制指标。

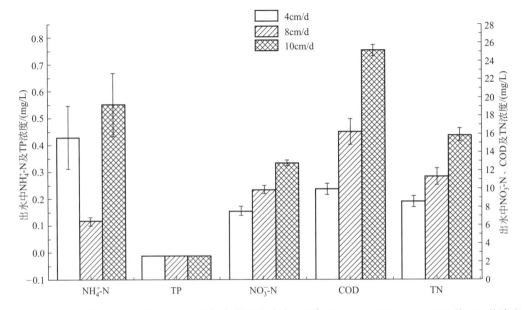

图 4-1　在 4cm/d、8cm/d 及 10cm/d 运行条件下出水中 NH_4^+-N、TP、NO_3^--N、COD 及 TN 的浓度

通过统计学分析可知，除了 NH_4^+-N 及 TP 的出水浓度随水力负荷的变化无显著差异性外（$p>0.05$），其他指标在水力负荷不同的情况下均有显著性差异。出水中 COD 和 TN 的浓度均随着水力负荷的升高而增加。

出水中各指标的浓度与《城镇污水处理厂污染物排放标准》（GB 18918—2002）比较发现，即使是在 10cm/d 的运行条件下出水中基本控制指标 COD、NH_4^+-N、TN 及 TP 等也达到了一级 A 标准。出于系统运行时间及占地面积两方面考虑，水力负荷 8cm/d 为最佳的运行条件。

4.1.1.3　小结

① 在地下土壤渗滤系统中，出水中 COD、TN 及 NO_3^--N 的浓度随着水力负荷的提高而不断增加，出水中 NH_4^+-N 的浓度在 8cm/d 的运行条件下最低，而 TP 的出水浓度则与水力负荷无太大关系。通过统计学分析发现出水中 NH_4^+-N 浓度及 TP 浓度在不同水力负荷条件下并无显著性差异（$p>0.05$）。

② 在 4cm/d、8cm/d 及 10cm/d 的运行条件下，出水中基本控制指标 COD、NH_4^+-N、TN 及 TP 等均达到了一级 A 标准，出于系统运行时间及占地面积两方面考虑，水力负荷 8cm/d 为最佳的运行条件。

4.1.2 不同水力负荷条件下氮的去除机理研究

实验的目的是考察氮在地下土壤渗滤系统的迁移转化规律，进一步明确脱氮的机理。为了满足反硝化反应所需要的缺氧环境条件，实验过程中采用深度为 2.0m 的有机玻璃柱模拟地下土壤渗滤系统。实验分别在 4cm/d、8cm/d 及 10cm/d 3 个水力负荷条件下运行。

土柱装填完成后，为了避免土壤中有机质及氮淋溶出来对出水水质造成影响，在运行前进水为自来水，直到出水水质 TN<1mg/L、COD<10mg/L、TP<0.01mg/L。

启动时间为 30d，实验运行时间为 150d，共运行 180d。

4.1.2.1 土壤吸附 NH_4^+-N 实验

分别称取不同含水率的 I、II、III、IV 4 类过 60 目筛的土壤各 5g 于 100mL 具塞离心管中，加入 50mL 用氯化铵（分析纯）配制的 NH_4^+-N 浓度分别为 10mg/L、20mg/L、40mg/L、80mg/L、100mg/L、150mg/L、200mg/L、250mg/L、300mg/L、400mg/L 及 500mg/L 的氯化铵溶液；为了避免微生物对其影响，加入 3 滴甲苯并加塞，在恒温振荡器中振荡 24h 后（振速为 160r/min），经过 3600r/min 离心机离心 10min 后；取上清液并过滤，以上实验均做 2 组平行实验，以平行实验平均值为计算值。NH_4^+-N 含量采用纳氏试剂法比色测定。

利用 Langmuir 和 Freundlich 等温吸附模型对实验结果进行拟合，不同深度的土壤对 NH_4^+-N 的吸附方程如表 4-2 所列。从拟合结果来看，Langmuir 等温吸附模型能更好地拟合实验土壤对 NH_4^+-N 的吸附。根据 Langmuir 模型可知各土壤对 NH_4^+-N 的饱和吸附容量分别为：$q_{mI}=0.37mg/g$，$q_{mII}=0.33mg/g$，$q_{mIII}=0.31mg/g$，$q_{mIV}=0.39mg/g$。0～50cm 土壤对 NH_4^+-N 的最大吸附量为 17.39g，50～100cm 土壤对 NH_4^+-N 的最大吸附量为 16.17g，100～150cm 土壤对 NH_4^+-N 的最大吸附量为 15.19g，150～200cm 土壤对 NH_4^+-N 的最大吸附量为 20.28g。

表 4-2 不同土壤对 NH_4^+-N 的吸附等温线拟合方程

拟合模型	土壤编号	拟合方程	函数说明	相关系数(R^2)
Langmuir	I	$y=2.7004x+139.59$	$y=C_e/q_e$	0.99
	II	$y=3.0629x+87.659$	$x=C_e$	0.94
	III	$y=3.2215x+82.605$	C_e 为平衡浓度；	0.95
	IV	$y=2.5676x+158.02$	q_e 为平衡吸附量	0.97
Freundlich	I	$y=0.6699x-1.8764$	$y=\ln q_e$	0.89
	II	$y=0.5950x-1.6747$	$x=\ln C_e$	0.90
	III	$y=0.4991x-1.5485$	C_e 为平衡浓度；	0.89
	IV	$y=0.7402x-2.0024$	q_e 为平衡吸附量	0.91

4.1.2.2 水力负荷为 10cm/d

在 10cm/d 的运行条件下取得了较好的氮去除效果，出水 TN 浓度、NH_4^+-N 浓度及 NO_3^--N 浓度分别为 15.89mg/L、0.65mg/L 及 12.78mg/L，其中 TN 及 NH_4^+-N 的去除率分别达到了 77.04% 和 98.98%。从图 4-2 中可以看出，随着土柱深度的增加，NH_4^+-N 浓度及 TN 浓度均不断降低；NH_4^+-N 在 1.30m 处去除率达到了 93.01%，基本完全被去除。NO_3^--N 浓度先增加而后逐渐降低，在 1.30m 处达到最大值 32.13mg/L。为了更好地讨论氮在地下土壤渗滤系统中的变化规律，将整个土柱分为 0～1.30m 及 1.30m～2.00m 两个部分讨论。

（1）0～1.30m 土柱区域

根据前人的研究结果，在地下土壤渗滤系统上部主要进行硝化反应，从进水管至采样点 1（深度为 0.30～0.55m）这部分土壤中硝化反应进行得并不是很好，这是因为在这部分土壤中有机物浓度较高，限制了硝化细菌的活性。而在 NO_3^--N 浓度逐渐增加，NH_4^+-N 浓度逐渐减少的过程中，TN 浓度也在不断减少；平均大约有 52.82% 的氮元素在此过程中损失。造成这部分氮元素减少的原因有以下 4 种。

① NH_4^+-N 挥发。

② 土壤吸附。

③ 发生了同时硝化-反硝化反应。

④ 发生了其他既可以降低 TN 浓度又可以增加 NO_3^--N 浓度的反应，如以 NH_4^+-N 为电子供体、以 NO_2^--N 为电子受体的厌氧氨氧化反应。

测得各采样点出水 pH 值在 7.17～7.86 之间，表明几乎所有的 NH_4^+-N 是以离子形式存在的，不可能通过挥发去除，除非温度超过 40℃（实测实验室温度为 15～27℃），因此不可能是 NH_4^+-N 挥发。

由图 4-2 可知，在区域 1.05～1.30m 之间 TN 浓度降低了 11.69mg/L，假设这部分氮是由于吸附作用被去除的，那么在整个实验过程中需要被吸附的 NH_4^+-N 的量约为 12.38g，计算过程如下：

$$10 \times 3.14 \times 15^2 \times 150 \times 11.69 \times 10^{-6} = 12.38 \ （g）$$

根据前面的吸附实验可知，在 1.05～1.30m 之间的土壤的饱和吸附量为 7.55g，小于 12.38g，因此 NH_4^+-N 浓度降至最低时的位置会向土柱深处移动；但是由图 4-3 可知 NH_4^+-N 浓度均是在采样点 4 处降至最低，随着运行时间的延长并没有向土柱深处移动，因此土壤吸附也被排除。

随着土柱深度的增加，系统内的溶解氧浓度逐渐降低，硝化反应的速率也会逐渐降低。如图 4-2 所示：土柱深度在 1.05～1.30m 之间 NH_4^+-N 平均浓度从 21.16mg/L 降低至 4.48mg/L，NO_3^--N 浓度从 27.46mg/L 增加至 32.13mg/L；而土柱深度在 0.80～1.05m 之间 NH_4^+-N 平均浓度从 28.05mg/L 降低至 21.16mg/L，NO_3^--N 浓度从 25.07mg/L 增加至 27.46mg/L；可以看出随着深度的增加 NO_3^--N 浓度增加的速率不仅没有降低反而升高，因此土柱深度在 1.05～1.30m 之间的 NH_4^+-N 浓度降低不可能完全是因为硝化反应。因此同时硝化-反硝化反应也被排除。

在 1.30m 以上的区域可能发生了以 NH_4^+-N 为电子供体、以 NO_2^--N 为电子受体的厌氧氨氧化反应。反应如下：

$$NH_4^+ + 1.5O_2 \xrightarrow{微生物} NO_2^- + H_2O + 2H^+$$

$$NH_4^+ + 1.32NO_2^- + H^+ \xrightarrow{微生物} 1.02N_2 + 0.26NO_3^- + 2H_2O$$

总的反应为：$NH_4^+ + 0.85O_2 \xrightarrow{微生物} 0.13NO_3^- + 0.44N_2 + 1.3H_2O + 1.4H^+$

前人研究证明土壤中存在许多与周围环境状况不同的微环境，即在好氧大环境中存在厌氧微环境，而在厌氧大环境中又存在着好氧微环境，因此硝化反应与厌氧氨氧化反应同时发生的环境条件得到满足。另外，根据图 4-2 中 NO_2^--N 浓度的沿程变化趋势可

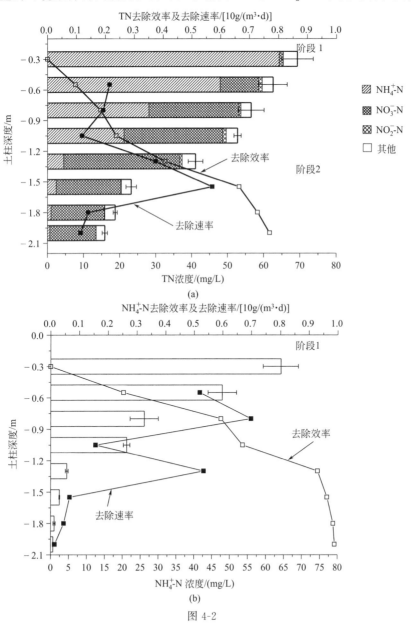

图 4-2

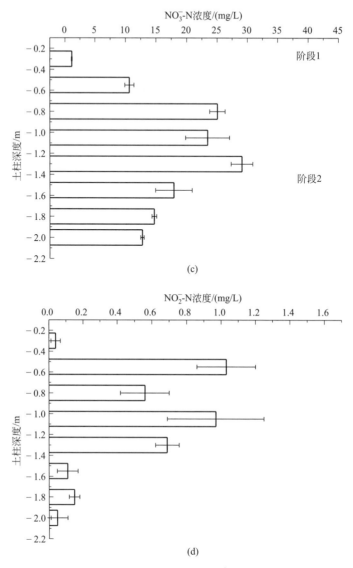

图 4-2 在 10cm/d 的运行条件下 TN、NH_4^+-N、NO_3^--N 及 NO_2^--N
沿土柱深度变化规律

以看出，土柱深度在 0.55～1.30m 之间的 NO_2^--N 平均浓度为 0.81mg/L，而且浓度变化比较剧烈，这说明硝化过程中产生了较多的 NO_2^--N，而且产生的 NO_2^--N 由于及时被利用没有大量积累。所以在 1.30m 以上的区域很可能发生了如上述方程所示的反应，但是这需要进一步从微生物的角度来研究。

（2）1.30～2.00m 土柱区域

由图 4-2 可知，在土柱区域 1.30～2.00m 之间超过 90% 的氮以 NO_3^--N 形式存在，因此该区域的脱氮方式主要是反硝化过程，但是根据传统观念在此处能被生物降解的有机物基本已经消耗殆尽，反硝化反应应该由于缺少碳源而无法顺利进行；但是根据实验结果可知，反硝化反应并没有受到限制，而是进行得很好，因此在研究氮转化规律的同时有必要观察有机物的转化规律。

综上所述在 10cm/d 的运行条件下有 65.43％氮通过硝化-反硝化反应去除。

4.1.2.3 水力负荷为 8cm/d

在 8cm/d 的运行条件下取得了较好的氮去除效果，出水 TN 浓度、NH_4^+-N 浓度及 NO_3^--N 浓度分别为 11.30mg/L、0.15mg/L 及 9.88mg/L，其中 TN 及 NH_4^+-N 的去除率分别达到了 83.68％和 99.77％。从图 4-3 中可以看出，随着土柱深度的增加，NH_4^+-N 浓度及 TN 浓度均不断降低；NO_3^--N 浓度也是先增加而后逐渐降低，在 1.30m 处达到最大。因此在 8cm/d 的运行条件下也将土柱系统分为 0～1.30m 及 1.30～2.00m 两个部分讨论。

（1）0～1.30m 土柱区域

由图 4-3 可知，在 0～1.30m 的区域 TN 浓度由 69.22mg/L 降低为 42.61mg/L，约有 38.44％的氮在此区域被去除。根据前文的讨论可知此部分氮也可能是在以下 4 种作用下去除的。

① NH_4^+-N 挥发。

② 土壤吸附。

③ 发生了同时硝化-反硝化反应。

④ 发生了其他既可以降低 TN 浓度又可以增加 NO_3^--N 浓度的反应，如以 NH_4^+-N 为电子供体以 NO_2^--N 为电子受体的厌氧氨氧化反应。

测得各采样点出水 pH 值在 7.17～7.86 之间，表明几乎所有的 NH_4^+-N 是以离子形式存在的，不可能通过挥发去除，除非温度超过 40℃（实测实验室温度为 15～27℃），因此不可能是 NH_4^+-N 挥发。

由图 4-3 可知，土柱深度在 1.05～1.30m 之间 TN 浓度降低了 10.47mg/L；假设这部分氮是由于吸附作用被去除的，那么在整个实验过程中需要被吸附的 NH_4^+-N 的量约为 8.88g，计算过程如下：

$$8 \times 3.14 \times 15^2 \times 150 \times 10.47 \times 10^{-6} = 8.88(g)$$

根据前面的吸附实验可知，在 1.05～1.30m 之间的土壤的饱和吸附量为 7.55g＜8.88g；因此 NH_4^+-N 浓度降至最低时的位置会向土柱深处移动；但是由图 4-3 可知 NH_4^+-N 浓度均是在采样点 4 处降至最低，随着运行时间的延长并没有向土柱深处移动，因此土壤吸附也被排除。

随着土柱深度的增加，系统内的溶解氧浓度逐渐降低，硝化反应的速率也会逐渐降低。如图 4-3 所示：土柱深度在 1.05～1.30m 之间 NH_4^+-N 平均浓度从 20.03mg/L 降低至 0.52mg/L，NO_3^--N 浓度从 31.05mg/L 增加至 39.82mg/L；而土柱深度在 0.80～1.05m 之间 NH_4^+-N 平均浓度从 30.67mg/L 降低至 20.03mg/L，NO_3^--N 浓度从 26.62mg/L 增加至 31.05mg/L；可以看出随着深度的增加 NO_3^--N 浓度增加的速度不仅没有降低反而升高。因此土柱深度在 1.05～1.30m 之间的 NH_4^+-N 浓度降低不可能完全是因为硝化反应。因此同时硝化-反硝化反应也被排除。

因此可知在水力负荷为 8cm/d 的运行条件下，在 0～1.30m 区域内 TN 的去除也可能是发生了如前述方程所示的反应，但是同样根据目前的研究尚不能确定，需要从微生物角度进行验证。

（2）1.30～2.00m 土柱区域

由图 4-3 可知，土柱深度在 1.30～2.00m 之间超过 90%的氮以 NO_3^--N 形式存在，因此该区域的脱氮方式主要是反硝化过程，同样在水力负荷为 8cm/d 的运行条件下，根据出水中 TN 及 NO_3^--N 的浓度可知，反硝化反应进行得很好，并没有因为碳源的因素而被限制。

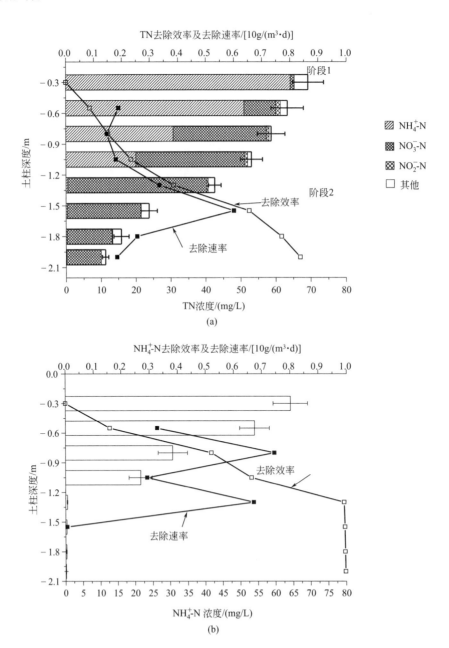

(a)

(b)

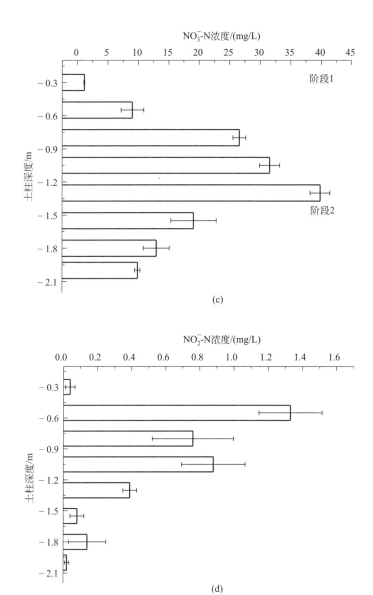

(c)

(d)

图 4-3　在 8cm/d 的运行条件下 TN、NH_4^+-N、NO_3^--N 及 NO_2^--N 沿土柱深度变化规律

综上所述，土柱深度在 0～1.30m 处主要发生了硝化反应，在 1.30～2.00m 范围内主要发生了反硝化反应。在 8cm/d 的运行条件下 68.52% 的氮通过完整的硝化-反硝化反应去除。

4.1.2.4　水力负荷为 4cm/d

在 4cm/d 的运行条件下取得了较好的氮去除效果，出水 TN 浓度、NH_4^+-N 浓度及 NO_3^--N 浓度分别为 8.57mg/L、0.51mg/L 及 7.54mg/L，其中 TN 及 NH_4^+-N 的去除率分别达到了 87.62% 和 99.21%。从图 4-4 中可以看出，随着土柱深度的增加，NH_4^+-N 浓度及 TN 浓度均不断降低；NO_3^--N 浓度也是先增加而后逐渐降低，与 8cm/d 及 10cm/d 的运行条件下相比 NO_3^--N 浓度在 1.05m 处达到最大。这可能是因为，低水力负荷条件下使系统内溶解氧浓度有所升高，增强了硝化细菌的活性，使硝化速率得到提高，降低了完成硝化反应所需要的土壤层深度。反硝化反应主要发生在 1.05～2.00m 的区域，同样在此过程中有机物浓度并没有成为反硝化反应的限制性因素。但是本次运行条件下，在土柱深度 0～1.05m 中有 21.16％的氮被除去，但是这部分氮通过何种途径被去除，需要从微生物的角度继续研究。而在土柱深度 1.05～2.00m 范围内主要发生了反硝化反应。

综上所述，在 4cm/d 的运行条件下，80.55％的氮通过完整的硝化-反硝化反应去除。

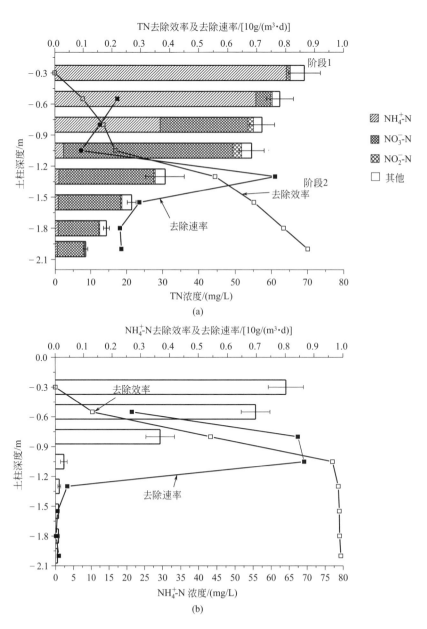

(a)

(b)

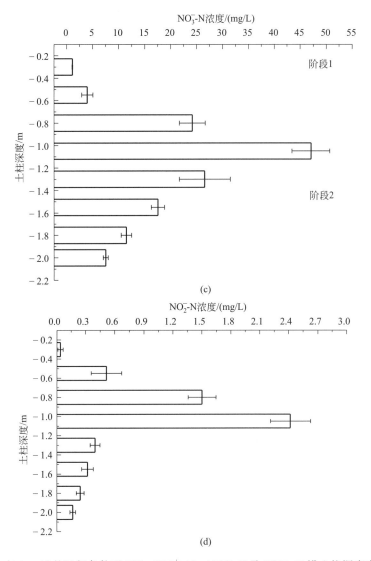

图 4-4 在 4cm/d 的运行条件下 TN、NH$_4^+$-N、NO$_3^-$-N 及 NO$_2^-$-N 沿土柱深度变化规律

4.1.2.5 小结

① 在水力负荷分别为 10cm/d、8cm/d 及 4cm/d 的运行条件下可知污水中的氮主要是在传统的硝化-反硝化反应作用下去除的。但是在不同水力负荷条件下，反硝化反应在脱氮过程中发挥的效能不同。在 10cm/d 的运行条件下，65.43% 氮通过硝化-反硝化反应去除，随着水力负荷的降低，反硝化反应在脱氮过程中所起的作用逐渐增加，在水力负荷为 4cm/d 的条件下，通过硝化-反硝化反应去除的氮增加至 80.55%。而且随着水力负荷的降低，完成硝化反应所需的土壤深度也由 1.30m 减少为 1.05m。

② 根据 8cm/d 及 4cm/d 的运行条件下出水中 TN 及 NO$_3^-$-N 的浓度可知反硝化反应的进行情况，该反应并没有因为有机碳源不足而被限制。因此在后续的实验中深入研

究有机物在反硝化过程中的变化是很有必要的。

4.1.3 有机物在脱氮过程中的变化规律研究

传统观点认为地下土壤渗滤系统中的反硝化反应会由于碳源的缺乏而被限制[2]，但是由以上实验可知，反硝化脱氮过程并没有被限制，尤其是在水力负荷为 8cm/d 及 4cm/d 的运行条件下。因此深入研究在脱氮过程中有机物的变化是很有必要的。

沿地下土壤渗滤系统深度变化，根据系统中溶解氧浓度可以分为好氧区、兼性区及厌氧区。污水中的有机污染物从进水到出水要在上述三个区域的共同作用下使污水得到净化。传统评价该系统有机污染物净化效果的方法一般是利用 COD、BOD 及 TOC 等从污染物进水至出水浓度变化的角度来衡量。很少有人研究沿深度的变化有机污染物的组成及结构的变化规律。尤其是目前广泛认为碳源的缺乏限制了发生在厌氧区的反硝化反应，造成地下土壤渗滤系统的脱氮效率降低，因此在有机物的去除过程中不仅要关心浓度的变化更要关注其组成与结构沿深度的变化。

三维荧光光谱技术（3D-EEM）因操作简单，灵敏度高及对样品无破坏等优点已广泛用于研究溶解性有机物（DOM）的结构；荧光区域一体化分析法（FRI）是一种结合荧光图谱中不同激发-发射波长区域下体积的定量分析法，该方法被广泛用于定量分析荧光图谱及确定 DOM 的结构和组成。但是，目前关于综合利用三维荧光技术及 FRI 分析方法对地下土壤渗滤系统处理污水过程中 DOM 的组成及结构变化规律的研究还鲜有报道。

本节在深度为 2m 的地下土壤渗滤系统中研究污水中有机物在脱氮过程中的变化规律。实验共采用 3 个有机玻璃柱：分别在水力负荷为 8cm/d 和 4cm/d 的运行条件下运行，并且其中一个水力负荷为 8cm/d 的有机玻璃柱顶部用黑色塑料袋密封阻止硝化-反硝化反应的进行，对比研究系统内有机物在反硝化过程中的变化；另外两个表面未覆盖；综合利用传统 COD 法及三维荧光光谱（3D-EEM）并结合 FRI 分析方法探究是否发生反硝化反应的地下土壤渗滤系统中 DOM 的组成及转化规律。本部分实验运行时间为 100d，其中启动时间为 30d。

4.1.3.1 在水力负荷 8cm/d 且表面被覆盖的条件下氮的转化规律

传统观点认为，地下土壤渗滤系统中脱氮的主要方式是硝化-反硝化反应，硝化反应需要在好氧环境内进行，反硝化反应需要在厌氧环境内进行。但是如果系统表面被覆盖，硝化反应可能会由于氧气不足而被限制，进一步导致反硝化反应被抑制，因此在表面被覆盖的系统内将可能不会发生反硝化反应。

氮元素在该系统中的转化如图 4-5 所示，$NO_3^- -N$ 及 $NO_2^- -N$ 在系统中的浓度一直维持在较低的水平，随着运行时间的延长，$NH_4^+ -N$ 降低需要的土壤深度在不断地增加；如 4 月 16 日 $NH_4^+ -N$ 浓度在距离进水管 1.00m（采样点 4）的深度降至 1.01mg/L，而在 4 月 26 日 $NH_4^+ -N$ 浓度在距离进水管 1.25m（采样点 5）的深度降至

1.25mg/L；因此，在该系统中，TN 的降低可能是由于土壤对 NH_4^+-N 的吸附作用。从图 4-6 中 5 月 17 日中 NH_4^+-N 浓度的变化可以看出采样点 5 以上的土壤对 NH_4^+-N 的吸附基本达到饱和。从运行之日开始至 5 月 17 日，进入系统中的 NH_4^+-N 量为 39.00g，随净化后的污水流出的 NH_4^+-N 量为 0.20g，大约 38.80g 的 NH_4^+-N 需要被采样点 5 以上（深度为 1.55m）的土壤吸附。根据土壤吸附实验可知，进水口（深度为 0.3m）和采样点 5（深度为 1.55m）之间的土壤的理论最大吸附量为 38.40g。因此，系统中的氮元素主要是通过土壤吸附作用去除的。这可能是因为，系统顶部被包裹，造成系统内溶解氧过低，限制了硝化反应的进行，进而阻止了反硝化反应的进行。

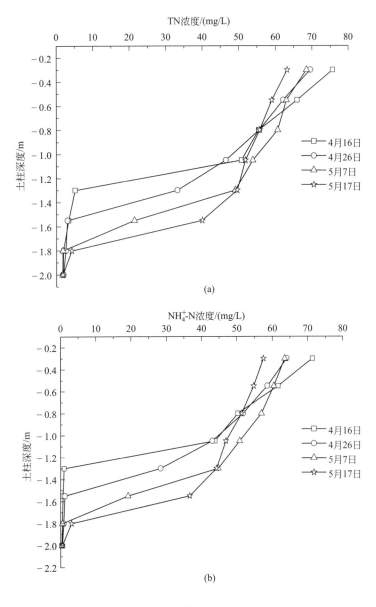

图 4-5

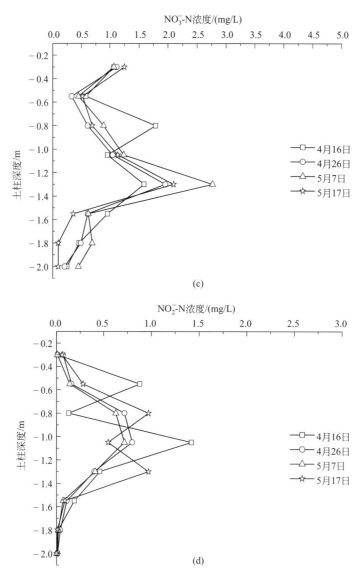

图 4-5　8cm/d 顶部覆盖土柱中 TN、NH_4^+-N、NO_3^--N 及 NO_2^--N
沿土柱深度变化规律

实验证明在顶部被覆盖的系统中，确实没有发生硝化-反硝化反应，因此将该系统作为对照，研究在反硝化过程中有机物的变化是可行的。

4.1.3.2　未进行反硝化反应过程中有机物的变化规律

（1）COD 的变化规律

在表面覆盖 8cm/d 条件下 COD 浓度沿土柱深度变化规律如图 4-6 所示。

由图 4-6 可知，有机物在该系统内的去除速率逐渐降低，其速率由进水处的 $53g/(m^3 \cdot d)$ 降至出水处的 $2.5g/(m^3 \cdot d)$。从图 4-6 中可以看出，在表面被覆盖的厌氧条件下该系统仍具有有机物去除的能力，但是对有机物的去除效率较低，仅有 70%

左右；其中大部分的有机物在土壤深度 0.55m 以上，这可能是因为进水中携带的少许溶解氧被土壤内的微生物更好地利用，造成大部分有机物被去除。为了更好地讨论有机物在该系统内的变化，采用三维荧光图谱法研究有机物组成的变化。

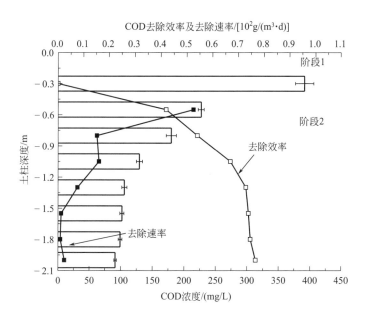

图 4-6　在表面覆盖 8cm/d 条件下 COD 浓度沿土柱深度变化规律

（2）有机物的荧光图谱变化规律

在 8cm/d 且表面被覆盖的运行条件下各采样点水样中溶解性有机物的 3D-EEMs 图谱如书后彩图 1 所示。从彩图 1 中可以看出，共有 5 种荧光峰出现，其中 B、S 及 T 峰均属于类蛋白峰，M 峰为类腐植酸峰，A 峰为类富里酸峰。根据前人的研究，不同位置的荧光峰代表不同的物质，其中 B 峰为以分子或者氨基酸、蛋白质等形式存在的酪氨酸类物质，S 峰为以分子或者多肽、蛋白质等形式的色氨酸类物质，T 峰为溶解性微生物副产物，M 峰及 A 峰分别与腐植酸类及富里酸类物质有关。

由书后彩图 1 可知，并不是每一个水样都呈现出上述 5 种荧光峰，在不同土柱深度，水样所包含的荧光峰的种类也不同，具体如表 4-3 所列：进水中只有 3 种类蛋白峰出现，0.55m 及 0.80m 处分别出现类腐植酸峰和类富里酸峰。1.80m 处类蛋白峰 B 消失，至出水处类蛋白峰 S 也消失。0.80~1.55m 处荧光峰的种类相同，5 种荧光峰同时出现，至出水处仅剩类蛋白峰 T、类腐植酸峰及类富里酸峰。前人的研究认为三维荧光图谱中，类蛋白峰与微生物活性有关，代表了不稳定的及微生物副产物等易降解有机物，而类富里酸峰及类腐植酸峰则代表了难降解有机物。这与邓欢欢的研究结果一致：在有机物浓度不断降低的过程中，有机物的组成由易降解有机物（如类蛋白质类物质）转变为难降解有机物（如类腐植酸类及类富里酸类物质）。为了更好地理解荧光强度与有机物组成之间的关系，荧光区域一体化（FRI）分析法被用于实验。

表 4-3 不同深度处 DOM 的组成

水样	类蛋白峰/nm			类腐植酸峰 (M)/nm	类富里酸峰 (A)/nm
	类酪氨酸(B)	类色氨酸(S)	副产物(T)		
进水	220/305	220/335	285/320	—	—
0.55m	225/295	230/345	275/340	275/340	—
0.80m	225/295	230/345	275/340	325/410	240/430
1.05m	225/295	230/345	275/340	320/405	240/435
1.30m	230/305	235/345	275/340	320/405	240/410
1.55m	230/300	230/345	275/340	315/400	245/430
1.80m	—	235/350	275/345	315/405	245/425
2.00m	—	—	275/345	315/410	250/430

注：表中的数字为"E_x/E_m"，代表荧不峰所在的位置；"—"代表该峰没有出现。

在研究 DOM 变化规律的过程中，三维荧光技术与 FRI 分析法结合是一种很有价值的研究工具，运用 FRI 分析法分析三维荧光图谱可以很容易地得出 DOM 的变化规律。杨长明等曾采用荧光峰位置分析法研究在污水处理过程中 DOM 的转化规律，但是有时荧光峰中心所在位置不容易确定，进而限制了该方法的应用。

FRI 分析法是一种利用所有与波长密切相关的荧光强度数据进行的定量分析法，该方法可以全面揭示 DOM 的结构以及其异质性。根据 Chen 等的研究，依据波长的不同将 3D-EEM 图谱划分为 5 个区域。区域 Ⅰ 和 Ⅱ 是指位于激发波长＜250nm，发射波长＜380nm 的荧光峰，该区域代表与简单的芳香族蛋白质有关的物质，如酪氨酸及色氨酸等；区域 Ⅲ 是指位于激发波长在 200～250nm，发射波长＞380nm 的荧光峰，该区域代表富里酸类物质；区域 Ⅳ 是指位于激发波长在 250～280nm，发射波长＜380nm 的荧光峰，该区域代表可溶解性微生物副产物；区域 Ⅴ 是指位于激发波长＞280nm，发射波长＞380nm 的荧光峰，该区域代表腐植酸类物质（书后彩图 2）。

每个区域在三维荧光图谱下的体积的集合，标准化为单位 DOC 浓度下对应区域的投影面积，最终得到能反映每个区域荧光强度的特有参数（$P_{i,n}$）。具体计算方法如下所示。

三维荧光光谱中区域 i 的体积 Φ_i 可用下式计算：

$$\Phi_i = \int_{ex}\int_{em} I(\lambda_{ex}\lambda_{em})d\lambda_{ex}d\lambda_{em}$$

对于离散数据，Φ_i 可用下式计算：

$$\Phi_i = \sum_{ex}\sum_{em} I(\lambda_{ex}\lambda_{em})\Delta\lambda_{ex}\Delta\lambda_{em}$$

式中　$\Delta\lambda_{ex}$——激发波长间隔，5nm；

　　　$\Delta\lambda_{em}$——发射波长间隔，5nm；

　　$I(\lambda_{ex}/\lambda_{em})$——光谱图中每个区域的荧光强度。

尽管对荧光光谱进行了校正，但是它们并不能解释更长激发波长中一些不明显的激发发射响应或合成扩展的肩形峰。通过规范 Φ_i 到相对局部区域，我们可以减少不同

EEM 区域肩形峰对整体的影响。规范化的激发-发射区域的体积（$\Phi_{i,n}$，$\Phi_{T,n}$）以及代表荧光百分比例的 $P_{i,n}$ 用下式计算：

$$\Phi_{i,n} = MF_i \Phi_i = MF_i \iint_{\text{ex em}} (\lambda_{\text{ex}} \lambda_{\text{em}}) d\lambda_{\text{ex}} d\lambda_{\text{em}}$$

$$\Phi_{T,n} = \sum_{i=} \Phi_{i,n}$$

$$P_{i,n} = (\Phi_{i,n} / \Phi_{T,n}) \times 100\%$$

式中　MF_i——乘法因素，等于激发发射各部分区域面积所占份数的倒数。

实验中对于 Φ_i 的计算采用离散型，根据前人的研究，区域Ⅰ、Ⅱ和Ⅳ代表了易降解有机物，而区域Ⅲ和Ⅴ则与难降解有机物有关。P_h/P_p 被用来指示微生物的易降解程度，P_h/P_p 值越低表示有机物越容易被降解；其中 P_h 表示 $P_{i,\text{Ⅲ}}$ 和 $P_{i,\text{Ⅴ}}$ 之和，而 P_p 则表示 $P_{i,\text{Ⅰ}}$、$P_{i,\text{Ⅱ}}$ 及 $P_{i,\text{Ⅳ}}$ 之和。

表 4-4　在表面覆盖 8cm/d 条件下不同深度处 DOM 的 $P_{i,n}$ 值分布表

样品	区域Ⅰ	区域Ⅱ	区域Ⅲ	区域Ⅳ	区域Ⅴ	P_h/P_p[①]
进水	0.4401	0.2929	0.1063	0.146	0.0148	0.1378
0.55m	0.3022	0.2903	0.1309	0.2153	0.0612	0.2378
0.80m	0.2985	0.2883	0.1728	0.1394	0.1011	0.3772
1.05m	0.262	0.2816	0.1932	0.1595	0.1037	0.4223
1.30m	0.226	0.2718	0.2072	0.1853	0.1097	0.4639
1.55m	0.2262	0.2778	0.2188	0.1636	0.1136	0.4979
1.80m	0.1952	0.276	0.2297	0.183	0.1161	0.5286
2.00m	0.1658	0.2558	0.2346	0.2105	0.1333	0.5820

① $P_h/P_p = \sum \text{Ⅲ} + \text{Ⅴ} / \sum \text{Ⅰ} + \text{Ⅱ} + \text{Ⅳ}$。

取自不同深度的 DOM 的 $P_{i,n}$ 值如表 4-4 所列，由表 4-4 可知在进水及 0.55m 深处 DOM 中 $P_{i,n}$ 值最高的为区域Ⅰ，表明进水及 0.55m 深处 DOM 中主要组成为酪氨酸类物质；随着深度的增加，区域Ⅰ及Ⅱ的 $P_{i,n}$ 值不断降低，至出水处区域Ⅴ的 $P_{i,n}$ 值增加最多，表明随着深度的增加有机物逐渐由易降解有机物转变为难降解有机物；这与书后彩图 2 中描述的各荧光峰所在的区域一致：在有机污染物净化过程中，不仅浓度降低，其稳定性也在不断增强。与直接观察荧光峰所在的位置相比，FRI 分析方法可以更准确地描述 3D-EEM 图中所包含的荧光信息。

4.1.3.3　在 8cm/d 条件下反硝化过程中有机物的变化规律

（1）COD 的变化规律（图 4-7）

如图 4-7 所示，根据 COD 去除速率的不同其去除过程可以分为 3 个阶段。

阶段 1：0～0.55m　大约有 47.47% 的 COD 在这个区域内被去除，这可能是因为在该区域内溶解氧比较充足。这与认为易降解有机物一般在上层土壤内去除的传统观点一致。

阶段 2：0.55～1.30m　仅有 25.13% 的 COD 在此区域内去除，而且去除速率也由原来的 59.49g/(m³·d) 降至 6.43g/(m³·d)。这可能是因为随着土柱深度的增加溶

解氧浓度逐渐降低而且易降解有机物已基本在上层土壤被分解。

阶段3：1.30～2.00m　在该区域内出现了一个令人费解的现象，COD去除速率由原来的6.43g/(m³·d)增加至17.71g/(m³·d)。

造成这个现象的原因有两个：a.土壤吸附；b.微生物降解。

与图4-7对比发现，在表面被覆盖的系统内（即没有发生反硝化反应的系统内），在1.30～2.00m区域内COD并没有大的变化，土壤吸附的原因被排除。因此在1.30～2.00m区域内COD的降低可能是因为作为反硝化的碳源而被利用。

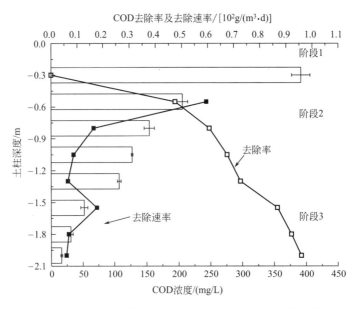

图4-7　在8cm/d条件下COD浓度沿土柱深度变化规律

土柱深度在1.30～2.00m区域内，COD浓度降低了91.06mg/L，TN浓度降低了31.31mg/L，因此在本次研究中反硝化过程中去除单位质量的氮所需的COD量大约为3.0mgCOD/mgTN，低于前人的研究结果3.5～4.5mgCOD/mgTN，可能的原因是难降解的有机物不能完全被氧化剂氧化造成所测的COD偏低，并且这部分有机物作为碳源在反硝化过程中被利用。但是从COD的变化仅能说明有机物总量的变化，有机物的具体转化过程依然是个"黑箱"。因此，在后续的研究中需要运用其他手段进一步研究有机物的变化。

（2）有机物的荧光图谱变化规律（书后彩图3）

在8cm/d且表面未被覆盖的运行条件下各采样点水样中溶解性有机物的3D-EEMs图谱如书后彩图3所示。在此运行条件下也出现了以上实验中提到的5种荧光峰。在不同深度，水样所包含的荧光峰的种类也不同，具体如表4-5所列。进水中只有3种类蛋白峰出现，0.55m处出现类腐植酸峰，1.05m处出现类富里酸峰；1.30m处类蛋白峰B及S消失仅剩T峰，并出现了类富里酸；而在1.55m处类蛋白峰S再次出现，其他峰不变，至出水处仅剩类蛋白峰T、类腐植酸峰及类富里酸峰。这可能是因为反硝化过程中难降解有机物被利用的缘故。

表 4-5 在 8cm/d 且表面未覆盖条件下不同深度处 DOM 的组成

水样	类蛋白峰/nm			类腐植酸峰（M）/nm	类富里酸峰（A）/nm
	类酪氨酸（B）	类色氨酸（S）	副产物（T）		
进水	220/305	220/335	285/320	—	—
0.55m	225/295	225/335	275/340	275/400	—
0.80m	225/295	230/340	275/340	275/400	—
1.05m	—	235/350	275/340	320/405	240/435
1.30m	—	—	275/335	320/405	250/440
1.55m	—	230/345	275/335	315/405	240/410
1.80m	—	—	275/340	320/410	250/435
2.00m	—	—	275/345	315/405	255/440

注：表中的数字为"E_x/E_m"代表荧光峰所在的位置；"—"代表该峰没有出现。

在 8cm/d 条件下根据特定的激发及发射波长划分的荧光图谱的 5 个区域见书后彩图 4。

从表 4-6 中可以看出，随着深度的增加 P_h/P_p 值不断增大，但是，土柱深度在 1.30～1.55m 区域内，该比值反而随着深度的增加而减小。在 1.30m 处 P_h/P_p 是 0.5540，这表明有机物主要是由难降解有机物组成，在 1.55m 处 P_h/P_p 降至 0.4613。这也就是说在难降解有机物所占比例不断增加的趋势下，土柱深度在 1.30～1.55m 范围内是降低的。由之前的内容可知，在 8cm/d 表面未覆盖的运行条件下，1.30m 处是反硝化反应开始发生的位置。因此此处难降解有机物浓度的降低是由于反硝化反应的进行，而且反硝化反应对难降解有机物的利用过程是：难降解有机物首先转化为易降解有机物，然后才能被利用；难降解有机物并不能直接被反硝化微生物利用；这与 Nakhla 和 Farooq 的研究一致。

表 4-6 在表面未覆盖 8cm/d 条件下不同深度处 DOM 的 $P_{i,n}$ 值分布表

样品	区域 I	区域 II	区域 III	区域 IV	区域 V	P_h/P_p[①]
进水	0.4401	0.2929	0.1063	0.1460	0.0148	0.1378
0.55m	0.3484	0.3252	0.1273	0.1602	0.0389	0.1993
0.80m	0.2877	0.2996	0.1242	0.2396	0.0489	0.2093
1.05m	0.1807	0.2425	0.1873	0.2693	0.1202	0.4440
1.30m	0.1757	0.2360	0.2227	0.2318	0.1338	0.5540
1.55m	0.2390	0.2719	0.2102	0.1734	0.1055	0.4613
1.80m	0.1787	0.2550	0.2230	0.2184	0.1249	0.5335
2.00m	0.1522	0.2449	0.2312	0.2137	0.1581	0.6374

① $P_h/P_p = \sum III + V / \sum I + II + IV$。

4.1.3.4 在 4cm/d 条件下反硝化过程中有机物的变化规律

（1）COD 的变化规律（图 4-8）

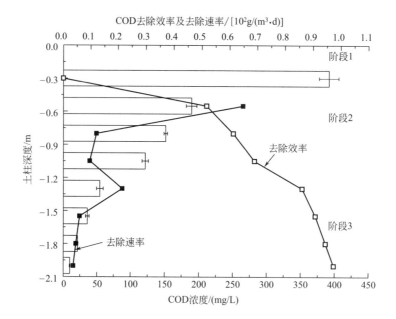

图 4-8　在 4cm/d 且表面未覆盖条件下 COD 浓度沿土柱深度变化规律

在实验的运行条件下 COD 的变化趋势与 8cm/d 表面未覆盖的运行条件下相同，也可以分为 3 个阶段。

阶段 1：由于溶解氧充足而使有机物快速降解的阶段。

阶段 2：由于溶解氧浓度的逐渐降低，COD 去除速率而逐渐降低的阶段。

阶段 3：由于反硝化反应的进行，而使 COD 去除速率再次上升的阶段。

与 8cm/d 的运行条件不同，在 4cm/d 的运行条件下，反硝化反应发生的位置由深度 1.30m 提高到了 1.05m。这主要是因为水力负荷降低，硝化反应的进行需要的土壤深度降低。

在 1.05～2.00m 区域内，反硝化过程中去除单位质量的氮所需的 COD 量大约为 2.6mgCOD/mgTN，低于前人的研究结果 3.5～4.5mgCOD/mgTN。因此在实验的反硝化过程中同样有难降解有机物被利用。

（2）有机物的荧光图谱变化规律（书后彩图 5）

在 4cm/d 的运行条件下各采样点水样中溶解性有机物的 3D-EEMs 图谱如书后彩图 5 所示。不同深度处的水样中出现的荧光峰不同，具体如表 4-7 所列。进水中只有 3 种类蛋白峰出现，0.55m 处出现类腐植酸峰，0.80m 处类蛋白峰 B 及 S 消失仅剩 T 峰，并出现了类富里酸峰，1.05m 处荧光峰的种类与 0.80m 处相同，1.30m、1.55m 及 1.80m 处类蛋白峰 S 再次出现，其他峰不变，至出水处仅剩类蛋白峰 T、类腐植酸峰及类富里酸峰。

与 8cm/d 表面覆盖的运行条件下相同酪氨酸类物质、色氨酸类物质及溶解性微生物副产物（区域Ⅰ、Ⅱ及Ⅳ）所占的比例随着深度的增加不断减少，富里酸类物质及腐植酸类物质（区域Ⅲ和Ⅴ）则随着深度的增加不断增加。因此在有机污染物净化过程中，不仅浓度降低，其稳定性也在不断增强。在 1.05m 处 DOM 中的富里酸类物质及腐植酸类物质（区域Ⅲ和Ⅴ）所占的比例减少，在 1.30m 处腐植酸类物质所占的比例继续减少，而蛋白质类物质（区域Ⅱ及Ⅳ）在 1.30m 处有所增加，（区域Ⅱ）在 1.55m 处继续增加。这表明在该系统中部分富里酸类及腐植酸类难降解有机物在反硝化过程中可以转化为易降解的蛋白质类物质然后被微生物利用。

表 4-7　在表面未覆盖 4cm/d 条件下不同深度处 DOM 的组成

水样	类蛋白峰/nm			类腐植酸峰 (M)/nm	类富里酸峰 (A)/nm
	类酪氨酸(B)	类色氨酸(S)	副产物(T)		
进水	220/305	220/335	285/320	—	—
0.55m	225/305	225/335	275/340	310/405	—
0.80m	—	—	275/345	325/410	250/425
1.05m	—	—	275/335	320/405	250/425
1.30m	—	235/345	275/335	320/405	245/425
1.55m	—	235/350	275/340	315/400	245/420
1.80m	—	235/350	275/345	315/405	245/425
2.00m	—	—	275/345	315/410	250/430

注：表中数字为"E_x/E_m"代表荧光峰所在的位置；"—"代表该峰没有出现。

在表面未覆盖 4cm/d 条件下根据特定的激发及发射波长划分的荧光图谱的 5 个区域见书后彩图 6。

在表面未覆盖 4cm/d 条件下不同深度处 DOM 的 $P_{i,n}$ 值分布如表 4-8 所列。

表 4-8　在表面未覆盖 4cm/d 条件下不同深度处 DOM 的 $P_{i,n}$ 值分布表

样品	区域Ⅰ	区域Ⅱ	区域Ⅲ	区域Ⅳ	区域Ⅴ	P_h/P_p[①]
进水	0.4401	0.2929	0.1063	0.146	0.0148	0.1378
0.55m	0.3022	0.2963	0.1309	0.2093	0.0612	0.2378
0.80m	0.1965	0.2165	0.2083	0.2449	0.1337	0.5198
1.05m	0.1830	0.2005	0.2273	0.2338	0.1454	0.6038
1.30m	0.2135	0.2289	0.2113	0.2292	0.1171	0.4890
1.55m	0.1991	0.2332	0.2457	0.2025	0.1195	0.5753
1.80m	0.1652	0.246	0.2497	0.203	0.1361	0.6281
2.00m	0.1458	0.2057	0.2648	0.2105	0.1732	0.7794

① $P_h/P_p = \sum Ⅲ+Ⅴ/\sum Ⅰ+Ⅱ+Ⅳ$。

4.1.3.5　小结

① 地下土壤渗滤系统水样中有机物主要的荧光峰为类蛋白峰、类富里酸峰及类腐植酸峰，不同深度水样中有机物主要组成物质不同，进水及 0.50m 深处的有机物主要由类蛋白质组成，而其余有机物中占主导地位的物质是类腐植酸。进水及 0.50m 深处的类蛋白峰主要由酪氨酸类物质、色氨酸类物质及溶解性微生物副产物组成；0.80m、

1.05m 深处及出水的类蛋白峰主要由溶解性微生物副产物组成；1.30m、1.55m 及 1.80m 深处的类蛋白峰主要由色氨酸类物质及溶解性微生物副产物组成。

② 随地下土壤渗滤系统深度的增加荧光峰总的变化趋势为：类蛋白峰强度逐渐减弱，类富里酸及类腐植酸峰强度逐渐增强，即污水中的溶解性有机物的稳定性逐渐增强。有机物稳定性参数 P_h/P_p 值的变化表明，地下土壤渗滤系统不仅可以显著降低有机物浓度，而且可以提高出水有机物的稳定性。

③ 综合运用传统 COD 法及三维荧光图谱法研究在是否发生反硝化反应时有机物的变化趋势发现，在地下土壤渗滤系统内有机物稳定性参数 P_h/P_p 值在反硝化反应过程中有一个先降低而后又升高的变化，这可能是因为在反硝化过程中有机物被进一步利用。

4.1.4 结论

本节在分析现有地下土壤渗滤系统技术现状的基础上，利用高度为 2.0m 的有机玻璃柱模拟深型地下土壤渗滤系统进行实验。先后进行了启动试验和运行因素控制试验，考察了深型地下土壤渗滤系统的运行状况和运行过程中污水中氮浓度及有机物浓度的变化趋势。通过研究得出以下结论。

① 在深型地下土壤渗滤系统中，在 4cm/d、8cm/d 及 10cm/d 的运行条件下，出水中基本控制指标 COD、NH_4^+-N、TN 及 TP 等均达到了一级 A 标准，随着水力负荷的逐渐增大，出水中 COD、TN 及 NO_3^--N 的浓度不断增加，出水中 NH_4^+-N 的浓度在 8cm/d 的运行条件下最低，而 TP 的出水浓度则与水力负荷无太大关系。通过统计学分析发现出水中 NH_4^+-N 浓度及 TP 浓度在不同水力负荷条件下并无显著性差异（$p >$ 0.05）。

② 污水中的氮主要是在传统的硝化-反硝化反应的作用下去除的。但是在不同水力负荷条件下，两种反应在脱氮过程中发挥的作用不同。随着水力负荷的降低，反硝化反应在脱氮过程中所起的作用逐渐增加。而且随着水力负荷的降低，完成硝化反应所需的土壤深度也由 1.30m 减少为 1.05m。在反硝化脱氮过程中，反硝化反应进行得比较完全，并没有因为缺少碳源而被限制。

③ 地下土壤渗滤系统水样中有机物主要的荧光峰为类蛋白峰、类富里酸峰及类腐植酸峰，不同深度水样中有机物主要组成物质不同，进水及 0.50m 深处的有机物主要由类蛋白质组成，而其余有机物中占主导地位的物质是类腐植酸。随地下土壤渗滤系统深度的增加荧光峰总的变化趋势为：类蛋白峰强度逐渐减弱，类富里酸及类腐植酸峰强度逐渐增强；即污水中的溶解性有机物的稳定性逐渐增强。有机物稳定性参数 P_h/P_p 值的变化表明，地下土壤渗滤系统不仅可以显著降低有机物浓度，而且可以提高出水有机物的稳定性。对比研究在是否发生反硝化反应的系统中有机物的变化趋势发现，在地下土壤渗滤系统内反硝化反应过程中可以利用难降解有机物为其提供反应所需的碳源。但是难降解有机物并不是直接被利用，而是先转化为易降解的色氨酸类物质，然后才被微生物利用。

4.2 磷对深型土壤渗滤系统中氮的迁移转化作用机制

4.2.1 土壤背景值的测定

4.2.1.1 土壤中水分与有机质含量的测定

土壤自然含水率的测定采用烘箱法：称样品10g（精确到0.01g），放入已知重量的铝盒中，放入烘箱，在105~110℃下烘至恒重（约6h），取出后放入干燥器内冷却，一般冷却20min即可。从干燥器内取出铝盒，盖好盒盖，称重，精确至0.01g。

以风干土或自然湿土为基数的水分百分数：

$$W = \frac{g_1 - g_2}{g_1 - g_0} \times 100$$

式中 W——含水量，%；

$\quad g_0$——铝盒重，g；

$\quad g_1$——铝盒重+湿样品重，g；

$\quad g_2$——铝盒重+烘干样品重，g。

土壤有机质的测定采用灼烧法：称取风干土样（通过2mm筛孔）2~10g，置烘箱内保温105℃烘干8h。冷却后，从中称取约5.00g于石英坩埚（或磁坩埚）内，置马弗炉中保温400℃灼烧8h。用坩埚钳取出坩埚，移至干燥器内冷却。准确称重，二次质量之差即土壤中有机质的质量。

结果计算：

$$土壤有机质(\%) = \frac{有机质(g) \times 100}{烘干土重(g)}$$

计算得各层土壤自然含水率和有机质含量如表4-9所列。

表 4-9 土壤含水率及有机质含量

装填位置	编号	含水率/%	有机质含量/(mg/g)
0~50cm	I	0.268	0.077
50~100cm	II	0.219	0.058
100~150cm	III	0.224	0.019
150~200cm	IV	0.227	0.019

4.2.1.2 土壤氮、磷饱和吸附值的测定

分别采用Langmuir和Freundlich等温吸附实验研究实验地区土壤对氮、磷的吸附效果，初步探讨土壤对氮、磷的吸附机制，方法原理如下。

（1）静态吸附量

静态吸附量Q按如下公式计算：

$$Q = \frac{(\rho_0 - \rho_e)V}{m}$$

式中　V——氮、磷模拟使用液体积，mL；

　　　ρ_0——原氮、磷使用液质量浓度，$\mu g/mL$；

　　　ρ_e——吸附平衡时溶液中的氮、磷质量浓度，$\mu g/mL$；

　　　m——土样质量，g。

（2）等温吸附曲线

1）Langmuir 模型

Langmuir 模型公式如下：

$$Q = \frac{KQ_m\rho}{1 + K\rho}$$

其变形形式为：

$$\frac{\rho}{Q} = \frac{1}{Q_m}\rho + \frac{1}{KQ_m}$$

式中　Q——土壤对氮、磷的吸附量，$\mu g/g$；

　　　Q_m——土壤对氮、磷的理论最大吸附量，$\mu g/g$；

　　　ρ——平衡液中氮、磷质量浓度，$\mu g/mL$；

　　　K——因土壤性质而异的常数。

2）Freundlich 模型

Freundlich 模型公式如下：

$$Q = k\rho^{\frac{1}{n}}$$

其变形形式为：

$$\lg Q = \frac{1}{n}\lg\rho + \lg k$$

式中　Q——土壤对氮、磷的吸附量，$\mu g/g$；

　　　ρ——平衡液中氮、磷质量浓度，$\mu g/mL$；

　　　k——平衡吸附系数；

　　　n——常数。

4.2.1.3　土壤对氮的饱和吸附值的测定

分别称取Ⅰ、Ⅱ、Ⅲ、Ⅳ 4 类过 100 目筛的土壤各 2g 于 100mL 具塞离心管中，加入 50mL 用氯化铵（分析纯）配制的 NH_4^+-N 浓度分别为 10mg/L、40mg/L、80mg/L、100mg/L、200mg/L、300mg/L、500mg/L 的氯化铵（NH_4Cl）溶液，为了避免微生物对其影响而加入 3 滴甲苯并加塞，在恒温振荡器中振荡 24h 后（振速为 160r/min），经过 3600r/min 离心机离心 10min 后，取上清液并过滤。以上实验均做 2 组平行实验，以平行实验均值为计算结果。NH_4^+-N 含量采用纳氏试剂比色法测定。

利用 Langmuir 和 Freundlich 等温吸附模型对实验结果进行拟合，不同深度的土壤对 NH_4^+-N 的吸附方程如表 4-10 所列。从拟合结果来看，Freundlich 等温吸附模型能更好地拟合实验土壤对 NH_4^+-N 的吸附。根据 Langmuir 模型可知各土壤对 NH_4^+-N 的饱和吸附容量分别为：$Q_{mI} = 0.91\text{mg/g}$，$Q_{mII} = 1.43\text{mg/g}$，$Q_{mIII} = 2.00\text{mg/g}$，$Q_{mIV} = 0.63\text{mg/g}$。结合土柱的分层土壤质量，求得：0～50cm 土壤土对 NH_4^+-N 的最大吸附量为 21.21g，50～100cm 土壤土对 NH_4^+-N 的最大吸附量为 34.85g，100～150cm 土壤土对 NH_4^+-N 的最大吸附量为 51.58g，150～200cm 土壤土对 NH_4^+-N 的最大吸附量为 16.69g。

表 4-10 不同土壤深度对 NH_4^+-N 的吸附等温线拟合方程

拟合模型	土壤编号	拟合方程	函数说明	相关系数(R^2)
Langmuir	I	$y = 0.0011x + 0.0359$	$y = \rho_e/Q_e$	0.9888
	II	$y = 0.0007x + 0.0493$	$x = \rho_e$	0.9910
	III	$y = 0.0005x + 0.0544$	ρ_e 为平衡浓度	0.9788
	IV	$y = 0.0016x + 0.0589$	Q_e 为平衡吸附量	0.9798
Freundlich	I	$y = 0.3514x + 2.0674$	$y = \lg Q_e$	0.9893
	II	$y = 0.4041x + 2.0457$	$x = \lg \rho_e$	0.9952
	III	$y = 0.5418x + 1.8418$	ρ_e 为平衡浓度	0.9910
	IV	$y = 0.4214x + 1.7658$	Q_e 为平衡吸附量	0.9960

4.2.1.4 土壤对磷的饱和吸附值的测定

准确称取过 100 目筛的风干土样 2.00g 各 8 份，分别加入磷质量浓度为 0、6mg/L、10mg/L、20mg/L、40mg/L、60mg/L、80mg/L、100mg/mL 的磷模拟使用液 50mL。为防止微生物活动，各锥形瓶中加入 2 滴氯仿。在（25±1）℃下，进行等温吸附实验。采用钼锑抗分光光度法测定磷酸盐浓度。求得平衡溶液中磷的质量浓度ρ_e，据溶液平衡前后磷的浓度差，计算出磷吸附量 Q。利用 Langmuir 和 Freundlich 等温吸附模型对实验结果进行拟合。

表 4-11 磷的等温吸附模型拟合结果

拟合模型	土壤编号	拟合方程	函数说明	相关系数(R^2)
Langmuir	I	$y = 0.0012x + 0.0310$	$y = \rho_e/Q_e$	0.8723
	II	$y = 0.0011x + 0.0202$	$x = \rho_e$	0.9402
	III	$y = 0.0009x + 0.0175$	ρ_e 为平衡浓度	0.9240
	IV	$y = 0.0012x + 0.0503$	Q_e 为平衡吸附量	0.8386
Freundlich	I	$y = 0.4883x + 1.8323$	$y = \lg Q_e$	0.9811
	II	$y = 0.4956x + 1.9636$	$x = \lg \rho_e$	0.9969
	III	$y = 0.5409x + 1.9864$	ρ_e 为平衡浓度	0.9967
	IV	$y = 0.6648x + 1.512$	Q_e 为平衡吸附量	0.9787

利用 Langmuir 和 Freundlich 等温吸附模型对实验结果进行拟合，不同深度的土壤对 P 的吸附方程如表 4-11 所列。从拟合结果来看，Freundlich 等温吸附模型同样能更好地拟合实验土壤对 P 的吸附。根据 Langmuir 模型可知各层土壤对 P 的饱和吸附容量

分别为：$Q_{\mathrm{mI}} = 0.83\mathrm{mg/g}$，$Q_{\mathrm{mII}} = 0.91\mathrm{mg/g}$，$Q_{\mathrm{mIII}} = 1.11\mathrm{mg/g}$，$Q_{\mathrm{mIV}} = 0.83\mathrm{mg/g}$。

结合土柱的分层土壤的体积与装填密度求得每层土壤质量，继续求得对应最大饱和吸附量：0～50cm 土壤对 P 的最大吸附量为 19.35g，50～100cm 土壤对 P 的最大吸附量为 22.18g，100～150cm 土壤对 P 的最大吸附量为 28.63g，150～200cm 土壤对 P 的最大吸附量为 21.99g。

4.2.2 磷在不同负荷下的迁移转化规律

4.2.2.1 土壤渗滤系统中磷素的分类和影响因子

（1）磷的赋存形态

将土壤渗滤系统中的磷分为天然水层中的磷和土壤沉积物中的磷。一般而言，只有水层的间隙水和上覆水中的磷才能被水体中生物直接吸收，当水体中的磷逐渐消耗殆尽时，土壤中的沉积物作为磷的营养储蓄库将磷释放到水层的间隙水中，并通过浓度梯度逐步扩散至上覆水中为生物输送养料。因此，揭示水体和沉积物中磷的赋存形态对研究磷在土壤系统的迁移转化过程至关重要。

1）水层中磷的赋存形态　天然水层包括间隙水和上覆水，磷的来源主要是水体自含的磷矿物（如磷灰石、碳酸钙磷矿等）的侵蚀作用、溶解作用和人类活动的排放（如城市废水、农业灌溉等）。对水层中磷的赋存形态进行归纳总结，整体可分为可溶态活性磷、缩合磷酸盐、可溶态有机磷、颗粒态无机磷、颗粒态有机磷 5 种形态。其中，缩合磷酸盐与可溶态有机磷统称为可溶态非活性磷；可溶态活性磷与缩合磷酸盐称为可溶态无机磷，具体可用图 4-9 表示。自然界中所有磷几乎都是以五价形式存在，五价的磷溶于水层形成正磷酸盐，因而水层中磷最主要的赋存形态是无机磷。随着磷化学研究的不断深入，以物理性质、化学形态以及溶解度作为标尺，根据这个标尺的不同可将水层中的磷分为可溶态磷、颗粒态磷，下面分别进行介绍。

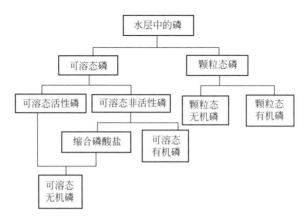

图 4-9　天然水体中磷的赋存形态分类

① 可溶态磷。通过 $0.45\mu\mathrm{m}$ 微孔滤膜后溶解在滤液中的磷称为可溶态磷。通常可

溶态磷可分为可溶态有机磷和可溶态无机磷，可溶态磷作为自然水层中大部分磷的存在形式，一直是地球化学和环境化学领域的研究热点。淡水水体中，又将可溶态磷分为可溶活性态磷和可溶非活性态磷；其中，可溶活性磷是能被藻类等水生生物直接利用的无机磷，而长久以来，由于人们对有机磷不容易被生物利用，以及可溶态有机磷的研究价值不大的错误认识阻遏了其分析测试技术的发展，也限制了人们对地球化学中磷行为的精确认识。事实上，浮游植物不仅可以直接利用水体中的无机磷，而且能够吸收一部分有机磷，其对海洋生态系统的营养补给也可能起到一个关键作用，因而有机磷的重要性应当不容小觑。

② 颗粒态磷。通过 $0.45\mu m$ 微孔滤膜后被截留在滤膜上的磷称为颗粒态磷，这部分磷主要是通过和水体中有机颗粒物结合而形成，因而通常难以被水体中的生物直接吸收利用。颗粒态磷是磷在河口地区和河流系统的主要存在形态，此形态的磷主要结合在生物细胞或者固体颗粒中，前者结合在有机碎屑分子或细胞中，而后者则以矿物相的形式吸附在晶格中或颗粒表面，可分作颗粒态有机磷和颗粒态无机磷两类。虽然当今有关颗粒态磷的研究尚不充分，其化学和生物意义都有待开发，但是，近年来磷以胶体形式存在的新型结合形式越来越受到人们的重视。

2）沉积物中磷的赋存形态 沉积物是磷在土壤中输送、积累和再生的重要场所，对磷的迁移转化过程有着重要的影响。磷在沉积物中的含量水平和分布特征随着氧化还原电位等环境条件的改变而改变，各种磷的存在形态也随之发生一系列迁移转化。因此，研究沉积物中各形态的含量水平和分布特征具有重要意义。针对土壤中磷的赋存形态，国内外有很多分类方法，下面主要按照有机磷和无机磷两大类对土壤中磷的赋存形态进行介绍。

① 有机磷。有机磷是土壤中非常重要的一部分，虽然植物主要吸收利用土壤中的无机磷，但是土壤中有机磷的转化也是植物的吸收摄取的重要磷源之一。土壤中的有机磷主要有磷脂、核酸以及肌醇磷酸盐 3 种类型的化合物；其中，有机磷总量的 1% 存在于磷脂、约 2% 存在于核酸、35% 存在于肌醇磷酸盐中，余下的 62% 由于有机磷形态结构复杂，至今尚未查明。

Ⅰ.肌醇磷酸盐：也叫植素，是植酸（肌醇六磷酸）与 Ca、Mg 结合形成的盐类。它们是由植物合成的，在土壤中一般占土壤有机磷含量的 50% 以上。肌醇六磷酸盐易结合为多聚物，成为高分子的有机磷存在于土壤中。在酸性条件下，肌醇六磷酸盐能与铝离子和铁离子形成难溶化合物，而在碱性条件下它又能与钙形成大量极难溶盐类；此外，它还能与蛋白质及其他一些金属离子形成稳定的化合物。因此，有机磷化物中的植素较难分解。

Ⅱ.核酸及其衍生物：核酸包括核糖核酸（RNA）和脱氧核糖核酸（DNA）两大类。土壤中的核酸及其衍生物仅占有机磷总量的不到 10%。土壤中的核酸酶能降解由土壤生物和植物残体中释放出的核酸。由于核酸的分解速度较快，加之它们很少被结合到稳定的有机质中去，因此在土壤中的含量很低。

Ⅲ.磷脂：磷脂脂肪酸是活体细胞膜的主要成分，在维持细胞的生命活动方面起重要作用。不同类群的细胞膜具有特异性，并且在细胞死亡之后会快速降解。土壤中的磷脂主要是指磷脂酰胆碱和磷脂酰乙醇胺。很多研究表明，土壤中磷脂磷的含量与核酸磷的含量一样低。

② 无机磷。根据张守敬提出的土壤无机磷的分级理论，可以把土壤中的无机磷分为 Al-P（磷酸铝盐）、Fe-P（磷酸铁盐）、Ca-P（磷酸钙盐）和 O-P（闭蓄态磷）。这个理论解释了很多酸性土壤的生产应用问题，但是在碱性土壤中，无机磷的主要组分是 Ca-P，因此蒋柏藩又提出了一个适宜于石灰性土壤的无机磷的分级体系。他将 Ca-P 进一步细分为 Ca_2-P（磷酸二钙型）、Ca_8-P（磷酸八钙型）和 Ca_{10}-P（磷石灰型）。

磷在酸性条件下易与 Fe^{3+} 和 Al^{3+} 形成难溶化合物；在中性条件下又易与 Ca^{2+} 和 Mg^{2+} 形成易溶化合物；在碱性条件下还能与 Ca^{2+} 形成难溶化合物。同时，各种磷酸盐的溶解度相差极大。经过生物试验的结果表明，Ca_2-P 型磷是植物可吸收利用的最有效的磷源，其供磷能力和人工合成的 Ca_1-P 型磷没有显著差别，Al-P 型磷的可利用性仅次于 Ca_2-P 型磷。Ca_8-P 型磷是缓释磷源，其供磷能力约相当于 Ca_1-P 型磷的 30%，其有效性不及 Ca_2-P 型磷但是又高于 Fe-P 型磷。Ca_{10}-P 和 O-P 型磷基本定义为植物不可用磷，即为无效磷。

（2）土壤中磷素的影响因子

影响土壤中磷素的因子很多，主要包括土壤本身的理化性质和环境条件。

1）土壤的理化性质　包括土壤质地类型、土壤 pH 值、土壤风化程度、土壤有机质含量、土壤的生物和酶活性等。这些土壤理化性质能较大程度地影响磷素的转化。

土壤质地类型不同，那么土壤中磷素的有效性不同，进而转化情况也不相同。一般土壤中，细颗粒部分通常较粗颗粒部分含有更多的磷。研究发现，石灰性土壤中，碳酸钙是主要固定磷素的基质，石灰性土壤中固磷基质主要是粒径小于 0.01mm 的物理黏粒。

土壤 pH 值是所有固磷机制中固磷作用的最重要影响因素，通常对土壤水环境中磷素的形态起决定性作用，从而影响土壤中磷素的转化过程。化学沉淀机制、闭蓄机制和表面反应机制都在一定程度上受土壤 pH 值影响，其中，化学沉淀机制受土壤 pH 值影响最大。降低石灰性土壤 pH 值可以增加磷的有效性，而固磷作用较强的酸性土壤则可以通过添加石灰来升高 pH 值从而减少其固磷作用，但应注意石灰不应添加过多以免石灰板结而减低磷的有效性。

土壤风化程度能够影响各磷素的有效性，风化程度较高的土壤中，残留磷的有效性较差，而在风化程度较差的土壤中，HCl-Pi、NaOH-Pi 是缓效磷。风化程度较差的土壤施入磷肥产生的有效性明显高于风化好的土壤。

土壤中有机质含量不利于固磷作用。主要原因有以下几点：矿质化过程中有机质产生的一些中间产物例如有机酸对 Ca^{2+}、Al^{3+}、Fe^{3+} 和 Mn^{2+} 等离子具有络合力，能形成一定的 pH 值范围条件下稳定的溶解性螯合物，通过降低这些离子在土壤溶液中的含量来防止磷化学固定作用；同时，有机配位体和有机酸均能与磷的吸附发生竞争，从而减少了磷的固定作用；有机质在土壤中腐殖化后，在土壤中的磷矿物表面形成一层氧化膜，这层氧化膜能够阻碍系统中磷酸根与其他矿物成分的直接接触。

土壤中的微生物和酶对土壤有机质的转化分解具有重要作用，其中，土壤中酶的活性可以用作评价土壤肥力水平的指标。Hoffman 等将土壤中的磷酸酶根据酸碱性分为酸性、中性、碱性三个种类，其中，碱性磷酸酶是石灰型土壤中的主要磷酸酶。缺磷条件下，磷酸酶活性大幅度升高，产生的无机磷酸盐同时又会抑制其活性。

2）土壤的环境条件 温度和湿度也能够影响土壤磷的有效性和转化。温度对土壤磷的影响主要是通过影响土壤中生物酶的活性进而影响磷的有效性和转化，温度越低，土壤中生物以及酶的活性越低，磷素的有效性和迁移转化速率也越低。湿度，即土壤的自然含水率，其能同时影响磷素的数量和迁移速率。水分充足的土壤能保证土壤磷的高有效性，反之，土壤的水分含量较低，土壤的氧化还原电位、土壤溶液的离子种类受到影响，同时磷素的扩散速度变慢。

土壤渗滤系统对磷的去除极为有效。实验中，进水 TP 浓度分别为 5mg/L、15mg/L、30mg/L，属于较高浓度的含磷废水，而出水中磷含量均保持在 0.5mg/L 以下，去除率达到 99.8% 以上。该土壤渗滤系统中，投配污水中的磷主要有土壤的吸附和固定作用、土壤微生物的生物同化作用、随出水排出系统三个去向。

土壤渗滤系统中，化学固定作用是去除绝大部分磷的主要途径。土壤固磷作用与土壤中所含的 Al、Fe、Ca 等离子的数量，以及土壤的 pH 值和氧化还原状态（E_h）等有关，土壤中 Al、Fe 和 Ca 等离子含量越多，在还原条件和较高的 pH 值情况下越有利于土壤固磷。

4.2.2.2 磷去除率随时间变化规律

土壤渗滤系统在整个试验阶段对 TP 的去除情况如图 4-10 所示。除去第 1 次取样阶段 TP 去除率偏低，说明系统处于调试阶段外，在后期进水 TP 浓度分别为 5mg/L、15mg/L、30mg/L 时，出水均能稳定达到 0.5mg/L 以下，即去除率保持在 99.8% 以

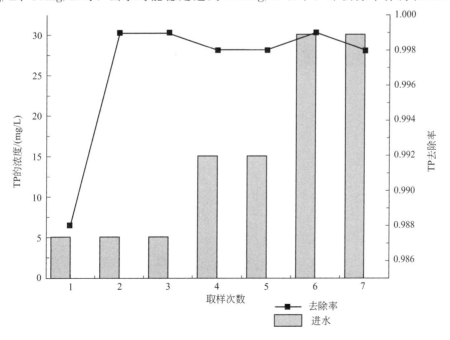

图 4-10 磷在整个试验阶段的总去除率变化

上，表明土壤渗滤系统对 TP 具有极高的去除率，且不受进水磷负荷的影响。正是由于土壤对磷具有高容量的吸附固定作用，通过 7 个取样周期后，系统对磷的去除仍保持高效稳定，也说明磷的吸附固定作用在土壤中远未达到饱和状态。

4.2.2.3 不同磷负荷条件下磷素的沿程变化规律

为了进一步研究 TP 在系统的土壤和水环境中的沿程变化规律，以及不同磷淋溶条件对其的影响，分别对第 3 次、第 5 次、第 7 次取样的 TP 进行沿程分析，包括土壤中 TP 浓度的沿程变化以及水中 TP 去除率的沿程变化，如图 4-11 所示。整体来看，水中的 TP 去除率都呈现升高至稳定的走向，结合土壤中 TP 含量从高到低的沿程变化，证明配水中磷一旦进入系统随即被土壤吸附固定，是磷去除的主要途径。在 3 个不同磷浓度配水条件下，深度 0~0.5m、0.5~1.0m、1.0~1.5m、1.5~2.0m 4 个土壤层的土壤 TP 浓度都大于 250mg/L 但又不尽相同，表明 4 个土壤层 TP 背景值的存在且不同。

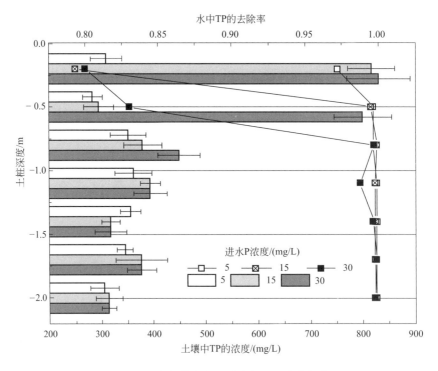

图 4-11　磷负荷条件下磷素的沿程变化规律

进水 TP 浓度为 5mg/L 时，土壤 0.2m 深处 1 号采样点去除率为 97.5%，到 2 号采样略有升高至 99.8% 并保持不变，对照 1 号采样点土壤 TP 含量 309μgP/g 土 < 833μgP/g 土，即小于 I 层土壤最大理论吸附值 Q_{mI}，表明 TP 在 1 号采样点处即已经被吸附固化完全，但是该处土壤并未达到吸附固化饱和。当进水 TP 浓度升至 15mg/L 后，TP 去除率在 1 号采样点为 80.0% 以下，在 2 号采样点与 5mg/L 时重合后同样保持稳定，对照 1 号采样点土壤 TP 含量 815μgP/g 土与 Q_{mI} 相近，2 号采样点土壤 TP 含量 294μgP/g 土 < Q_{mI}，说明 0.2m 深处土壤对磷已经基本达到吸附固化饱和，而 0.5m 深处土壤仍处于未饱和状态，说明表层土壤对磷有非常好的吸附固定作用，主要

发生在上表层。配水 TP 浓度升至 30mg/L，1 号采样点 TP 去除率几乎与 15mg/L 时重合，2 号采样点略有上升，至 3 号采样点又继续与 5mg/L、15mg/L 时重合，结合 1 号、2 号采样点的土壤 TP 含量 829μgP/g 土、799μgP/g 土均接近于 $Q_{mI}=833μgP/g$ 土，而 3 号采样点为 449μgP/g 土$<Q_{mI}$，说明 0.2m、0.5m 深处土壤的去除率较低是由于磷吸附固化达到饱和导致，也进一步证明土壤的吸附固化作用是去除磷的主要途径。结合来看，随着上层土壤的饱和，吸附固化作用减弱，TP 去除率降低，系统对磷的吸附固化作用逐步下移，也就是说土壤渗滤系统对进水总磷的去除主要是依赖自上而下的吸附固化作用。

表 4-12　土壤剖面溶液中 TP 的浓度值

采样点	土壤深度/m	TP/(mg/L)		
		进水磷浓度 5mg/L	进水磷浓度 15mg/L	进水磷浓度 30mg/L
1 号	0.2	0.14	3.11	5.99
2 号	0.5	0.01	0.07	5.09
3 号	0.8	0.02	0.02	0.08
4 号	1.1	0.00	0.03	0.35
5 号	1.4	0.01	0.03	0.08
6 号	1.7	0.01	0.03	0.04
7 号	2	0.00	0.03	0.07

从表 4-12 中可以得出该土壤渗滤系统在三种不同磷浓度配水条件下，各溶液采样点 TP 的浓度自上而下的总体呈减小趋势，在土壤 0.2m、0.5m、0.8m 深处 TP 浓度分别为 0.14mg/L、0.07mg/L、0.08mg/L，达到出水水质标准，说明土壤需要一定的深度来完成污水中磷的净化达标；同时，也说明进水磷负荷越小（为 5mg/L），达标需要的必要土壤深度越小（为 0.2m）。

4.2.2.4　不同深度剖面磷素的变化规律

土壤中磷的形态多种多样，为更好地剖析土壤渗滤系统中磷素的迁移转化规律，结合上一节不同浓度的磷淋溶条件下土壤剖面磷素的沿程变化规律的分析结果，对系统 0.2m、0.5m、0.8m 深处土壤剖面分别在进水磷浓度为 5mg/L、15mg/L、30mg/L 时的几种主要磷素进行研究，包括 Ca_2-P、Ca_8-P、$Al-P$、$Fe-P$、$Ca_{10}-P$。

（1）磷浓度 5mg/L 时土壤剖面磷素的分布

1 号、2 号采样点以 0～0.5m 深处土壤最大吸附量 0.83mgP/g 土作为基底值，3 号采样点以 0.5～1.0m 深处土壤最大吸附量 0.91mgP/g 土作为基底值，当进水浓度为 5mg/L 时 3 个采样点各磷素的分布情况如图 4-12 所示。由图 4-12 可见，自上而下土壤剖面 Ca_2-P、Ca_8-P、$Al-P$、$Fe-P$、$Ca_{10}-P$ 各磷素的百分比情况大致相同。例如，各磷素的总和相似，占到最大吸附量的 40% 左右；它们的百分比大小顺序相同，含量最少的 Ca_2-P、$Al-P$ 均在 1% 以下，其余从小到大顺序依次为 $Fe-P$、Ca_8-P、$Ca_{10}-P$，其中 $Ca_{10}-P$ 明显高于其他各形态磷，表明土壤本底值中 $Ca_{10}-P$ 是主要存在形态。以上内容说明磷素的总含量以及各磷素的大小分布情况取决于土壤自身本底值，而土壤的 pH 呈弱碱性又提高了土壤自身本底值。土壤对磷的去除主要依靠自上而下的吸附固化作用，本章上节内容也给予了证明，加上配水中含有的 Ca、Fe、Al 等的离子进入系统中被上层土壤吸附也有利于磷的吸附固化作用，这样便导致 1 号采样点中各磷素的百分比以及它们的总和均略微大于 2 号采样点中对应值，但是整体而言，当配水磷浓度为 5mg/L 时土壤对其吸附固化作用很微弱。

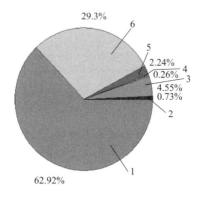

(a) 土壤深0.2m处1号采样点

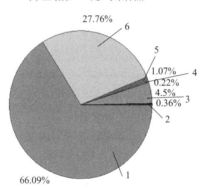

(b) 土壤深0.5m处2号采样点

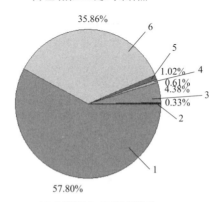

(c) 土壤深0.8m处3号采样点

图 4-12　磷浓度为 5mg/L 时土壤剖面磷素的分布

1—空白；2—Ca_2-P；3—Ca_8-P；4—Al-P；5—Fe-P；6—Ca_{10}-P

（2）磷浓度 15mg/L 时土壤剖面磷素的分布（图 4-13）

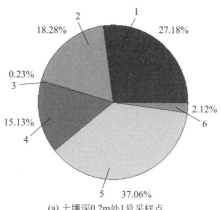

(a) 土壤深0.2m处1号采样点

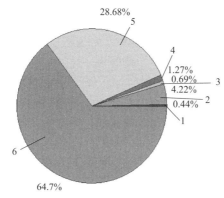

(b) 土壤深0.5m处2号采样点

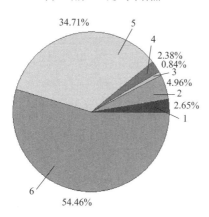

(c) 土壤深0.8m处3号采样点

图 4-13 磷浓度为 15mg/L 时土壤剖面磷素的分布
1—Ca_2-P；2—Ca_8-P；3—Al-P；4—Fe-P；5—Ca_{10}-P；6—空白

进水磷浓度为 15mg/L 时，可从图 4-13 中看到土壤 0.5m、0.8m 深处磷的分布无明显变化，而 0.2m 深土壤剖面发生极大变化，总无机磷含量上升至 97.88％几乎饱和，说明磷随配水进入系统后被快速大量地吸附固化，1 号采样点土壤已经呈饱和状态，而

2号、3号采样点基本仍处于原生状态。无机磷的分布情况也发生了较大变化，大小比例顺序由 Ca_2-P、Al-P<Fe-P<Ca_8-P<Ca_{10}-P 变为 Al-P<Fe-P<Ca_8-P<Ca_2-P<Ca_{10}-P，主要表现为 Ca_2-P 的跃升。为更好分析磷的转化情况，对 1 号采样点各形态磷的增长率进行计算，如表 4-13 所列。

表 4-13　各磷素的增长率

类型	浓度/(mg/L)		增长率/%
	配水磷浓度 5mg/L 时	配水磷浓度 15mg/L 时	
Ca_2-P	6.06	226.39	36.37
Ca_8-P	37.93	152.30	3.02
Al-P	2.20	1.92	—0.13
Fe-P	18.69	126.06	5.74
Ca_{10}-P	244.07	308.63	0.26

由表 4-13 可知，配水磷进入系统后转化为各类磷的难易程度由简到难依次为 Ca_2-P、Fe-P、Ca_8-P、Ca_{10}-P、Al-P。表中 Ca_2-P 浓度增长率最快为 36.37%，说明磷素进入系统后首先被大量转化为 Ca_2-P。Al-P 受土壤需呈酸性条件限制，所占比例仍最小并且未见任何升高反而有所降低，说明 Al-P 受水迁移的影响在系统土壤中有一定程度上的弱小的向下迁移作用。其余各类型磷均有不同程度的比例上升，Ca_8-P、Fe-P 的增长率相似，配水中的 Ca、Fe 离子促进了它们的增长。而 Ca_{10}-P 作为其中浓度最大的类型，增长率极小，则可能是 Ca_{10}-P 已经趋近其饱和值，或者其作为磷的最终转化形态是较难转化但是又稳定的存在。

（3）磷浓度 30mg/L 时土壤剖面磷素的分布（图 4-14）

图 4-14 表明，进水磷为 30mg/L 时，0.5m 深处的土壤剖面呈现了同 0.2m 深处一样的磷分布情况，说明系统对磷的吸附固化作用下移，而且 0.5m 深处土壤也达到了饱和状态，对比 3 号采样点，说明 0.8m 深处土壤还未达饱和状态。相较于其他类型的磷，Al-P 同配水磷浓度为 15mg/L 一样，自上而下呈现了增大的趋势，且相较于进水磷浓度 15mg/L，0.5m 深处土壤 Al-P 略有降低，Al-P 有一定程度上的向下迁移作用。

4.2.2.5　小结

① 土壤渗滤系统对磷具有极高的去除效果且不受配水磷浓度的影响，去除率为 99.9% 左右，且稳定可靠。

② 磷在系统中的去除主要依赖土壤的自上而下吸附固定作用，随着上层土壤的饱和，土壤对磷的吸附固定作用下移。

③ 土壤的吸附固定能力取决于自身本底值，Ca、Fe 离子有助于提升土壤对磷的吸附固定作用，实验土壤中磷主要以 Ca_{10}-P 形式存在。

④ 本土壤渗滤系统中，配水磷进入系统后转化为各类磷的难易程度由简到难依次为 Ca_2-P、Fe-P、Ca_8-P、Ca_{10}-P、Al-P，其中 Al-P 呈现负增长，存在明显的迁移作用。

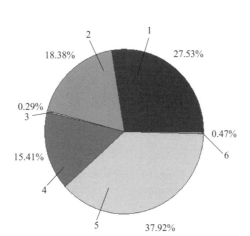

(a) 土壤深0.2m处1号采样点

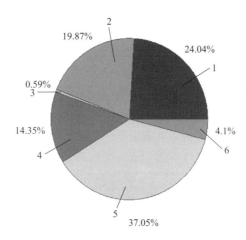

(b) 土壤深0.5m处2号采样点

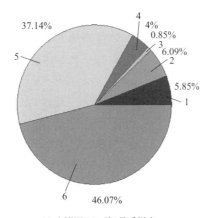

(c) 土壤深0.8m处3号采样点

图 4-14　磷浓度为 30mg/L 时土壤剖面磷素的分布

1—Ca_2-P；2—Ca_8-P；3—Al-P；4—Fe-P；5—Ca_{10}-P；6—空白

4.2.3　不同磷负荷对氮素迁移转化的规律影响研究

4.2.3.1　土壤渗滤系统中的氮素

（1）土壤中氮素的赋存形态

我国浅层土壤的氮含量呈现从北到南、自东向西逐步减小的整体趋势，浅层土壤的含氮量一般为 0.5～3.0mgN/g 土，肥沃土壤如林地、耕地和草原的浅层土壤含氮量可达 5.0～6.0mgN/g 土以上。浅层土壤中氮的赋存形态分为有机态氮和无机态氮两大类，土壤总氮含量即是两者之和。通常情况下，土壤中 95% 以上的氮为有机态氮，是土壤中氮的主要存在形态，包括腐殖质、蛋白质以及氨基酸等。腐殖质和蛋白质中的氮作为缓效氮，需矿化后才能被植物吸收利用，而小分子的氨基酸则能被植物直接吸收利用。无机态氮在浅层土壤中含量虽然一般不超过 5%，但是其所包含的种类繁多，主要有固定性氨态氮、交换性氨态氮、土壤溶液中的"三氮"、氧化亚态氮。受当地气候条件、施肥情况以及土壤类型、利用方式等因素的影响，各形态的氮在土壤中的含量和分布状况是不同的且随各因素的变化而变化。

其中，土壤溶液中的"三氮"，即氨态氮（NH_4^+-N）、硝态氮（NO_3^--N）和亚硝态氮（NO_2^--N），是评价地下水污染情况的重要因子。自 20 世纪 80 年代以来，伴随工业、农业生产的不断发展，氮素在浅层土壤及其水环境中富集储存，使得其导致的农村和城市的浅层地下水"三氮"污染越来越受到人们的重视。

当地下水的进水氨态氮浓度过高时，或地下水环境为还原条件时，浅层土壤的地下水便呈现出氨态氮的污染特征。导致"三氮"污染的主要氮素是硝态氮，譬如在由粪便导致的常见的地下水污染中硝态氮浓度可达 20～70mg/L，硝酸对土壤和地下水的危害仅次于农药位居第二。据文献报道，硝态氮浓度值正逐年攀升，例如，1970 年其在英国的间歇性值超过 11mg/L，到 1980 年升至 90.0mg/L 左右，再到 1987 年继续升至 142.0mg/L。虽然亚硝态氮在"三氮"中含量最小，但亚硝态氮被视作评价浅层地下水的重要指标，这是由其化学性质以及高环境毒性决定的。对人而言，亚硝酸盐是能对机体造成危害的致病源，特别是对敏感人群包括婴儿、孕妇和年老体弱者的危害很大。亚硝酸进入机体以后，不仅能引发蓝血病和高铁血红蛋白血症，还会导致胃癌、高血压的病发。

地表浅层土壤是自然界中氮的富集场所，同时也是"三氮"发生迁移转化得以去除氮污染的地方。土壤溶液中的"三氮"，作为地下水水质评价的主要因子，各国均有严格的标准，因此也是本节探讨不同进水磷浓度对土壤渗滤系统氮运移影响的主要研究对象。

（2）"三氮"的迁移转化过程

在浅层土壤中，氮的迁移转化如图 4-15 所示。氨态氮进入包气带，首先经黏土矿物固定、土壤颗粒吸附、淋滤、氨气挥发等物理化学作用以及生物固定等生物化学作用，许多研究表明，氨态氮在进入浅层土壤的包气带浅表层后能被迅速吸附而减少，其在土壤剖面的起始浓度随着该剖面的土壤深度的增加而减小；而亚硝态氮在"三氮"转化过程中并不稳定，剩余部分的氨态氮在氧气充足条件下，被好氧微生物通过硝化作用转化为硝态氮，此作用消耗氧气和碱度使氧气减少、pH值发生变化，从而减缓了硝化作用的强度。伴随着浅层土壤氨态氮的减少，硝态氮在土壤溶液中的含量迅速升高，最终成为浅层土壤水溶液中氮的主要赋存形态，同时也是造成浅层地下水氮污染的主要形态氮。

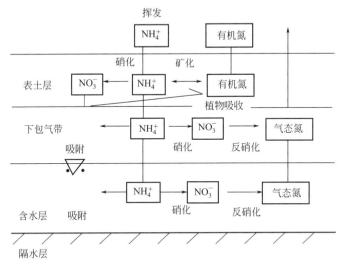

图 4-15　地下水中氮循环转化示意

土壤溶液中，"三氮"的转化包括氨化作用、硝化作用和反硝化作用 3 个相互关联的过程，微生物在整个过程中起重要作用：a. 氨化作用，有机氮被氨化细菌转化为氨态氮；b. 硝化作用，硝化细菌将氨化作用产生的氨态氮转化为亚硝态氮和硝态氮；c. 反硝化作用，硝态氮被反硝化细菌转化为氮气或者氧化亚。其中，硝化作用为主要的转化过程，而反硝化作用是重要的脱氮过程。参与各阶段转化过程的细菌种类和生态条件参见表 4-14。

表 4-14　参与"三氮"转化的主要微生物类群

项目	微生物类群	生态条件
氨化细菌	芽孢杆菌属、梭菌属、微球菌属、假单胞菌属、沙雷菌属以及毛霉、根霉、曲霉等	土壤呈中性，水分适宜，通气性良好，含氮有机质丰富
硝化细菌	硝化杆菌属、亚硝酸单胞菌属以及真菌、放线菌等	土壤呈中性偏碱，温度为 $15\sim35℃$，水分为田间持水量的 $50\%\sim70\%$，通气性良好，且有机质对其有抑制作用 $2NH_4^+ + 3O_2 \xrightarrow{\text{亚硝化菌}} 2NO_2^- + 2H_2O + 4H^+ + 158kcal$ $2NO_2^- + O_2 \xrightarrow{\text{硝化菌}} 2NO_3^- + 40kcal$
反硝化细菌	产碱杆菌属、芽孢杆菌属、假单胞菌属、硫杆菌属、土壤杆菌属、盐杆菌属、根瘤菌属等	嫌气条件下，土壤 pH 值为 $6\sim8$，有机质越丰富，反硝化作用越强 $C_6H_{12}O_6 + 4NO_3^- \xrightarrow[-4e^-]{\text{反硝化菌}} 6H_2O + 6CO_2 + 2N_2 + 能量$

土壤对地下水氮污染具有良好的去除效果，例如，上海浦东某垃圾填埋场资料显

示，距离垃圾堆放点 1.8m 处，铵离子为 520.0mg/L、硝酸根离子为 53.0mg/L，到距离垃圾堆放点 80.0m 处，二者浓度分别降至 0.4mg/L 和 8.0mg/L，说明浅层土壤对氮污染的净化能力有限，然而加深土壤深度可以有限去除地下水"三氮"污染，因而，本节在研究"三氮"在土壤溶液中的迁移转化规律实验中，以 2.0m 深的土壤渗滤系统作为媒介有重要意义。

（3）氮素在土壤中迁移转化的环境影响因子

1）氮在土壤中迁移的环境影响因子　氮在土壤中的迁移与气候（降雨、温度等）、耕作方式、地表覆盖、土壤物理、化学、生物性质等因素密切相关。下面主要介绍降水、土壤类型、土地利用方式对氮素运移的影响。

① 降水对氮迁移的影响。降水是影响土壤中氮迁移的外因，降水量与氮素在土壤中的垂直迁移距离、迁移量有一定相关性，也是研究氮在土壤中迁移规律的一个主要方向。有研究指出，土壤中硝态氮的垂直迁移量与降水量呈正相关性，平均 2～3mm 的降水可使硝态氮在土壤中垂直迁移约 10mm，硝态氮随降水在土壤中的年均垂直迁移距离为 1.0～1.5m，一般不超过 2.0m；而降水量相同情况下，相较于短时间、高强度的降水，长时间、低强度的降水使土壤中硝态氮的迁移量更大。

② 土壤类型对氮迁移的影响。土壤类型是影响氮在浅层土壤中垂直迁移量和迁移距离的内因，也是关键因素之一。土壤类型，如土壤种类、孔隙大小、有机质含量等的不同，土壤中氮的垂直迁移情况也不同。一般而言，氮在砂质土壤中的迁移量和迁移距离比在黏质土壤要大；土壤中孔隙越大、粉粒和黏粒状的有机质越少，迁移量和迁移距离越大。例如，在不同类型的土壤研究中发现，黏质土壤的浅层垂直迁移量只有 12%，而砂质土壤高达 50%，且氮在小孔隙土壤比在大孔隙土壤中的迁移量要小；在种有玉米的砂质土地中氮的垂直迁移距离为 2m，在种有小麦的重壤质土地中为 1m，而在同样种有小麦的黏质土地中仅为 0.6m。

③ 土地利用方式对氮迁移的影响。耕作方式是通过改变 0.2m 深浅层土壤的生物环境（如通气性）和土壤的理化性质（如孔隙大小）来影响氮在土壤中迁移转化情况。而浅层土壤表面的植被种类及覆盖情况在分配降水的同时，能利用植物的吸收作用和蒸腾作用来抑制土壤中氮的迁移。

2）氮在土壤中转化的环境影响因子　氮在土壤中的转化规律与土壤环境条件，如温度、pH 值、湿度、通气性等因素密切相关。任何一个或多个因素的改变都可能导致氮的转化受限甚至完全停止。例如，硝化作用作为耗碱过程，低 pH 值大大抑制了硝化细菌对氨态氮的氧化；另外，氨化作用和硝化作用的最佳温度分别为 50℃ 和 26℃，因而，在热带土壤中，即便土壤 pH 呈中性，由于其低硝化率，大量氨在浅层土壤富集，此外，土壤温度过低、有机质匮乏、缺氧或者干燥均能降低微生物活性，通过抑制硝化作用阻碍"三氮"的转化过程。

4.2.3.2　总氮去除率随时间变化规律

在整个试验过程中，土壤渗滤系统对 TN 的去除情况如图 4-16 所示。由图 4-16 可知，在人工配水保持进水 TN 浓度为 69.2mg/L 不变的条件下，系统第 1 次取样 TN 的出水为 32.8mg/L，去除率只有 52.6%，说明该土壤中微生物仍处于驯化阶段，系统仍处于调试阶段。第 2 次取样 TN 去除率为 78.9%,自第 3 次取样开始,系统 TN 去除率均到达 80%以上并趋于稳定状态,表明该土壤渗滤系统自第 2 次取样阶段开始已经挂膜成功,形成了良好的微生物群落,在整个实验阶段条件下该土壤渗滤系统对 TN 具有较稳定的去除效果。

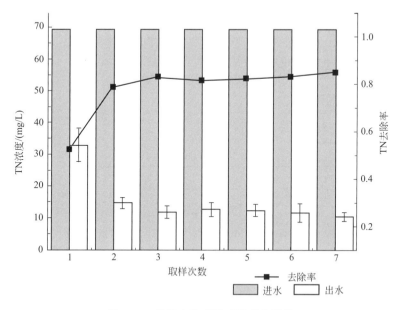

图 4-16 总氮去除率随时间变化规律

4.2.3.3 不同浓度的磷淋溶条件下"三氮"的沿程变化规律

为更好地剖析土壤渗滤系统中"三氮"的迁移转化规律,以及不同磷浓度的配水对其变化规律的影响,对土柱加灌磷浓度分别为 5mg/L、15mg/L、30mg/L 的模拟生活污水,检测土柱垂直剖面各氮的含量,分析不同磷浓度条件对"三氮"的沿程变化规律的影响。

(1) 磷浓度为 5mg/L 时"三氮"的沿程变化规律

当进水磷浓度为 5mg/L、氨氮浓度为 69.2mg/L(以氯化铵计)时,TN 去除率整体而言从上到下呈升高趋势(图 4-17),说明深型土壤渗滤系统有利于氮的去除。配水中的氨氮进入土柱中后首先立即转化为各种形态的氮,总氮浓度降为 37.0mg/L,其中大部分以硝氮形式存在,而水层中氨氮仅剩 6.9mg/L,说明在 0.2m 深的土壤层中,配水中近 1/2 的氨氮被土壤吸附。因为进水中硝氮浓度极低可以忽略不计,上表层土壤中碳、磷营养元素充足,并且具有良好的通气性和复氧能力,进水中其余大部分氨氮能够通过微生物的硝化反应转化为硝氮。土壤深 0.5m 处,氨氮继续参与硝化反应,浓度继续降低为 1.0mg/L,从土壤深 0.8m 到深 2.0m 的土样中氨氮均降至 1.0mg/L 以下并保持稳定,表明氨氮已被转化去除完全。

硝氮的沿程变化情况如图 4-18 所示,大体而言,系统中各采样点深处的土壤中有不同程度的反硝化作用,硝氮被反硝化细菌转化成氮气,硝氮浓度随土壤深度逐步递减,说明深型土壤渗滤系统对硝氮污染有更好的净化作用。

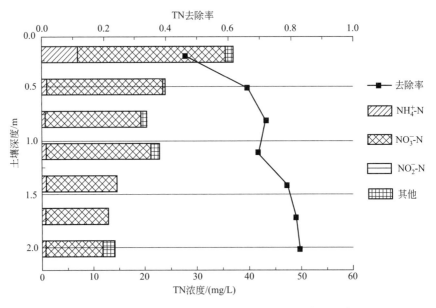

图 4-17　磷浓度为 5mg/L 时"三氮"的沿程变化规律

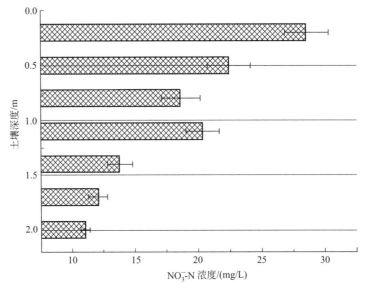

图 4-18　硝氮的沿程变化

（2）磷浓度为 15mg/L 时"三氮"的沿程变化规律

图 4-19 中，配水磷浓度提升到 15mg/L 后，TN 去除率呈现急剧升高后再小步稳定升高的规律，说明土壤对大部分氮的去除主要发生在系统的浅层土壤中，深层土壤对氮的去除较缓慢。对比磷浓度为 5mg/L 的进水情况，去除率更加稳定，表明该土壤渗滤系统更加成熟。69.2mg/L 的氨氮（以氯化铵计）进入系统中同样转化为各种形态的氮，在 1 号采样点总氮浓度降低为 52.1mg/L，对比磷浓度 5mg/L 时的 37.0mg/L，说明土壤对氨氮的吸附变少，此处土壤对氨氮吸附已经趋于饱和。相较而言，硝氮浓度则

从28.5mg/L升高至34.6mg/L，同样证明了由于氨氮在土壤中的吸附饱和，使得水层中氨氮含量越高故而参与硝化作用产生的硝氮也越多。自2号采样点到7号采样点，各氮素的变化规律大体相同，只是趋势更加平稳表明系统更加成熟。

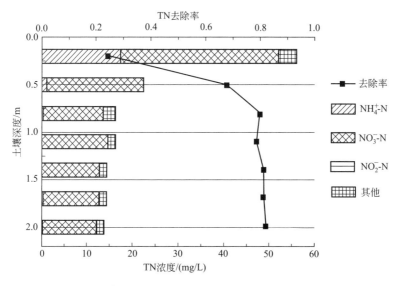

图4-19 磷浓度为15mg/L时"三氮"的沿程变化规律

（3）磷浓度为30mg/L时"三氮"的沿程变化规律

图4-20中，配水磷浓度增加至30mg/L后，TN去除率与15mg/L时一样呈现急剧升高后再小步稳定升高的规律，但3种情况下其变化规律有不尽相同。由于0.2m、0.5m深处土壤氨氮的吸附趋近于饱和，1号采样点和2号采样点均有高浓度的氨氮残留。

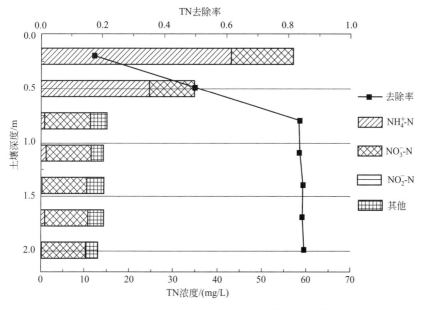

图4-20 磷浓度为30mg/L时"三氮"的沿程变化规律

3 种磷负荷条件下系统沿程的 TN 浓度如表 4-15 所列。

表 4-15　3 种磷负荷条件下系统沿程的 TN 浓度

采样点	土壤深度/m	TN/(mg/L)		
		进水磷浓度 5mg/L	进水磷浓度 15mg/L	进水磷浓度 30mg/L
1 号	0.2	36.97	52.09	57.05
2 号	0.5	23.46	22.44	34.75
3 号	0.8	19.24	15.87	11.28
4 号	1.1	21.12	14.66	11.45
5 号	1.4	14.57	12.83	10.46
6 号	1.7	12.81	12.73	10.76
7 号	2	11.74	12.26	10.29

结合表 4-15 可以看出，虽然 TN 浓度的减小都呈现出由强变弱的趋势，但是进水磷负荷越大，1 号采样点 TN 浓度越高，而后至 3 号采样点也降得越快，两点之间的去氮速率逐渐变大，分别为 48.0%、69.5%、80.2%，说明磷对上层土壤的去氮速率有提升作用。

磷负荷升高条件下，0.2m 深处土壤的氮的浓度逐渐升高再近乎持平，由于进水中氮以氨态氮形式存在，说明上层土壤对进水的氨氮进行吸附固定并达到饱和。结合图 4-17～图 4-20 中上表层氮的含量与形态分布情况，上表层土壤采样点，以 1 号采样点和 2 号采样点为代表，磷负荷提升条件下，氨氮浓度变高、硝氮浓度变低，促进更多的氨氮更快速地转化为硝态氮，再进一步快速转化为氮气得以去除，反硝化作用变为更重要的脱氮机理。磷负荷较低时，上表层土壤对氨态氮的吸附是去除氮的重要途径；较高的磷负荷能加强上表层土壤中的氨态氮的反硝化作用。

反硝化作用主要发生在深层土壤中，在缺氧环境下将硝氮转化为氮气去除，结合这点，可以解释以上现象为，由于进水磷浓度低又被表层土壤吸附截留，故而下层土壤中的反硝化菌由于磷源不足而活性不高，导致反硝化速率不高。结合土壤磷在高磷负荷情况下的高穿透力，磷浓度为 30mg/L 时系统整体硝态氮含量少于前两种情况一半以上，同样可以说明充足的磷更有利于土壤中脱氮微生物特别是反硝化菌的活性，加强脱氮效果。

1 号采样点和 3 号采样点两者之前 TN 浓度的差值越大，也可理解为，配水磷浓度越高，即便表层土壤对进水氨氮吸附能力减弱，系统使出水总氮浓度达到实验采用的《城镇污水处理厂污染物排放标准》（GB 18918—2002）一级 A 标准（TN≤15mg/L）所需土壤深度却越小，该深度值可以称为 TN 浓度达标且土壤深度最小的最优土壤深度。例如，磷浓度为 5mg/L 时，TN 在土壤深 1.4m 处达标且为最小深度，最优土壤深度为 1.4m；磷浓度为 15mg/L 时，最优土壤深度为 1.1m；磷浓度为 30mg/L 时，最优土壤深度为 0.8m。

4.2.3.4　小结

① 该土壤渗滤系统对主要以氯化铵为氮素的配水中的氨氮有良好的去除效果，挂膜成功后可保持 80% 左右的稳定去除率。

② 氨氮的去除、转化发生在 0.2～0.5m 的浅层土壤中，首先被土壤吸附截留，其余则通过硝化作用快速转化为硝态氮，说明上层土壤有硝化菌所需的营养元素、氧气等环境要素。

③ 深层土壤渗滤系统有利于净化硝态氮污染，氨氮在浅层土壤大量转化为硝态氮造成硝态氮污染，随着土壤深度的增加，硝态氮被反硝化转化为氮气逐步去除。

④ 一定范围内，提升配水磷浓度能加快土柱脱氮速率，尤其是反硝化速率，可能是充足的磷能够弥补深层土壤中反硝化菌对磷元素的缺失。

⑤ 配水磷浓度分别为 5mg/L、15mg/L、30mg/L 时，TN 出水达标与土壤深度最小的平衡点（此时土壤深度称为最优土壤深度）分别为约 1.4m、1.1m、0.8m，可以为实际土壤渗滤设计合理的深度值提供一定参考。

4.2.4 结论

本节在现有的土壤渗滤系统技术研究基础上，在 2.0m 深的有机玻璃柱中装填北京顺义实验基地中的原位土壤，用以模拟自然的深型土壤渗滤系统。在室内温度波动范围不大的环境条件下，加入含有不同磷含量的模拟生活污水，研究磷在不同磷负荷条件下的迁移转化变化规律，及其对氮迁移转化的影响。得出以下结论。

① 该深型土壤渗滤系统对污水中氨态氮和磷有非常好的去除效果，出水稳定均达到一级 A 标准。除去前期的调试阶段，系统稳定后对它们的去除率可分别达 80%、99.9%，并不受磷负荷的影响，至少在实验阶段，磷负荷不影响系统氮、磷最终出水水质，但是对氮、磷的去除过程有影响。

② 土壤对磷有强烈的吸附固定作用，是去除磷的主要方式，增大磷负荷能促进上表层土壤磷的迁移转化作用。较高的磷负荷能加强其在土壤中的穿透力，加大垂直迁移距离，磷为 5mg/L 时，0.2m 深处土壤磷浓度为 0.14mg/L；15mg/L 时，0.2m 深处磷浓度为 3.11mg/L；30mg/L 时，0.2m、0.5m 深处磷浓度分别为 5.99mg/L、5.08mg/L。增大磷负荷也能加快上表层土壤对磷的吸附饱和，促进无机溶解性磷转化为其他形态的磷，各类形态的磷被转化的难易程度由简到难依次为 Ca_2-P、Fe-P、Ca_8-P、Ca_{10}-P、Al-P。

③ 土壤对氮的去除主要是依赖其硝化-反硝化作用，提高磷浓度能加快浅层土壤的脱氮速率，尤其是反硝化速率。进水磷浓度越高，0.2m 深采样点氮浓度越高，而后至 0.8m 深采样点也降得越快，两者之前的差值变大；同时表层土壤对进水氨氮吸附能力减弱，但是系统去除总氮使其达到近稳定所需土壤深度越小，以上两点均表明了磷对浅层土壤中氨氮迁移转化的促进作用。

④ 配水磷浓度分别为 5mg/L、15mg/L、30mg/L 时，TP 最优土壤深度分别为 0.2m、0.5m 和 0.8m，TN 处理达标与最小土壤深度平衡的最优土壤深度分别为 1.4m、1.1m 和 0.8m，两组数据表明，土壤中氮、磷的净化达标都需要一定的土壤厚度来完成。结合两组数据 3 个磷浓度条件中，当进水磷负荷为 30mg/L 时，土壤对氮、磷去除的总体效能更高，最优深度值最小为 0.8m，即 0.8m 为土壤氮、磷去除的最优土壤深度，30mg/L 则为最优土壤深度的最优磷负荷。

4.3 富里酸对深型地下土壤渗滤系统中反硝化过程的影响

4.3.1 深型土壤渗滤系统对污水的净化效果研究

传统研究[3]认为地下土壤渗滤系统对污染物有很好的去除效果，特别是对磷和有机物有较为显著的去除效果，但是在脱氮效能尤其是对硝态氮方面还亟待提高。研究主要讨论水力负荷为10cm/d的条件下，深度为2.0m的土壤渗滤柱对污水的净化效果。

土柱装填完成后，为了避免土壤中有机质及氮淋溶出来对出水水质造成影响，在运行前进水为自来水，直到出水水质 TN<1mg/L，COD<10mg/L，TP<0.01mg/L；待出水水质稳定后，整个实验正式开始，启动时间为60d。实验运行时间为100d，共运行160d。

4.3.1.1 土壤氨氮吸附实验

分别称取 0~50cm、50~100cm、100~150cm 以及 150~200cm 层的过 60 目筛的土壤各 5g 于 100mL 具塞离心管，加入 50mL 用氯化铵（分析纯）配制的 NH_4^+-N 浓度分别为 10mg/L、40mg/L、80mg/L、100mg/L、200mg/L、300mg/L、400mg/L 及 500mg/L 的氯化铵溶液，为了抑制微生物的生长对吸附效果的影响，加入 3 滴甲苯并加塞，在恒温振荡器中振荡 24h（温度为 25℃，振速为 160r/min），振荡结束后在离心机中以 3600r/min 的转速离心 10min，取上清液并过滤，以上实验均做 2 组平行实验，以平行实验平均值为计算值。NH_4^+-N 的测定采用纳氏试剂比色法。

分别利用 Langmuir 和 Freundlich 模型对实验结果进行拟合得知，不同深度的土壤对 NH_4^+-N 的吸附方程如表 4-16 所列。从拟合结果来看，Langmuir 等温吸附模型和 Freundlich 等温吸附模型拟合曲线的相关性均较好，但是 Freundlich 模型适用于中等浓度的溶液的吸附作用，而 Langmuir 模型则适合各种浓度。综合多方面的因素考虑，本次研究中采用 Langmuir 等温吸附模型能更好地拟合实验土壤对 NH_4^+-N 的吸附。根据 Langmuir 模型可知各土壤对 NH_4^+-N 的饱和吸附容量分别为：$q_{mⅠ}=0.91mg/g$，$q_{mⅡ}=1.43mg/g$，$q_{mⅢ}=2mg/g$，$q_{mⅣ}=0.625mg/g$。0~50cm 土壤对 NH_4^+-N 的最大吸附量计算式为：

$$0.91mg/g×3.14×(0.15m)^2×0.5m×1.32g/cm^3×10^3=42.43g$$

同理，50~100cm 土壤土对 NH_4^+-N 的最大吸附量为 69.71g，100~150cm 土壤土对 NH_4^+-N 的最大吸附量为 97.49g，150~200cm 土壤土对 NH_4^+-N 的最大吸附量为 32.23g。

4.3.1.2 系统对污染物的去除效果研究

土柱装填完成后，先用自来水对整个系统进行淋洗，每隔一段时间取出水进行测定，如前文所述，直至连续两次测量值均在控制范围以内，并且误差合理为止。待出水水质稳定后，整个实验才正式开始。

如表 4-17 所列，系统连续两次出水测量值均在控制范围以内，前后水质波动较小，认为系统已经达到稳定状态。从开始进水到系统出水稳定，总共经历时间为 60d。

表 4-16　不同土壤对 NH_4^+-N 的吸附等温线拟合方程

拟合模型	土壤深度/cm	拟合方程	参数说明	相关系数(R^2)
Langmuir	0～50	$y = 0.0011x + 0.0359$	$y = C_e/q_e$	0.9893
	50～100	$y = 0.0007x + 0.0493$	$x = C_e$	0.991
	100～150	$y = 0.0005x + 0.0544$	C_e 为平衡浓度；	0.9788
	150～200	$y = 0.0016x + 0.0589$	q_e 为平衡吸附量	0.9798
Freundlich	0～50	$y = 0.3514x + 2.0674$	$y = \ln q_e$，	0.9888
	50～100	$y = 0.4041x + 2.0457$	$x = \ln C_e$	0.9952
	100～150	$y = 0.5418x + 1.8418$	C_e 为平衡浓度；	0.991
	150～200	$y = 0.4214x + 1.7658$	q_e 为平衡吸附量	0.996

表 4-17　自来水淋洗时出水水质稳定状态　　　　单位：mg/L

项目	9 月 14 日	9 月 22 日
TP	0.18	0.17
TN	1.25	1.19
NH_4^+-N	0.18	0.13
COD	20.52	18.13
TOC	5.52	4.93

（1）系统的脱氮效果研究

在水力负荷为 10cm/d 的运行条件下，系统具有较好的脱氮效果，出水 TN 浓度、NH_4^+-N 浓度、NO_2^--N 浓度以及 NO_3^--N 浓度分别为：18.26mg/L、0.68mg/L、0.0058mg/L 以及 16.52mg/L，其中 TN 和 NH_4^+-N 的去除效率分别为 66.38% 和 97.96%。从图 4-21 中可以看出，随着土柱深度的增加，NH_4^+-N 浓度在开始阶段迅速降低，在土柱的表层（0～0.2m）去除效果就达到 97% 左右，而在 0.2m 以下，去除率均维持在 98% 左右。而 TN 的处理效率经历了先升高，后降低，再升高的过程：前期升高阶段深度为 0～0.2m，这段时间 TN 的去除主要是由于土壤对 NH_4^+-N 吸附作用和微生物的好氧硝化过程；中期 TN 的去除率稍有降低，发生深度为 0.2～1.1m（最大深度也可能在 1.1～1.4m），主要是因为 NO_3^--N 逐渐积累，导致 TN 浓度升高，去除率下降；而在 1.4m 以后，TN 的去除率又逐渐升高，并且在 1.4m 左右 TN 有较大的去除，之后去除率增加逐渐平缓，这可能是因为 1.4m 左右发生反硝化作用，导致 NO_3^--N 逐渐降解，TN 的去除率得以提升。NO_3^--N 去除率的变化趋势与 TN 一致，也经历了先升高、后降低、再升高的过程，变化机制与 TN 一致，前期由于土壤吸附 NO_3^--N 浓度降低，中期 NO_3^--N 不断积累，到 1.1m 附近达到最大值，随后发生反硝化作用，NO_3^--N 浓度逐渐降低，直至出水。NO_2^--N 浓度一直维持在较低水平，只有在土柱的上层有少量积累过程。由图 4-21 可以看出，TN 和 NO_3^--N 浓度均是先降低、再升高、最后再降低，且在 1.1m 附近达到最大（除去进水浓度），因此，将该深型土壤渗滤系统分为 0~1.1m 和 1.1~2.0m 两个部分进行讨论。

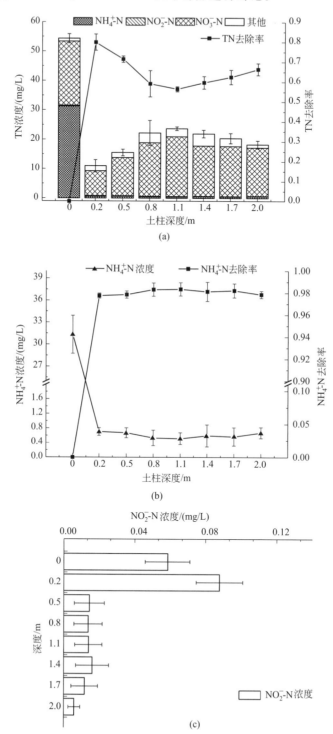

(a)

(b)

(c)

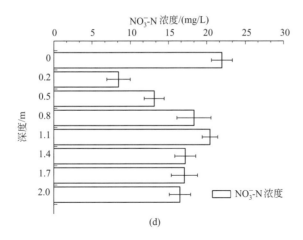

图 4-21　TN、NH$_4^+$-N、NO$_3^-$-N 及 NO$_2^-$-N 沿土柱深度变化规律

1）区域 0～1.1m　根据前人的研究成果可知，在土壤渗滤系统的上部主要发生硝化反应。由图 4-21 可知，在 0～1.1m 区域，TN 浓度由 54.31mg/L 降至 23.68mg/L，约有 56.40% 的氮在此区域被去除。

用 pH 计对所取水样进行测试，测得各采样点出水 pH 值在 7.17～7.89，说明几乎所有的 NH$_4^+$-N 是以离子形式存在的，不可能通过挥发作用去除，除非温度超过 40℃（而研究是在冬天室内进行，最高实测温度为 25℃），因此不可能是 NH$_4^+$-N 挥发导致的脱氮作用。

由图 4-21 可知，在 0～0.2m 区域，NH$_4^+$-N 浓度由 31.33mg/L 降至 0.71mg/L，去除效率达到 97.75%，NO$_3^-$-N 浓度由 21.97mg/L 降至 8.46mg/L，去除率达到 70.61%，这部分 NH$_4^+$-N 的去除主要是由土壤对 NH$_4^+$-N 的吸附以及 NH$_4^+$-N 的硝化作用引起的，并且硝化作用产生的 NO$_3^-$-N 比土壤吸附的 NO$_3^-$-N 量小，因此也导致 NO$_3^-$-N 浓度的降低。由前面的吸附实验可知，0～50cm 土壤对于 NH$_4^+$-N 的饱和吸附量为 0.91mg/g，因此 0～0.2m 层土壤对 NH$_4^+$-N 的饱和吸附量为：

$$0.91mg/g \times 3.14 \times (0.15m)^2 \times 0.2m \times 1.32g/cm^3 \times 10^3 = 16.97g$$

而在系统 0～0.2m 处，系统的 NH$_4^+$-N 去除量为 8cm/d×62d×3.14×(15cm)^2×30.06mg/L×10^{-6}=10.53g（式中 62d 是只从实验开始日期 10 月 9 日至加入富里酸之前最后一次采样日期 12 月 10 日的实验阶段）。因此，在加入富里酸之前的实验阶段，系统对于 NH$_4^+$-N 的吸附还未达到饱和。并且，去除的 NH$_4^+$-N 部分中，土壤吸附和生物硝化作用各自所占的比例尚未可知。

随着土柱深度的增加，NH$_4^+$-N 浓度一直维持在较低水平，而 NO$_3^-$-N 浓度逐渐上升，直至 1.1m 处，NO$_3^-$-N 浓度达到最大值 20.44mg/L。有研究表明，在地下土壤渗滤系统中，在土壤的表层部分，由于有机物浓度较高，导致好氧分解有机物的细菌活性较强，成为优势细菌，而分解 NH$_4^+$-N 的硝化细菌的活性受到抑制，硝化过程不能正常进行，因此，硝化细菌"携带"NH$_4^+$-N 随水流方向往下移动。这与前文的 NH$_4^+$-N 浓度大幅降低相吻合。由于有机物在 0.2m 以上被消耗，到 0.2m 以下，硝化细菌的活性得到释放，开始发挥分解 NH_4^+-N 为 NO_3^--N 的作用，NO_3^--N 的浓度开始逐渐升高，直到 1.1m 处，NO_3^--N 的浓度达到最大值，并且也导致 TN 的浓度在 0.2m 以后逐渐增大，并在 1.1m 处达到最大值。而 1.1m 以后，系统处于厌氧或缺氧状态，硝化细菌不再发生作用。在此过程中，NH_4^+-N 的浓度一直不变，可能是由于 NH_4^+-N 的硝化作用是个瞬时过程，或者 NH_4^+-N 进入微生物体内。这些假设还有待进一步的研究。

同时，由于溶解氧的消耗，0.2m 以下，系统的硝化速率也在发生变化。如图 4-21 所示，NO_3^--N 浓度在 0.2m 处为 8.46mg/L，在 0.5m 深度处为 13.13mg/L，在 0.8m 处为 18.34mg/L，因此 0.2~0.5m 的增长浓度为 4.67mg/L，小于 0.5~0.8m 的增长浓度 5.21mg/L，即 NO_3^--N 浓度增长速率在 0.2~0.8m 仍在依次递增，而在 0.8~1.1m 则开始逐渐减小。

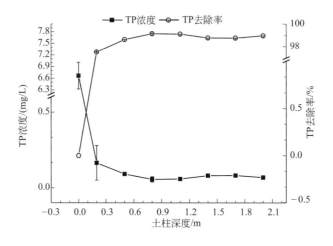

图 4-22　TP 的沿程变化规律

2) 区域 1.1~2.0m　由图 4-21 可知，1.1m 以下，系统中氮素主要以 NO_3^--N 的形式存在，并且该区域处于缺氧或者厌氧状态，因此，1.1m 以下，脱氮的主要方式为反硝化作用。1.1m 以下，系统处于缺氧或厌氧状态，反硝化细菌开始作用，NO_3^--N 开始被利用，浓度逐渐降低，导致 TN 的浓度开始降低，去除率开始上升。但是由于前期有机物的大量消耗，反硝化过程仅在 1.1~1.4m 区域作用明显，NO_3^--N 浓度降了 3.22mg/L，1.4m 以下，反硝化作用由于碳源的缺乏而被抑制，系统脱氮变得迟缓，直至出水。

（2）系统的除磷效果研究

如图 4-22 所示，系统对 TP 的去除效果较好。TP 的进水浓度为 6.67mg/L，下渗到 0.2m 时浓度已经降低到 0.16mg/L，去除率达到 97.54%，随着深度的下降，余下的 TP 以缓慢的速率去除，直至出水，浓度降到 0.068mg/L，去除率达到 98.97%。通过对土壤所含金属离子进行测定，发现实验所用土壤表层含有大量的钙、镁等金属离子，如前文所述，这些金属离子能与正磷酸盐发生作用生成沉淀，从而达到除磷的作用。综上所述，系统对 TP 的去除主要发生在 0~0.2m 区域内，主要以物理吸附和化学沉淀为主。

（3）有机物的沿程变化规律研究

1）COD 的变化规律　加入富里酸之前，系统内 COD 的沿程变化规律如图 4-23 所示。

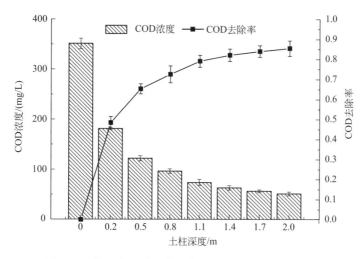

图 4-23　加入富里酸之前系统内 COD 的沿程变化规律

如图 4-23 所示，COD 在系统中的去除过程大体上可以分为三个阶段。

第一阶段为 $0 \sim 0.2m$ 区域，$0.2m$ 处 COD 浓度为 $181.11mg/L$，有 $169.93mg/L$ 的 COD 在此区间段被去除，去除效率达到 48.41%，产生这种现象的原因可能是在该区域内溶解氧浓度较高，好氧分解有机物的细菌数量较多，易生物降解的有机物在此区域内被大量去除，这个结果与之前 TN 的去除趋势也比较吻合。

第二阶段为 $0.2 \sim 1.1m$ 区域：在这个区域，COD 浓度由 $181.11mg/L$ 降至 $1.1m$ 处的 $73.38mg/L$，去除浓度为 $107.73mg/L$，约占总去除量的 30.69%，这是因为在土壤表层活性被抑制的硝化细菌逐渐开始发挥作用，但是由于在 $0 \sim 0.2m$ 区域内，溶解氧和易生物降解有机物被大量消耗，且随着深度的增加，溶解氧浓度会逐渐降低，因此，在此区域内有机物的降解速率逐渐降低。

第三阶段为 $1.1 \sim 2.0m$ 区域，在此区域内，COD 浓度由 $73.38mg/L$ 降至 $51.02mg/L$，去除量为 $22.26mg/L$，占总去除量的 6.37%，由前文所述的脱氮效果可知，此区域内溶解氧降至极低，反硝化过程开始发挥作用，但是由于 $1.1m$ 之前系统的易生物降解有机物被好氧分解和反硝化细菌所利用，反硝化过程可利用的碳源不足，因此，COD 的去除速率减小，并且主要集中在 $1.1 \sim 1.4m$ 区域。

同时，在 $1.1 \sim 2.0m$ 的区域内，系统对 COD 的去除量为 $22.36mg/L$，而对 TN 的去除浓度为 $5.42mg/L$，因此，在实验过程中，通过反硝化过程去除单位质量的氮需要的 COD 约为 $4.13mgCOD/mgTN$，与前人的研究成果 $3.5 \sim 4.5mgCOD/mgTN$ 相符。虽然土壤渗滤系统中 COD 的沿程变化能大致地描述系统中有机物的变化过程，但是只能总体说明其中有机物总量的变化过程，有机物的种类、具体数量以及有机物之间的相互转化过程依然难以说明，因此，为了更好地探讨有机物在深型地下土壤渗滤系统内的沿程变化，采用三维荧光图谱法来研究有机物组成的变化。

2）有机物的荧光变化规律　实验中各深度处水样的三维荧光图谱如书后彩图 7

所示。

由于传统的荧光分析方法存在许多局限，如杨长明等采用荧光峰的位置分析法研究污水处理过程中溶解性有机物的迁移转化规律，但是发现荧光峰中心所在位置不容易确定，限制了该方法的应用。其他的方法如区域积分法也用来分析荧光光谱，但是由于准确性较差，现在也较少有人使用。

目前，在研究溶解性有机物的变化规律的过程中，三维荧光与平行因子分析法（PARAFAC）结合使用成为主导趋势，运用平行因子分析法很容易就能得出溶解性有机物的变化规律。PARAFAC分析法是一种利用所有与波长密切相关的荧光强度数据进行的定量分析法，该方法可以全面揭示DOM的结构以及其异质性。

与主成分分析方法相比，PARAFAC分析法能够最大限度地表征荧光光谱中所有的荧光信息，极大地提高分析的准确性，同时，PARAFAC分析法的解是唯一的，解决了由于组分间化学结构相似等因素导致的组分难以辨别区分等问题。

在进行PARAFAC分析之前，需要首先去除荧光光谱图中的两大干扰散射：拉曼散射和瑞利散射。拉曼散射是水分子的非弹性散射，可以通过扣除超纯水的空白来消除干扰。瑞利散射是由比光波波长还小的气体分子引起的，荧光信号强度极大，但是不包含任何有用的信息，会严重地干扰PARAFAC分析的速率，在进行数据处理之前，需要提前去除。本节采用Matlab的软件中自带的DOMFlourtoolbox来去除瑞利散射。

接下来进行的是因子数的选择。因子数选择的恰当与否直接决定能否恰当地确定混合物中的实际荧光组分，对平行因子分析模型的正确性至关重要。本节选用残差分析，最终得出最佳的因子数为3个。

应用Matlab2009a结合DOMFlourtoolbox对所有样品的荧光数据进行模拟分析，最终得到3组分的荧光图谱，如书后彩图8所示。

如彩图8所示，平行因子分析模型共识别出了3个荧光组分，分别是组分1、组分2、组分3，分别代表类富里酸物质、类蛋白物质和类胡敏酸（即类腐植酸）物质。根据彩图7所示的3D-EEM图谱可知，此处的类蛋白物质包括区域Ⅰ、Ⅱ和Ⅲ，即代表类酪氨酸、类色氨酸和微生物副产物3类物质。同时，模型还得出了各成分在样品中所占的相对含量，如表4-18所列。

表4-18 样品荧光成分

深度/m	荧光强度			类蛋白所占比例/%	类富里酸所占比例/%
	组分1(类富里酸)	组分2(类蛋白质)	组分3(类胡敏酸)		
0.2	95.23	103.07	27.42	45.66	42.19
0.5	140.18	130.99	34.64	42.83	45.84
0.8	115.25	103.61	29.64	41.69	46.38
1.1	143.66	117.41	26.36	40.85	49.98
1.4	132.21	134.91	29.17	45.53	44.62
1.7	175.19	168.82	31.31	44.98	46.68
2.0	168.13	155.86	32.18	43.76	47.20

如表 4-18 所列，类富里酸在样品中所占比例逐渐升高，直至 1.1m 处达到最大值 49.98％，在 1.1～1.4m 区域，类富里酸发生了部分降解，导致其所占比例稍有降低。相反，类蛋白物质在此区域内稍有增加，随后又立刻减少，可能是类富里酸物质转化成了类蛋白物质，作为反硝化过程的碳源而被利用，这与 Nakhla 和 Farooq 的研究成果一致，即反硝化过程不能直接利用难降解有机物作为碳源，而是难降解有机物先分解转化为易降解的有机物，然后被反硝化细菌利用。1.4m 以后，类蛋白物质含量逐渐趋于稳定，反硝化作用被限制。

4.3.1.3 小结

① 加入富里酸之前，8cm/d 的水力负荷条件下，深型地下土壤渗滤系统对自配的生活污水中各种污染物均具有较好的去除效果，对 TP、COD、TN 和 NH_4^+-N 的去除率分别为 98.78％、85.47％、66.38％和 97.96％。出水 TP、COD、TN 和 NH_4^+-N 的浓度分别为 0.068mg/L、51.02mg/L、18.26mg/L 和 0.68mg/L，其中，TP 和 NH_4^+-N 的出水水质达到《城镇污水处理厂污染物排放标准》（GB 18918—2002）一级 A 标准，COD 和 TN 的出水水质也达到了一级 B 标准。

② 系统的脱氮效果可以分为两个部分。

第一部分是 0～1.1m 区域，在这个区域内，TN 浓度由 54.31mg/L 降至 23.68mg/L，但经历了先减小、后增大的过程。在土壤表层 0～0.2m 区域内，主要发生有机物的好氧分解过程，硝化作用被抑制。但由于土壤的吸附作用和硝化细菌的"携带"作用，表层 TN 浓度大幅度降低。0.2～1.1m 区域主要发生硝化反应，因此 NO_3^--N 浓度逐渐增加，导致 TN 的浓度也相应增加，去除效果降低。

第二部分为 1.1～2.0m 区域，主要发生反硝化脱氮作用，脱氮量为 5.42mg/L，占系统总脱氮量的 9.98％。该部分脱氮效率不高，主要是因为缺少反硝化过程所需要的碳源。

③ 结合三维荧光图谱和平行分子分析法对系统中有机物的沿程变化规律进行研究发现，系统中有机物主要分为类蛋白、类富里酸和类腐植酸物质 3 类。在 1.1m 之前，类蛋白物质不断被消耗，而类富里酸一直发生累积作用，相对含量一直增加，在 1.1～1.4m 区域内发生少部分降解，转化为易降解的类蛋白，作为反硝化作用的碳源，但是分解量较少，并不能大幅提高系统的脱氮效率。

4.3.2 添加富里酸后系统对污水的净化效果研究

将提纯干燥好的富里酸干制品每次称取 2.0g，溶解于自配的生活污水中，并搅拌均匀作为新的污水，用蠕动泵控制水力负荷维持在 8cm/d，待出水稳定后，分别于土壤不同深度取样测试，分析样品中污染物的沿程变化规律。

4.3.2.1 系统的脱氮效果研究

加入富里酸之后，系统的脱氮效果如图 4-24 所示。

如图 4-24 所示，加入富里酸之后，水力负荷维持不变的条件下，系统仍具有较好的脱氮效果，出水 TN 浓度、NH_4^+-N 浓度、NO_2^--N 浓度以及 NO_3^--N 浓度分别为

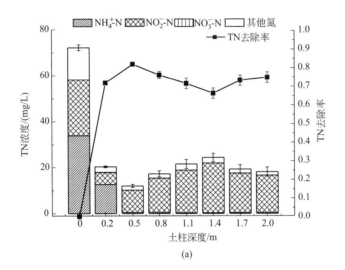

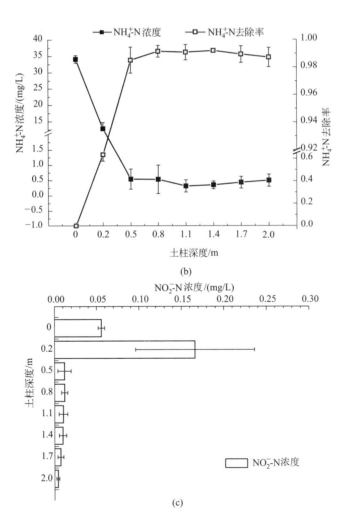

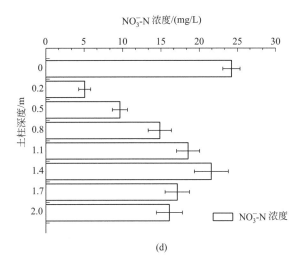

(d)

图 4-24　加入富里酸之后 TN、NH_4^+-N、NO_3^--N 及 NO_2^--N 沿程变化规律

18.15mg/L、0.49mg/L、0.0040mg/L 以及 16.12mg/L，其中 TN 和 NH_4^+-N 的去除效率分别为 74.86% 和 98.72%。从图 4-24 中可以看出，由于加入富里酸之前，系统对 NH_4^+-N 的吸附达到一定程度，加入富里酸之后系统对 NH_4^+-N 的吸附速率变慢，0.2m 处，NH_4^+-N 的浓度还有 12.70mg/L，去除率为 63.40%，但是到 0.5m 处已经降至 0.53mg/L，去除率达到 98% 以上，之后一直维持在低浓度水平。TN 的沿程变化过程与加入富里酸之后相似，经历了先升高、后降低、再升高的过程。不同的是，加入富里酸之后，系统的进水浓度增加至 72.19mg/L，出水浓度与未加入富里酸之前相近，达到 18.15mg/L，但是去除率为 74.86%，高于加入富里酸之前，且去除量为 54.04mg/L，高于加入富里酸之前的 43.06mg/L。NO_3^--N 去除率的变化趋势与 TN 一致，也经历了先升高、后降低、再升高的过程，变化机制与 TN 一致，前期由于土壤吸附 NO_3^--N 浓度降低，中期 NO_3^--N 不断积累，到 1.4m 附近达到最大值，随后发生反硝化作用，NO_3^--N 浓度逐渐降低，直至出水。NO_2^--N 浓度除在 0.2m 处有短暂的提升，在其他深度均维持较低水平。由图 4-24 可以看出，TN 和 NO_3^--N 浓度均是先降低、再升高、最后再降低，且在 1.4m 附近达到最大（除去进水浓度）。因此，将该深型土壤渗滤系统分为 0～1.4m 和 1.4～2.0m 两个部分进行讨论。

（1）0～1.4m 区域

由图 4-24 可知，在 0～1.4m 区域，TN 浓度由 72.19mg/L 降至 25.35mg/L，约有 64.88% 的氮在此区域被去除。

用 pH 计对所取水样进行测试，测得各采样点出水 pH 值在 7.13～7.92，说明几乎所有的 NH_4^+-N 是以离子形式存在的，不可能通过挥发作用去除，除非温度超过 40℃（而研究是在冬天室内进行，最高实测温度为 25℃），因此不可能是 NH_4^+-N 挥发导致的脱氮作用。

由图 4-24 可知，在 0～0.5m 区域，NH_4^+-N 浓度由 33.95mg/L 降至 0.73mg/L，去除效率达到 98.51%，且 0.5m 以下 NH_4^+-N 浓度一直维持在较低值，而 NO_3^--N 浓

度逐渐上升，直至 1.4m 处，$NO_3^- $-N 浓度达到最大值 21.60mg/L。有研究表明，在地下土壤渗滤系统中，在土壤的表层部分，由于有机物浓度较高，导致好氧分解有机物的细菌活性较强，成为优势细菌，而分解 NH_4^+-N 的硝化细菌的活性受到抑制，硝化过程不能正常进行，因此，硝化细菌"携带" NH_4^+-N 随水流方向往下移动。这与前文的 NH_4^+-N 浓度大幅降低吻合。由于有机物在 0.2m 以上被消耗，到 0.2m 以下，硝化细菌的活性得到释放，开始发挥分解 NH_4^+-N 为 $NO_3^- $-N 的作用，$NO_3^- $-N 的浓度开始逐渐升高，直到 1.4m 处，$NO_3^- $-N 的浓度达到最大值，并且也导致 TN 的浓度在 0.2m 以后逐渐增大，并在 1.4m 处达到最大值。而 1.4m 以后，系统处于厌氧或缺氧状态，硝化细菌不再发生作用。在此过程中，NH_4^+-N 的浓度一直不变，可能由于 NH_4^+-N 的硝化作用是个瞬时过程，或者 NH_4^+-N 进入微生物体内。这些假设还有待进一步的研究。

同时，由于溶解氧的消耗，0.2m 以下系统的硝化速率也在发生变化。如图 4-24 所示，$NO_3^- $-N 浓度在 0.2m 处为 5.07mg/L，在 0.5m 深度处为 9.64mg/L，在 0.8m 处为 14.85mg/L，因此 0.2～0.5m 的增长浓度为 4.57mg/L，小于 0.5～0.8m 的增长浓度 5.21mg/L，0.8～1.1m 区域 $NO_3^- $-N 浓度增长 3.70mg/L，1.1～1.4m 区域的增长浓度为 3.04mg/L，因此 $NO_3^- $-N 的去除速率是先大后小，与 DO 在系统中沿深度方向的变化规律一致。

（2）1.1～2.0m 区域

由图 4-24 可知，1.4m 以下，系统中氮素主要以 $NO_3^- $-N 的形式存在，并且该区域处于缺氧或者厌氧状态，因此脱氮的主要方式为反硝化作用。1.4m 以下，系统处于缺氧或者厌氧状态，反硝化细菌开始作用，$NO_3^- $-N 开始被利用，浓度逐渐降低，导致 TN 的浓度开始降低，去除率开始上升。在 1.4～1.7m，$NO_3^- $-N 的浓度有一个大幅的下降，由 21.60mg/L 降至 17.14mg/L，浓度减少了 4.46mg/L；1.7m 以后，去除量仅为 1.01mg/L，去除速率明显变缓，说明反硝化过程最终还是受到碳源不足的限制。同时，导致系统脱氮速率减缓。但是，相对于加入富里酸之前系统的脱氮效果而言，加入富里酸之后，由于反硝化作用导致的脱氮量增加，加入富里酸之前系统的反硝化脱氮量为 5.42mg/L，加入富里酸之后增至 7.20mg/L。

4.3.2.2 系统的除磷效果研究

加入富里酸之后 TP 的沿程变化规律如图 4-25 所示。

如图 4-25 所示，加入富里酸之后，系统对 TP 的去除效果同样较好。TP 的进水浓度为 6.45mg/L，下渗到 0.2m 时浓度已经降低到 0.32mg/L，去除率达到 95%，随着深度的下降，余下的 TP 以缓慢的速度去除，直至出水，浓度降到 0.051mg/L，去除率达到 99.21%。TP 的去除过程与加入富里酸之前类似，此处不再解释。

4.3.2.3 有机物的沿程变化规律研究

加入富里酸之后 COD 的沿程变化趋势如图 4-26 所示。

如图 4-26 所示，COD 在系统中的去除过程大体上可以分为三个阶段。

第一阶段为 0～0.2m 区域。0.2m 处 COD 浓度为 231.22mg/L，有 232.57mg/L 的 COD 在此区间段被去除，去除效率达到 50.15%，产生这种现象的原因可能是在该

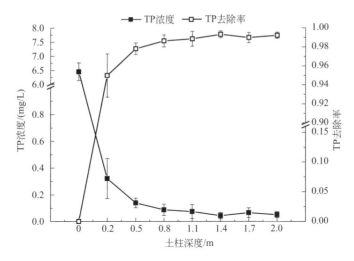

图 4-25　加入富里酸之后 TP 的沿程变化规律

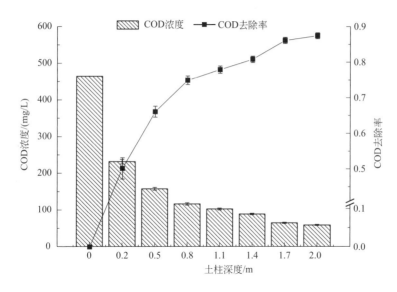

图 4-26　加入富里酸之后 COD 的沿程变化趋势

区域内，溶解氧浓度较高，好氧分解有机物的细菌数量较多，易生物降解的有机物在此区域内被大量去除。

　　第二阶段为 0.2～1.4m 区域。在这个区域，COD 浓度由 231.22mg/L 降至 88.97mg/L，去除量为 142.24mg/L，约占总去除量的 30.67%，这是因为在土壤表层活性被抑制的硝化细菌逐渐开始发挥作用，但是由于在 0～0.2m 区域内，溶解氧和易生物降解有机物被大量消耗，且随着深度的增加，溶解氧浓度会逐渐降低，因此，在此区域内，有机物的降解速率逐渐降低。

　　第三阶段为 1.4～2.0m 区域。在此区域内，COD 浓度由 88.97mg/L 降至 58.37mg/L，去除量为 30.60mg/L，占总去除量的 6.60%，此区域主要发生反硝化作用。传统研究认为，由于土壤渗滤系统上层易生物降解有机物被好氧分解和反硝化细菌所利用，反硝化过程可利用的碳源会不足，从而限制脱氮作用，但是由图 4-26 所知，反硝化过程 1.4～1.7m 区域内仍然正常进行，并且达到一定的脱氮效果，COD 也相应减少，说明此部分有可以被反硝化细菌所利用的碳源，只是到 1.7m 以下 COD 浓度的下降速率减慢，相应反硝化过程也受到一定程度的限制。

同时，在 1.4～2.0m 的区域内，系统对 COD 的去除量为 30.60mg/L，而对 TN 的去除量为 7.20mg/L，因此，在实验过程中，通过反硝化过程去除单位质量的氮需要的 COD 约为 4.25mgCOD/mgTN，也与前人的研究成果 3.5～4.5mgCOD/mgTN 相符。

虽然土壤渗滤系统中 COD 的沿程变化能大致地描述系统中有机物的变化过程，但是只能总体说明其中有机物总量的变化过程，有机物的种类、具体数量以及有机物之间的相互转化过程依然难以说明，因此，为了更好地探讨加入富里酸之后，有机物在深型地下土壤渗滤系统内的沿程变化规律，采用三维荧光图谱和平行因子分析法来研究有机物组成的变化。加入富里酸之后，深型土壤渗滤系统中有机物的沿程变化规律如书后彩图 9 所示。

结合平行因子分析模型识别出的三个荧光组分类富里酸物质、类蛋白物质和类胡敏酸（即类腐植酸）物质在样品中所占的含量如表 4-19 所列。

表 4-19　加入 FA 之后样品荧光成分

深度/m	荧光强度			类富里酸所占比例/%	类蛋白所占比例/%
	成分 1（类富里酸）	成分 2（类蛋白质）	成分 3（类胡敏酸）		
0.0	10.47	59.88	0.30	14.82	84.75
0.2	98.03	156.79	154.91	23.92	38.27
0.5	120.80	109.09	60.33	41.62	37.59
0.8	151.29	107.34	37.65	51.06	36.23
1.1	152.56	101.88	25.36	54.52	36.41
1.4	219.06	144.41	36.01	54.84	36.15
1.7	215.96	196.45	35.87	48.18	43.82
2.0	199.02	163.13	34.42	50.19	41.14

说明：成分中数字 1～3 代表物质峰值高度。

从表 4-19 中可以看出，进水中类蛋白仍然为主要的有机物种类，随着系统深度的增加，类蛋白物质的含量有逐渐降低的趋势；同时，类富里酸的含量逐渐增加，直至 1.4m 处，类富里酸含量达到最大值，类蛋白含量达到最小值，并且，类富里酸在 1.4m 以后含量有所降低，类蛋白物质的含量相对上升，说明有难降解的类富里酸物质转化为易降解的类蛋白物质，并作为反硝化的碳源；1.7m 以后，又有类富里酸的含量继续上升、类蛋白物质继续下降的趋势，说明类蛋白物质被利用，又重新生成难降解的类富里酸物质等。

4.3.2.4　加入富里酸前后脱氮效果的对比研究

为了研究富里酸对深型土壤渗滤系统的脱氮效果影响，将加入富里酸前后的脱氮效果进行对比，如表 4-20 所列。

表 4-20　加入富里酸前后系统脱氮效果对比

项目	加入富里酸之前	加入富里酸之后
TN 去除率/%	66.38	74.86
TN 去除量/(mg/L)	36.05	54.04
NH_4^+-N 去除率/%	97.86	98.72
NH_4^+-N 去除量/(mg/L)	30.66	33.46
NO_3^--N 去除量/(mg/L)	5.45	8.11
反硝化脱氮量/(mg/L)	5.42	7.20

由表 4-20 可以看出，加入富里酸后系统对于 TN 的去除率稍有提升，从 66.38% 提升至 74.86%，但是加入富里酸之后，系统对 TN 的去除量由 36.05mg/L 增至 54.04mg/L，提高了 17.99mg/L，对 NO_3^--N 的去除量也提高了 2.66mg/L。同时，加入富里酸之后，由于反硝化作用所去除的 TN 量增加了 1.78mg/L，去除效率提高了 32.84%，说明，富里酸在一定程度上可以作为缓释碳源促进反硝化脱氮过程，但是由于富里酸的提取难度较大，且产量较低，其他浓度梯度实验的进行具有一定困难，实验过程还有待进一步的优化。

4.3.2.5　小结

① 加入富里酸之后，8cm/d 的水力负荷条件下，深型土壤渗滤系统对自配的生活污水中各种污染物均具有较好的去除效果，对 TP、COD、TN 和 NH_4^+-N 的去除率分别为 99.22%、87.41%、74.86% 和 98.72%。出水 TP、COD、TN 和 NH_4^+-N 的浓度分别为 0.051mg/L、58.37mg/L、18.15mg/L 和 0.49mg/L，TP 和 NH_4^+-N 的出水水质达到《城镇污水处理厂污染物排放标准》(GB 18918—2002) 一级 A 标准，Tn 和 COD 的出水水质也达到一级 B 标准。

② 系统的脱氮效果可以分为两部分。第一部分是 0~1.4m 区域，在这个区域内，TN 浓度由 72.19mg/L 降低为 25.35mg/L，但经历先减小后增大的过程。在土壤表层 0~0.2m 区域内，主要发生有机物的好氧分解过程，硝化作用被抑制。但由于土壤的吸附作用和硝化细菌的"携带"作用，表层 TN 浓度大幅度降低。0.2~1.4m 区域，主要发生硝化反应，因此 NO_3^--N 浓度逐渐增加，导致 TN 的浓度也相应增加，去除效果降低。第二部分为 1.4~2.0m 区域，主要发生反硝化脱氮作用，脱氮量为 7.20mg/L，占系统总脱氮的 13.32%。

③ 结合三维荧光图谱和平行分子分析法对系统中有机物的沿程变化规律进行研究发现，系统中有机物主要分为：类蛋白、类富里酸和类腐植酸物质三类。类富里酸在 1.1m 之前一直发生累积作用，相对含量一直增加，在 1.4m 处发生部分降解，转化为易降解的类蛋白，作为反硝化作用的碳源。

④ 对比发现，加入富里酸后系统对于 TN 的去除率从 66.38% 提升至 74.86%，对 TN 的去除量由 36.05mg/L 增至 54.04mg/L，提高了 17.99mg/L，对 NO_3^--N 的去除量也提高了 2.66mg/L。同时，加入富里酸之后，由于反硝化作用所去除的 TN 量增加了 1.78mg/L，去除效率提高了 32.84%，说明富里酸在一定程度上可以作为缓释碳源促进反硝化脱氮过程。

4.3.3 结论

研究在分析现有地下土壤渗滤系统技术现状的基础上，采用高为 2.0m 的深型有机玻璃柱搭建的土壤渗滤系统模拟系统来处理自配的生活污水，研究加入富里酸前后系统对污染物的去除效果，特别是对比了加入富里酸前后系统的脱氮效果变化。通过研究得到以下结论。

① 加入富里酸之前，系统出水的 TP、COD、TN 和 NH_4^+-N 的浓度分别为 0.068mg/L、51.02mg/L、18.26mg/L 和 0.68mg/L，去除率分别为 98.78%、85.47%、66.38% 和 97.96%。污水中的氮主要是在硝化-反硝化作用下去除的。在系统的 1.1～2.0m 深度区域，主要发生反硝化脱氮作用，脱氮量为 5.42mg/L，占系统总脱氮量的 9.98%。

② 加入富里酸之前，结合三维荧光图谱和平行因子分析法对系统中有机物的沿程变化规律进行研究发现，在污水进入系统之后，类蛋白物质一直减少，而类富里酸持续积累，仅在 1.1m 处，有很少量的类富里酸转化为可被微生物利用的类蛋白物质，并且在立刻被消耗之后，类蛋白含量一直不变，说明是有机物的缺乏限制了反硝化过程。

③ 加入富里酸之后，系统出水 TP、COD、TN 和 NH_4^+-N 的浓度分别为 0.051mg/L、58.37mg/L、18.15mg/L 和 0.49mg/L，去除率分别为 99.22%、87.41%、74.86% 和 98.72%，可以发现，系统的脱氮效率有明显提升。加入富里酸之后，系统对 TN 的去除量由 36.05mg/L 增至 54.04mg/L，提高了 17.99mg/L，对 NO_3^--N 的去除量也提高了 2.66mg/L。同时，加入富里酸之后，由于反硝化作用所去除的 TN 量增加了 1.78mg/L，去除效率提高了 32.84%。

④ 加入富里酸之后，结合三维荧光图谱和平行因子分析法对系统中有机物的沿程变化规律进行研究发现，沿深度方向，系统中难降解有机物类富里酸和类胡敏酸所占含量逐渐增大，说明土壤渗滤系统在去除有机物的同时，提高了出水中有机物的稳定性。但是，在 1.4m 处，有一部分类富里酸发生降解，转化为可被微生物利用的类蛋白物质，并且马上被利用。系统脱氮效率和脱氮量也因此有所提高，说明富里酸在一定程度上可以发挥缓释碳源的作用，促进反硝化脱氮过程。

4.4 基于微纳米曝气的土壤渗滤系统强化脱氮技术

4.4.1 曝气强化的土地渗滤系统启动实验

4.4.1.1 基质 NH_4^+-N 吸附实验

根据快速启动实验中土壤渗滤床显示出了极高的 NH_4^+-N 去除能力，通过分析快速启动的各项参数，即使在对照组内，系统抗 NH_4^+-N 冲击负荷能力也比较强，这可能是由于渗滤床对于 NH_4^+-N 的初期去除途径是物理吸附和化学吸附，由表 4-21 所列，土壤的阳离子吸附容量（CEC）从表层至底层分别为 $3.12\sim11.31$ cmol/kg。因此，为了具体分析氮素在土柱中的运移状况，必须要衡量土壤基质对于 NH_4^+-N 的吸附能力，以排除土壤吸附对于 NH_4^+-N 的去除效果的干扰。

表 4-21 渗滤床运行前土壤物理性质分布实验结果

深度/cm	孔隙度/%	容重/(g/cm³)	pH 值	阳离子吸附容量(CEC)/(cmol/kg)
0~50	30.5	1.43	6.6	11.31
50~100	29.4	1.56	5.9	8.49
100~150	27.8	1.63	6.5	4.65
150~200	25.4	1.76	6.9	3.12

基质 NH_4^+-N 吸附试验的目的在于测定 4 个深度的土壤基质对于 NH_4^+-N 的吸附能力，进而拟合出等温吸附曲线和吸附动力学曲线，以研究基质 NH_4^+-N 吸附能力并以此计量 NH_4^+-N 经由基质吸附的去除量。在土柱填装时，将 $0\sim50$ cm、$50\sim100$ cm、$100\sim150$ cm、$150\sim200$ cm 四层土样留存并常温晾干，过 60 目筛后置于灭菌锅内，在 $125\,℃$、110 kPa 条件下灭菌 60 min 后取出待用。

（1）NH_4^+-N 吸附热力学实验结果

使用经过烘干的氯化铵（分析纯）配置 NH_4^+-N 浓度分别为 0、20mg/L、40mg/L、80mg/L、160mg/L、320mg/L、640mg/L 的梯度溶液进行等温吸附试验，在转速为 200r/min 的 25℃ 恒温摇床中进行吸附试验，经过 24h 取经过 25μm 滤膜抽滤的震荡混合液测量 NH_4^+-N 浓度变化情况并利用 Langmuir 和 Freundlich 等温吸附模型进行拟合。

拟合结果见表 4-22，Langmuir 模型可以更加真实地反映土样对 NH_4^+-N 的热力学吸附过程，自上而下各层土样对 NH_4^+-N 的饱和吸附容量分别为：0.32mg/g、0.37mg/g、0.34mg/g、0.26mg/g，$50\sim100$ cm 土样对 NH_4^+-N 的吸附能力最强，$0\sim50$ cm 次之，可能是由于表层土长期耕植作物施肥导致吸附容量下降，同时土壤因为长期暴露在空气下的矿化作用也会削减土壤的阳离子吸附能力，而 $150\sim200$ cm 吸附能力最差，这与其轻质砂壤土的性质有关。

表 4-22 热力学吸附实验拟合结果

拟合模型	土样深度/cm	拟合方程	参数说明	相关系数(R^2)
Langmuir	0~50	$y=3.24x+149.6$	$y=C_e/q_e$;	0.94
	50~100	$y=3.06x+97.2$	$x=C_e$	0.99
	100~150	$y=2.19x+101.7$	C_e 为平衡浓度;	0.98
	150~200	$y=3.17x+187.4$	q_e 为平衡吸附量	0.95
Freundlich	0~50	$y=0.62x-1.67$	$y=\ln q_e$;	0.86
	50~100	$y=0.67x-2.02$	$x=\ln C_e$	0.90
	100~150	$y=0.73x-1.81$	C_e 为平衡浓度;	0.95
	150~200	$y=0.59x-2.35$	q_e 为平衡吸附量	0.92

根据每层土壤填装密度估算，$0\sim50$ cm 段土壤对 NH_4^+-N 的吸附总量为 16.16g，$50\sim100$ cm 段土壤为 20.38g，$100\sim150$ cm 段土壤为 19.57g，$150\sim200$ cm 段土壤为 16.16g。实验过程中，污水 NH_4^+-N 质量负荷为 1.15g/d，由于 NH_4^+-N 浓度在 90cm

深度已经去除殆尽，因此 0～100cm 深度土壤发挥了主要的 NH_4^+-N 吸附作用，在不考虑 NH_4^+-N 沿程浓度变化对于饱和吸附量影响的前提下，0～100cm 土壤对 NH_4^+-N 的最大吸附总量为 36.54g，系统基本吸附饱和的极端最大时长为 31.7d，而土柱系统运行时间长度超过 400d，启动实验期就长达 60d 以上，因此基质对 NH_4^+-N 的吸附作用对于实验中后期的 NH_4^+-N 浓度变化没有显著影响。

（2）NH_4^+-N 吸附动力学结果

根据土样的热力学实验结果，取 0～50cm、50～100cm 土样进行 NH_4^+-N 动力学吸附试验，为了尽量模拟实际污水中的 NH_4^+-N 浓度，使用经过烘干的氯化铵（分析纯）配置 NH_4^+-N 浓度为 160mg/L 溶液进行动力学吸附试验，在转速为 200r/min 的 25℃ 恒温摇床中进行吸附试验，在 0、0.5h、1h、1.5h、2h、3h、4h、6h、8h、12h、18h、24h 取经过 $25\mu m$ 滤膜抽滤的震荡混合液测量 NH_4^+-N 浓度变化情况。

由图 4-27 可见，0～50cm 土样对 NH_4^+-N 的吸附量在 0～0.5h 和 1～2h 间出现了明显下降，50～100cm 土样仅在 1～2h 期间出现吸附量的下降，而后土样 NH_4^+-N 吸附量基本呈现出相似的增长规律，至 18h 左右基本达到平衡。0～50cm 土样由于在取土前还在种植玉米，期间多次施肥，因此在 0～0.5h 出现的吸附量下降可能来自 NH_4^+-N 的短暂释放；而两个土样在 1～2h 的吸附量下降可能源自吸附期间 NH_4^+-N 从土壤颗粒表面的解吸附现象，一般来说铵离子与沸石、土壤中的阳离子交换时会在表面物理吸附位吸附饱和后出现短暂的解吸附现象，之后开始进行孔道吸附和化学吸附，这种现象在高浓度 NH_4^+-N 吸附时更加明显。以 0.5～24h 期间的吸附曲线进行 Langmuir 准二级吸附动力学方程拟合，其中 0～50cm 土样 Q_e 为 3.17，k 为 0.0472，R^2 为 0.937；50～100cm 土样 Q_e 为 3.52，k 为 0.0509，R^2 为 0.961。这说明土样对 NH_4^+-N 的吸附基本满足准二级动力学吸附模式，反应前期主要由化学吸附控制其吸附速率，在 24h 内可以达到 85% 以上的吸附饱和度。

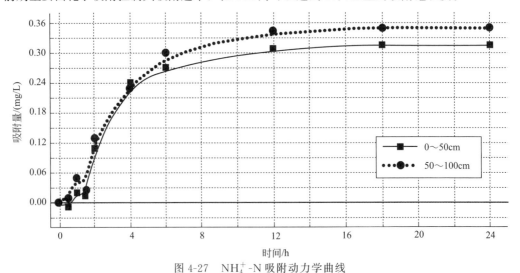

图 4-27　NH_4^+-N 吸附动力学曲线

4.4.1.2　启动实验条件

实验作为微纳米曝气强化土地渗滤系统处理高氨氮污水的启动实验，通过对比微纳米曝气、普通曝气和非曝气三种工作状态启动阶段的启动时间、处理效率和能耗等参数，验证微纳米曝气预处理在启动速度、污染物去除率和能效比的优势性。

由于该实验的性质为验证微纳米曝气强化技术的实际应用效果，因此进水采用实际高氨氮废水，在启动阶段采用的污水为北京市阿苏卫垃圾转运公司的垃圾渗滤液，由于渗滤液原液性质恶劣、可生化性极低而且有生物毒性，考虑到土地渗滤系统通常作为三级深度处理或二级土地处理工艺，因此实验进水取自转运公司污水处理站 UASB 处理后的上清液出水，UASB 是厌氧预处理技术的高效能改进工艺，通过上流厌氧工艺条件实现高浓度废水的厌氧降解，提升污水可生化性，削减污水 COD 的同时实现水、气、固三相污染物的分离，在该污水处理站的工艺中，UASB 出水进入 A/O 活性污泥池进行二级处理，因此将其作为土壤渗滤系统进水是基本可行的。启动实验于 2013 年 12 月开始，渗滤液的理化指标测定结果见表 4-23。

表 4-23　启动实验进水水质检测结果

考察参数	COD /(mg/L)	BOD₅ /(mg/L)	NH₄⁺-N /(mg/L)	TN /(mg/L)	TP /(mg/L)	SS /(mg/L)	色度
浓度范围	466~792	192~289	204~326	290~421	6~21	44~102	52~205
平均值	608.7	255.6	262.1	368.6	14.2	70.4	125.6

渗滤液水质指标显示，经过 UASB 处理的出水 COD 小于 800mg/L，可生化性（BOD_5/COD_{cr}）达到 0.41，基本达到了二级生物处理的工艺需求，污水碳氮比（如无特别标明，本节均以 COD：TN 比值作为碳氮比数值）仅为 1.85，TN 中约有 71.2% 为 NH_4^+-N。由于试验用水 SS 平均值大于 50mg/L，因此将滤出液通过二级石英砂过滤槽，经过砂滤的渗滤液基本澄清，色度降低至 32.5~478.2，SS 含量降低至 19.2~27.8mg/L。

启动实验启用 A、B、C 3 根土柱，土柱于 2013 年 10 月填装完毕后一直使用清水冲洗。根据课题组前人以相同地点建立的深型地下渗滤实验装置处理农村分散生活污水的实际运行经验，在处理低碳氮比污水时，渗滤系统水力负荷在 8~10cm/d 时取得最佳处理效果，因此启动实验选取 8cm/d 作为水力负荷。A、B、C 土柱分别连接微纳米曝气机、普通曝气机、无曝气机。通过两只 HACH 溶解氧在线监测探头控制曝气机启闭，将二级进水槽溶解氧控制在 4~6mg/L 范围内，该范围内溶解氧相对不易散失，较易达到最佳费效比。

土地渗滤和人工湿地的启动策略包括混合生活污水快速启动和按照一定比例稀释污水逐步启动，实验采用降低渗滤液清水稀释比例实现启动，实验过程中 0~20d、21~40d、41~110d 分别通入稀释 4 倍的污水、稀释 2 倍的污水和原液，逐步提升渗滤液污染负荷，完成启动培养。

实验启动周期总监测时间区间为 2013 年 12 月至 2014 年 3 月的 110d，其间启动前期 3~7d 进行一次采样，中后期每 7~10d 进行采样，测量系统进出水中 COD、NH_4^+-N、TN、TP 的浓度指标。下文如无特殊说明，以 A 柱、B 柱、C 柱分别指代启动实验的微纳米曝气土柱、普通曝气土柱和非曝气对照土柱。

4.4.1.3　启动实验小试结果分析

（1）COD 降解规律分析

启动期间 COD 进出水浓度以及稀释倍数随时间的变化规律如图 4-28 所示。COD

的进水稀释浓度梯度分别为 0～20d 稀释 4 倍，浓度范围 162～182mg/L；20～40d 稀释 2 倍，浓度范围 311～329mg/L；40d 之后采用原液进水，浓度范围 569～632mg/L。从图 4-28 来看，进水中 COD 浓度基本稳定。

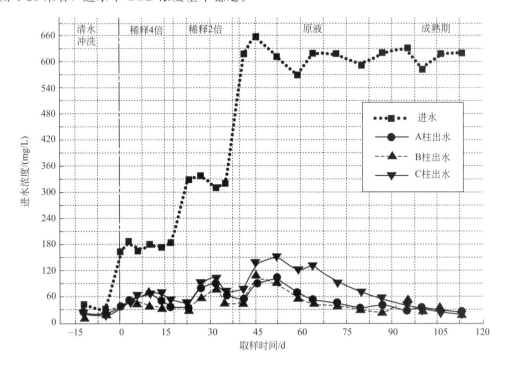

图 4-28　启动实验 COD 进出水随时间变化规律

土柱出水 COD 浓度呈现出类似的规律性：在清水冲洗期间，出水 COD 浓度稳定在 14～21mg/L，随着稀释倍数的减少，进水 COD 浓度阶段性迅速提升，土柱出水 COD 浓度呈现出带有滞后性的峰值，而后逐渐稳定至较低的水平。从土柱成熟期的稳定出水来看，土柱出水 COD 浓度分布在 19～29mg/L 范围内，均满足《城镇污水处理厂污染物排放标准》（GB 18918—2002）中一级 A 标准。土柱成熟期 COD 去除率分别为 94.8％、95.1％、94.5％，且不同土柱间并无显著区别，说明深型土壤渗滤系统对于包括高氨氮污水和生活污水在内的多种污水中 COD 降解能力很强，且与预曝气系统并无直接联系，由于渗滤床内参与降解 COD 的微生物很多，COD 在好氧、厌氧条件下均可被有效降解，因此渗滤床深度和环境温度可能是 COD 高效降解的主要影响因素。

监测期间，除了 C 柱外，A 柱、B 柱出水 COD 浓度在监测期间均低于 100mg/L，满足标准中的二级标准，而 C 柱在 40～70d 的一个月间 COD 出水持续超过 120mg/L，最大达到 141mg/L，尚无法满足《城镇污水处理厂污染物排放标准》（GB 18918—2002）中的三级标准。显然，预曝气工艺对于提升土壤渗滤系统驯化期间出水性质有显著效果。

在三个阶段分别提升进水浓度后，A 柱出水恢复一级 A 标准的时间分别为 12d、9d、24d，B 柱出水恢复一级 A 标准的时间分别为 9d、10d、19d，而 C 柱出水恢复一级

A 标准的时间分别为 17d、＞20d、37d，这说明曝气系统能够提升土壤渗滤系统对于 COD 浓度变化的抗冲击性和适应能力，从而缩短系统驯化时间，实验中，A 柱、B 柱的稳定时间分别仅为 C 柱的 63％和 51％，使得系统驯化时间节省了 30％～50％。其中，普通曝气系统成熟时间整体略短于微纳米曝气系统，但是差别不显著。

从原理上分析，曝气技术提升渗滤床抗 COD 冲击性的原理可能在于通过曝气改善了系统内水力环境和微生物种类分布：相比于厌氧微生物，好氧微生物异养呼吸速率可以达到前者的 4～10 倍以上，对于不良水质环境的恶化有更快的适应能力，因此促成了曝气技术对于驯化期间 COD 快速稳定的结果。

（2）NH_4^+-N 降解规律分析

启动期间 NH_4^+-N 进出水浓度以及稀释倍数随时间的变化规律如图 4-29 所示。NH_4^+-N 进水稀释浓度梯度分别为 0～20d 稀释 4 倍，浓度范围 62～71mg/L；20～40d 稀释 2 倍，浓度范围 129～141mg/L；40d 之后采用原液进水，浓度范围 231～271mg/L。从图 4-29 来看，进水中 NH_4^+-N 浓度基本稳定。

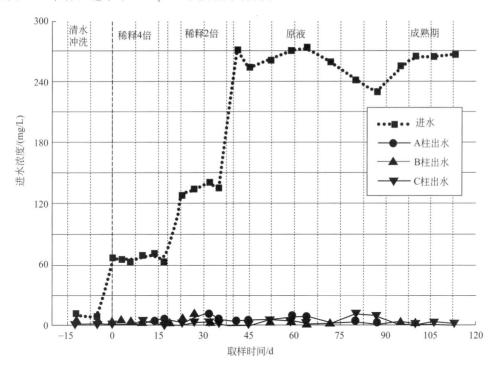

图 4-29　启动实验 NH_4^+-N 进出水随时间变化规律

在阶段性提升进水浓度后，出水 NH_4^+-N 浓度并无显著提升，实验过程中仅有 20～40d NH_4^+-N 浓度出现峰值（12mg/L），其他时间 NH_4^+-N 浓度均维持在较低的水平（0～5mg/L）。从土柱成熟期的稳定出水来看，土柱出水氨氮浓度分布在 0.1～3mg/L 范围内，均满足《城镇污水处理厂污染物排放标准》（GB 18918—2002）中一级 A 标准。土柱成熟期 NH_4^+-N 去除率分别为 98.5％、99.2％、98.5％，且不同土柱间并无显著区别，说明深型土壤渗滤系统对于包括高氨氮污水中的 NH_4^+-N 具有极强的降解能力，且与预曝气系统并无直接联系。

从 NH_4^+-N 在土柱内的降解原理分析，出现上述现象的主要原因为土壤渗滤系统对 NH_4^+-N 的降解主要通过化学吸附-转化过程完成，吸附过程的反应速率很高，因此 NH_4^+-N 在土柱上半段就可能完成吸附固定，并由脱氮微生物进行进一步转化，其中吸附过程受溶解氧的影响较小，因此土柱 NH_4^+-N 出水浓度不仅很低，而且没有呈现出技术条件的结果差异，但该推理需要其他数据，尤其是 NH_4^+-N 随深度降解的规律探究。

（3）TN 降解规律分析

启动期间 TN 进出水浓度以及稀释倍数随时间的变化规律如图 4-30 所示。TN 的进水稀释浓度梯度分别为 0～20d 稀释 4 倍，浓度范围 88～102mg/L；20～40d 稀释 2 倍，浓度范围 182～203mg/L；40d 之后采用原液进水，浓度范围 360～402mg/L。从图 4-30 来看，进水中 TN 浓度基本稳定。

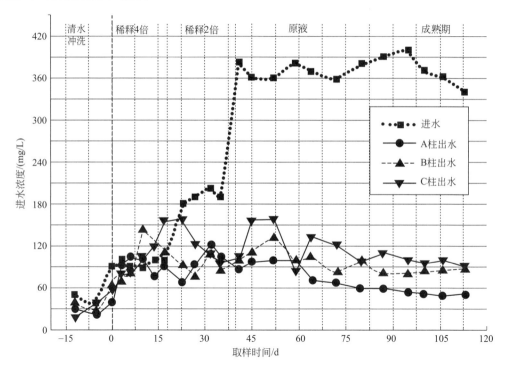

图 4-30 启动实验 TN 进出水随时间变化规律

土柱出水 TN 浓度和 COD 浓度变化呈现出类似的规律性：在清水冲洗期间，出水 TN 浓度稳定在 22～40mg/L。随着稀释倍数的减少，进水 TN 阶段性迅速提升，土柱出水 TN 浓度呈现出带有明显滞后性的峰值，而后 TN 出水浓度逐渐平缓，从土柱成熟期的稳定出水来看，土柱出水 TN 浓度分布在 52～90mg/L 范围内，尚无法满足《城镇污水处理厂污染物排放标准》（GB 18918—2002）中一级 B 标准。土柱成熟期 TN 去除率分别为 85.77%、77.96%、73.64%，微纳米曝气、普通曝气、无曝气土柱脱氮效果逐渐降低，这说明曝气强化系统的确可以提升深型土壤渗滤系统对于氮素的降解能力，而其中微纳米曝气技术更具优势，明显高于传统土地渗滤系统 65%～75% 的 TN 去除率。

从系统出水稳定性方面来分析，进水浓度阶段性提升之后的出水水质恶化现象在C柱表现得更加明显且更加不稳定。在三次提升进水浓度后，A柱出水恢复稳定范围的时间分别为15d、15d、34d，B柱出水恢复稳定的时间分别为18d、16d、40d，而C柱出水恢复稳定的时间分别为>20d、>20d、55d，这说明曝气系统能够提升土壤渗滤系统对于TN浓度变化的抗冲击性和适应能力，从而缩短系统驯化时间，实验中，A柱、B柱的稳定时间分别仅为C柱的61%和64%。其中，普通曝气系统与微纳米曝气系统的驯化时间差别不显著。

曝气系统缩短系统对于TN驯化时间的原理是比较复杂的，这是由脱氮反应的复杂性决定的，但是曝气技术可能通过改变土柱内的DO沿程变化规律来影响微生物沿程分布，从而使得不同系统内形成不同的脱氮机制，从而体现出不同的适应性和脱氮效率。也由于TN脱除过程和NH_4^+-N不同，主要依靠微生物过程实现，而且反应速率较低，因此系统启动期间TN去除效果稳定性较低。

（4）TP降解规律分析

启动期间TP进出水浓度以及稀释倍数随时间的变化规律如图4-30所示。TP的进水稀释浓度梯度分别为0~20d稀释4倍，浓度范围3.4~3.96mg/L；20~40d稀释2倍，浓度范围6.92~7.61mg/L；40d之后采用原液进水，浓度范围12.9~14.9mg/L。从图4-31来看，进水中TP浓度基本稳定。

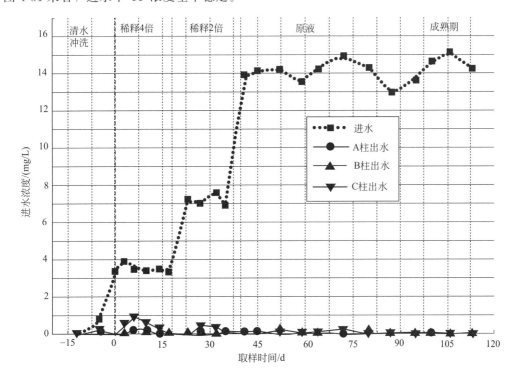

图4-31 启动实验TP进出水随时间变化规律

土柱TP出水的浓度变化规律与氨氮类似，在阶段性提升进水浓度后，仅有C柱出

水 NH_4^+-N 浓度有显著的提升，实验过程中仅有 $10\sim20d$、$25\sim35d$ 期间 TP 浓度出现峰值（$12mg/L$），其他时间所有土柱的 TP 出水浓度维持在较低的水平（$0\sim0.5mg/L$）。从土柱成熟期的稳定出水来看，土柱出水 TP 浓度分布在 $0.01\sim0.09mg/L$ 范围内，均满足《城镇污水处理厂污染物排放标准》（GB 18918—2002）中一级 A 标准。各土柱成熟期 TP 去除率分别为 99.98%、99.99%、99.98%，不同土柱间没有区别，说明深型土壤渗滤系统对于包括高氨氮污水中的 TP 具有极强的降解能力，且与预曝气系统并无联系。

从 TP 在土柱内的降解原理分析，出现上述现象的主要原因为土壤渗滤系统对于 TP 的降解主要通过吸附过程完成，吸附过程的反应速率很高，而且土壤渗滤床对于磷素的吸附容量巨大，因此 TP 在土柱浅表层就可能迅速完成吸附固定。而 C 柱在前两个浓度周期内出现的 TP 出水峰值，可能与其中的高厌氧环境有一定关系，高氨氮污水带来的高 pH 值环境和厌氧环境影响了土壤对于磷素的原有降解模式，土壤磷微生物可能进行了较强的厌氧释磷行为，因此该现象未见于曝气组。随着系统理化环境和微生物分布稳定性的提升，C 柱在 40d 以后出水 TP 几乎稳定并与 A 柱、B 柱没有差别。

4.4.1.4 小结

① 深型土壤渗滤系统作为二级处理替代技术处理垃圾渗滤液厌氧消化出水是可行的，深型渗滤床系统提供了高氨氮污水降解的良好条件，系统 COD、NH_4^+-N、TP 去除率分别高达 95.12%、98.52% 和 99.98%，出水浓度满足标准中的一级 A 标准。在使用微纳米曝气作为预强化工艺的情况下，系统 TN 去除率高达 85.77%，尚无法满足污水排放一级标准，但优于传统土壤渗滤系统。

② 深型土壤渗滤系统在处理高氨氮污水时，使用曝气强化工艺可以将系统驯化时间缩短 30% 以上。使用曝气预处理的渗滤床抗 COD 冲击能力明显优于非曝气系统，而微纳米曝气预处理技术可以将渗滤床 TN 驯化时间缩短到非曝气系统的 61%，同时将 TN 去除率从 73.65% 提升至 85.77%，因此微纳米预曝气作为土壤渗滤系统快速启动和强化脱氮技术具有充分的优势。

③ 曝气强化的深型土壤渗滤系统处理高氨氮污水启动期间，主要出水控制指标中，TP 和 NH_4^+-N 数值稳定期最短，这与其主要通过吸附途径降解有关；而 COD 和 TN 数值稳定期较长，这可能与 COD 和 TN 主要通过生物降解途径有关。微纳米曝气强化系统处理高含氮污水驯化能力的提升最有可能的途径是通过曝气过程改变沿程溶解氧环境，进而通过优化脱氮功能微生物分布来实现强化分区脱氮。为验证该猜想，需要对系统沿程理化参数的变化进行进一步研究。

4.4.2 最佳溶解氧条件鉴别及系统运行分析

4.4.2.1 实验条件

本试验对微纳米曝气强化土壤渗滤系统设置不同的预曝气溶解氧浓度，通过持续测量进出水 COD、NH_4^+-N、TN 指标随时间的变化规律，探究系统最佳预曝气溶解氧浓度，从而为微纳米曝气技术的实际应用提供实验依据，为下一步脱氮机理分析提供良好可信的实验平台，同时实现对不同技术和工况下的系统费效比进行对比，为工程技术应用提供指导。

从系统曝气强化启动实验的结果来看，微纳米曝气强化技术对于渗滤床快速启动是有促进意义的，但是基于渗滤液的小试实验面临着渗滤液水质条件复杂和对土柱污染严重的缺点。因此，本试验为了优化实验条件，采用自配污水模拟高氨氮养殖场废水作为系统的进水，污水配方如表 4-24 所列。

表 4-24　模拟养殖废水配方

成分	含量	成分	含量
猪粪浸出上清液	50mL/L	氯化钙($CaCl_2 \cdot 2H_2O$)	0.0019g/L
蔗糖($C_{12}H_{22}O_{11}$)	0.2g/L	硫酸锌($ZnSO_4 \cdot 5H_2O$)	0.0078g/L
尿素(CON_2H_4)	0.03g/L	氯化镁($MgCl_2 \cdot 6H_2O$)	0.062g/L
氯化铵(NH_4Cl)	0.57g/L	氯化铜($CuCl_2 \cdot 2H_2O$)	0.0008g/L
硝酸钠($NaNO_3 \cdot H_2O$)	0.091g/L	氯化锰($MnCl_2 \cdot 4H_2O$)	0.0078g/L

污水的主要水质指标如表 4-25 所列：污水 COD<500mg/L，可生化性为 0.48，C/N 为 1.98，全面优于垃圾渗滤液，同时水质指标浓度波动范围均小于 15%，水质稳定均一，未检测出 $NO_2^- $-N。污水中 NH_4^+-N 浓度达到 203mg/L，占 TN 的 82%，同时污水 SS 为 20mg/L 左右，颗粒物不会对渗滤床产生显著堵塞。

表 4-25　模拟养殖废水主要水化参数　　　　　　　　　　单位：mg/L

水质参数	COD	BOD_5	NH_4^+-N	NO_3^--N	TN	TP	SS
浓度范围	464~506	215~259	184~226	14~21	220~267	16~25	14~32
浓度均值	481.4	235.6	203.5	18.3	242.4	23.2	20.4

通过快速启动实验的主要污染物去除率监测，发现溶解氧预设值为 4~6mg/L 时，曝气强化系统的 COD 和 NH_4^+-N 去除率均>95%，可以推测在实验条件下，土柱内对于 COD 和 NH_4^+-N 的氧化过程已经基本进行完毕，最佳溶解氧范围不应大于 6mg/L。因此预设的溶解氧浓度分别为 2mg/L、4mg/L 和 6mg/L，各土柱的实验分配和实际溶解氧浓度范围如表 4-26 所列。本次试验设置饱和预曝气和非曝气组作为对照。

表 4-26　各土柱工况汇总列表　　　　　　　　　　单位：mg/L

土柱编号	D柱	E柱	F柱	G柱	H柱
溶解氧均值	2	4	6	8	0.52
波动范围	±1.39	±1.02	±0.68	±1.52	±0.41
曝气种类	微纳米曝气	微纳米曝气	微纳米曝气	普通曝气	非曝气

试验期间在室温低于 20℃时开启室内增温装置，保持室温最低为 17℃以上。实验过程中室温为 18~29℃。试验期间为 2014 年 4~11 月，渗滤系统于 2014 年 4~6 月进行启动培养，启动方式采取渐变稀释法，从 2014 年 6 月开始各土柱进入稳定出水阶段，

此时每 0.5 个月对土柱进出水进行检测，检测指标为 COD、NH_4^+-N 和 TN。

4.4.2.2 溶解氧对于渗滤系统去除效率的影响及分析

（1）COD 降解规律分析

试验期间 COD 进水浓度分布范围为 461～498mg/L，COD 出水浓度和环境温度随时间变化规律如图 4-32 所示，试验期间 D 柱至 H 柱土柱出水 COD 浓度平均值分别为 1.87mg/L、1.23mg/L、0.77mg/L、0.77mg/L 和 2.08mg/L，去除率分别高达 99.71%、99.79%、99.84%、99.84%、99.16%，检测时段内出水水质均优于一级 A 标准。

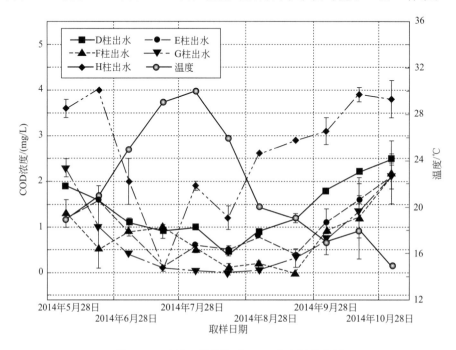

图 4-32 不同工况条件下 COD 出水规律分析

随着预曝气溶解氧浓度的提升，COD 平均去除率基本呈现出上升的规律，曝气组 D 柱至 G 柱出水均明显优于 H 柱，说明曝气系统对于提升渗滤系统 COD 去除率是有一定促进作用的，但是由于非曝气系统去除率已经达到 99.16%，因此曝气系统强化提升 COD 去除能力的空间不大，而各曝气土柱之间并无明显区别。

各土柱 COD 去除率在 7～8 月相继达到最高值，试验期间土柱 COD 出水浓度基本遵循随着温度波动的趋势。通过对比不同土柱 COD 出水波动幅度可以发现，H 柱的波动最为明显，随着 8 月室温开始下降，COD 出水浓度出现了明显升高，而波动幅度最小的 G 柱呈现出一条比较稳定的变化曲线，D 柱、E 柱、F 柱则显现出小幅的波动。上述结果表明预曝气溶解氧饱和程度越高，系统出水 COD 稳定性越强。

（2）NH_4^+-N 降解规律分析

试验期间 NH_4^+-N 进水浓度分布范围为 186～203mg/L，NH_4^+-N 出水浓度和环境温度随时间变化规律如图 4-33 所示，试验期间 D 柱至 H 柱土柱出水 NH_4^+-N 浓度平均值分别为 0.197mg/L、0.175mg/L、0.139mg/L、0.150mg/L 和 0.163mg/L，去除率

分别高达 99.90%、99.91%、99.93%、99.92%、99.91%，检测时段内出水水质均远远优于《城镇污水处理厂污染物排放标准》(GB 18918—2002) 中一级 A 标准。

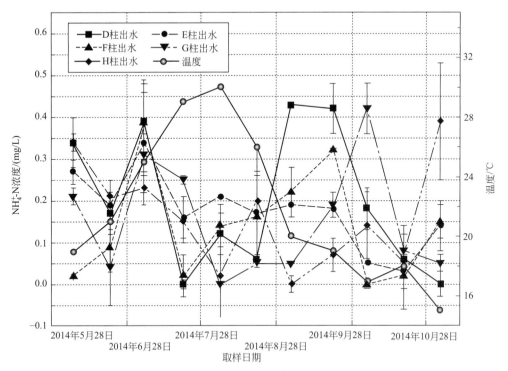

图 4-33 不同工况条件下 NH_4^+-N 出水规律分析

不同工况下的土柱系统 NH_4^+-N 去除能力并没有呈现出显著差别，这符合快速启动实验中的实验结论，由于 NH_4^+-N 去除途径为物理化学吸附，尽管曝气过程对于 NH_4^+-N 吸附和后期生物降解有一定影响，但是深型土壤渗滤系统弱化了不同工况的差别使其趋向于同质化。

各土柱 NH_4^+-N 最大去除率出现在 7～8 月，最低去除率出现在 10 月之后，但是 NH_4^+-N 出水浓度随时间变化的规律较 COD 而言并不明显，此外，由于出水 NH_4^+-N 浓度已经接近 0，因此在深型土壤渗滤系统讨论温度对于 NH_4^+-N 的影响不具有显著差异性，这也从另一个层面证明了该系统对于高氨氮污水的去除能力。

（3）TN 降解规律分析

试验期间 TN 进水浓度分布范围为 231～260mg/L，TN 出水浓度和环境温度随时间变化规律如图 4-34 所示，试验期间 D 柱至 H 柱土柱出水 TN 浓度平均值分别为 55.2mg/L、49.0mg/L、67.6mg/L、81.5mg/L 和 86.9mg/L，去除率分别为 82.2%、85.4%、78.2%、76.8%、73.5%，检测时段内出水水质均无法满足污水排放标准。

曝气组所有土柱出水水质均明显优于 H 柱，说明曝气系统对于提升渗滤系统 TN 降解率有明显促进作用。而随着预曝气溶解氧浓度的提升，TN 平均去除率呈现出先上升后下降的规律，D 柱、E 柱 TN 去除率均超过 80%，而曝气饱和程度较高的 F 柱、G

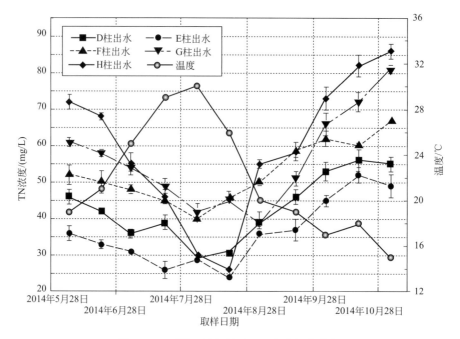

图 4-34 不同工况条件下 TN 出水规律分析

柱 TN 去除率逐渐下降,与非曝气对照组并无明显区别。因此限制性曝气对于提升系统氮素降解是有明显作用的,其中当预曝气溶解氧为 4mg/L 时效果最佳,高达 85.4%,高于传统土壤渗滤系统的 TN 去除率,这说明通过限制性微纳米曝气技术强化深型土壤滴滤系统脱氮能力的技术是可行的。

从去除效果稳定性来分析,各土柱 TN 去除率在 7~8 月相继达到最高值,试验期间土柱 TN 出水浓度显著地跟随温度而波动:D 柱至 H 柱去除率和环境温度的 Pearson 相关系数分别为 0.875、0.718、0.872、0.816、0.918,很显然,温度对于所有土柱 TN 去除率都具有显著相关性,而其中以 H 柱温度相关性最为明显,而 E 柱则最弱,由图 4-34 可见 H 柱 TN 出水指标波动十分明显,因此可以确定限制性微纳米曝气技术在溶解氧浓度为 4mg/L 时不仅有效提升了脱氮效率,还提升了系统对于环境温度波动的适应性。

限制性微纳米曝气对于系统脱氮效率和稳定性的提升原理除了改善渗滤床内氧环境,促进微生物新陈代谢之外,还应该与其对于沿程脱氮功能区的影响和微纳米气泡的理化性质有关。由于深型土壤渗滤系统沿程深度达到 2m,纵向沿程跨度大,污水在下渗过程中含氮污染物在渗滤床中以不同的速率下渗形成浓度梯度,而土柱中 pH 值、土壤颗粒表面氧浓度也在时刻发生变化,这使得土柱内纵向理化环境随着空间、预处理条件和污水性质而发生变化,因此导致脱氮微生物按照特定规律分布,形成不同的脱氮功能区。传统意义上认为土壤渗滤系统中脱氮主要通过硝化-反硝化作用实现,同时可能发生厌氧氨氧化、短程反硝化等多种反应,多种脱氮途径的存在为通过限制性曝气实现高效脱氮提供了多种可能性,而且土壤渗滤系统的多孔土壤介质形成的好氧-厌氧交替微环境进一步激发了系统的脱氮潜力。最后,由于微纳米气泡所具有的特殊性,使之能够较为稳定地存在于土壤滤料生物膜表面的液膜中，不易向外扩散而且具有高效的生物活性，从而增加了氧气利用效率。综上所述，限制性微纳米曝气系统促成了氮素的高效去除，然而其具体机理需要更翔实的实验数据，研究各种氮素在系统沿程的变化以及相应土层的物理、生物指标是十分必要和有效的。

（4）曝气强化系统能耗比分析

在目前已投入使用的诸多脱氮工艺中，费效比往往成为衡量技术适用性评价的最重要依据，传统的实验室研究更关注脱氮效果，但是在实际工程应用中建设成本和后期运营成本往往限制了很多高效脱氮工艺的实现，因此衡量不同预曝气技术在在不同工况下的运行成本很有意义。实验通过计数器和智能电表分别监控曝气系统的启动次数、运行时间和电能消耗，比较各种曝气机的购入成本和运行成本并通过综合分析氮素处理效果，可以实现对于工艺费效比的简单分析。运行期间各种曝气机的运行参数如表4-27所列。

表4-27 各种工况下曝气系统运行参数

考察参数	D柱	E柱	F柱	G柱
预曝气种类	微纳米曝气	微纳米曝气	微纳米曝气	普通机械曝气
曝气机售价/元	600～10000	600～10000	600～10000	2000～4000
溶解氧浓度/(mg/L)	2	4	6	8
标称功率/kW	1	1	1	0.75
平均每日耗电量/(kW·h)	0.105	0.108	0.147	0.269
日均脱氮量/[g/(d·m²)]	15.92	16.47	15.14	14.62
日均运行时间/min	6.92	7.59	9.57	21.59
日均启动次数	3.63	4.02	4.81	8.79
脱氮费效比/[kW/(g·m²)]	0.158	0.162	0.233	0.442

注：脱氮费效比＝平均每日耗电量/日均除氮量。

通过实验可知，D柱至G柱系统费效比分别为 $0.158kW/(g·m^2)$、$0.162kW/(g·m^2)$、$0.233kW/(g·m^2)$、$0.442kW/(g·m^2)$。在限制性曝气条件下，预设氧浓度为2mg/L和4mg/L时，系统费效比较低，当溶解氧浓度为6mg/L时，费效比就增长了约50%，普通饱和曝气系统费效比为限制性曝气时的276%，曝气饱和度提升后TN系统去除率不升反降是导致饱和曝气系统费效比不佳的主要原因。

分析表4-27中数据，尽管微纳米曝气机工作功率比普通曝气机高32%，但是在限制性条件下每日仅启动3.63～4.81次，而普通曝气机每日启动次数高达8.79次，这是由于微纳米气泡长停留时间所决定的，正因为如此，微纳米曝气系统每日耗电量仅为普通曝气机的50%左右；另外，在系统运行的近400d中，微纳米曝气机运行时间仅为普通曝气机的35%，对于曝气系统而言，较短的工作时间和低频率的启动次数可以有效延长系统寿命。

从工艺条件来分析，微纳米曝气机采用异位曝气，而且无需清洁曝气头，因此无论是仪器维护还是工艺控制，微纳米曝气系统都有巨大的优势。尽管普通曝气机的购置费用为微纳米曝气机的50%左右，但是微纳米曝气系统运行时长越久，就越能体现出运行成本低廉的优势并且迅速抵消相对较高的建设投资成本,加之随着微纳米曝气技术国产化和工业化应用的实现,其成本会大幅下降,其应用于水处理的性价比优势是显而易见的。

4.4.2.3 小结

① 深型土壤渗滤系统对于高氨氮污水中的 COD 和 NH_4^+-N 去除率超过了 99%,温度波动会在一定程度上影响系统去除能力,但是出水均满足《城镇污水处理厂污染物排放标准》(GB 18918—2002) 中的一级 A 标准。相比于非曝气系统,经过曝气强化的渗滤系统并未体现出明显优势。

② 微纳米曝气系统强化技术可以有效提升系统的脱氮效果和对于温度波动的适应性,微纳米曝气强化系统脱氮效率>80%,明显优于普通饱和曝气系统和非曝气系统。在限制性曝气条件下,当预设溶解氧为 4mg/L 时,脱氮效率最高为 85.4%,当曝气饱和度上升时 TN 去除率不升反降并逐渐接近非曝气系统。

③ 微纳米曝气系统在限制性曝气条件下,微纳米曝气机日均耗电量仅为 0.108kW·h,为普通曝气机的 50%左右,其脱氮费效比仅为后者的 36.7%,体现出节能高效的特点。而且微纳米曝气机启动频率低、运行时间短、安装养护简便,运行时间越久吨水成本越低廉,在高氨氮污水强化曝气领域具备较高的使用价值和推广价值。

4.4.3 渗滤系统参数沿程变化及原理解析

实验选取 E 柱、G 柱、H 柱进行深入研究,分别代表限制性微纳米曝气(4mg/L)、饱和普通曝气(8mg/L)和非曝气对照 3 种不同的工况条件,选取各土柱脱氮效率相对较高的 9 月份进行采样,分别在 0(进水)、15cm、30cm、45cm、60cm、75cm、90cm、105cm、120cm、150cm、180cm、200cm(出水)取得各层水样 100mL,测量水样的 COD、NH_4^+-N、NO_2^--N、NO_3^--N、TN、TP 和 pH 值、ORP 等理化数据;并在采集水样后 24h 内测定相应土层的 pH 值和 O_2 浓度,取各土层的土壤样品 10g,测定土样比脱氮反应速率。

4.4.3.1 土壤物理指标沿程变化规律

由于土壤溶液采样器采用 0.15μm 滤头采集水样,水样在采集期间以气水混合物形式进入采样器,因此 pH 值和 ORP 均发生明显波动,无法真实反映原水样,相比之下通过玻璃电极测定土壤 pH 值和 O_2 浓度取得了较好的效果,因此以此为基础数据进行分析,如图 4-35 所示。

(1) pH 值沿程变化规律

由于进水 NH_4^+-N 浓度高达 192mg/L,各土柱内 pH 值进水值达到 8.02～8.20,呈较强的碱性,随着深度加大,pH 值基本呈现出缓慢下降,略带回升的规律。G 柱表层 pH 值略低于其他土柱,这可能是由于饱和预曝气和暴露在空气中的条件下,NH_4^+-N 更快地开始进行氧化,消耗了水中的碱度。

H 柱、G 柱中 pH 值在 0～30cm 深度快速下降,而后 G 柱 pH 值基本呈现出缓慢下降的趋势,仅在 75cm 和 120cm 深度出现小幅波动;而 H 柱 pH 值在 60～75cm 深度

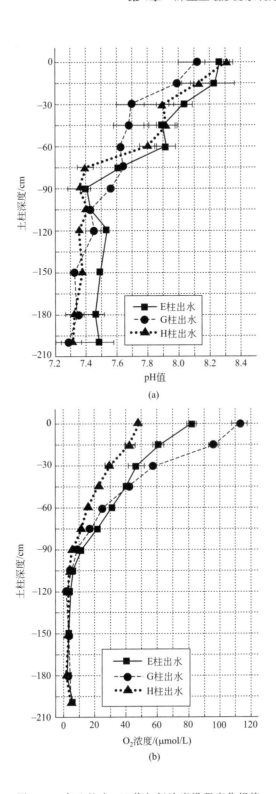

(a)

(b)

图 4-35 各土柱中 pH 值与氧浓度沿程变化规律

出现快速下降并在 105cm 出现回升，最终 H 柱、G 柱出水 pH 值稳定在 7.3 左右；E

柱中 pH 值分别在 15～45cm 和 60～90cm 有大幅度下降并在 105～120cm 深度显著回升，并最终稳定在 7.5 左右。

由于 NH_4^+-N 降解过程主要在渗滤前期完成，因此 0～30cm 深度下的 pH 值波动直接反映了 NH_4^+-N 氧化速率，而 60cm 深度之后的 pH 值小幅度波动很有可能是进行硝化与反硝化过程的重要标志。最终各土柱出水 pH 值范围在 7.3～7.5，接近中性。

（2）氧浓度沿程变化规律

土壤氧浓度在各土柱中呈现快速下降趋势。根据 Sato Hisashi 与 Leon S 等对污泥生物功能群落与氧浓度相关性的研究结果，生物膜表面溶解氧浓度＞$80\mu mol/L$ 称为好氧区，在 $40～75\mu mol/L$ 称为兼性厌氧区，低于 $30\mu mol/L$ 即进入厌氧区。根据曝气饱和度不同，E 柱、G 柱、H 柱在 0～30cm 呈现出较大差距，G 柱在 0～30cm 呈现出好氧环境，而此时 E 柱、H 柱为兼性厌氧条件；各土柱基本在 45～75cm 深度进入厌氧区，到达 90cm 深度时，溶解氧浓度已经下降至 $12\mu mol/L$ 以下并在 120cm 深度时接近绝对厌氧。另外，由于土柱下端有开孔出水，因此 180cm 后土层溶解氧浓度出现明显回升。

G 柱溶解氧浓度在 0～45cm 快速消耗下降并在 45cm 与 E 柱持平，可见饱和曝气的充氧优势区域为 0～50cm 的表层区域；G 柱在 45～75cm 间维持了较短距离的兼性厌氧环境；H 柱全程溶解氧浓度均低于 E 柱、G 柱，全程为兼性厌氧至厌氧环境；而 E 柱中溶解氧全程缓慢下降，在 0～75cm 维持了较大范围的兼性厌氧环境。

4.4.3.2 有机物沿程降解规律

通过前期实验可以看出，深型土壤渗滤系统可以实现对 COD 的高效降解，出水稳定达标而且受季节影响较小，COD 在各工况下的沿程降解规律如图 4-36 所示。COD 在所有土柱中均得到了有效降解，在 120cm 深度时降解率已经超过 90%，出水浓度已经可以达到《城镇污水处理厂污染物排放标准》（GB 18918—2002）一级 A 标准；在 150cm 深度时 COD 降解率稳定在 95% 以上。

COD 降解速率最高的是 G 柱，E 柱 COD 降解速率全程低于 G 柱，而 H 柱在 0～60cmCOD 降解速率最低。这显示出曝气预处理，尤其是饱和曝气技术是能够有效提升系统对 COD 的处理能力的，普通的土壤渗滤系统深度一般在 50～90cm，此时曝气系统出水可以稳定满足《城镇污水处理厂污染物排放标准》（GB 18918—2002）二级出水标准，而非曝气系统出水尚无法稳定达到三级标准，因此仅从 COD 降解方面分析，强化曝气技术有效降低了对渗滤床深度的需求。

在 G 柱中，COD 降解速率分为 0～30cm 的快速降解阶段、30～90cm 的减速降解阶段和 90～150cm 的平缓稳定阶段。这显然是由于土壤表层高浓度溶解氧的存在加速了 COD 在该位置的降解，而随着深度增大，土壤渗透性恶化，溶解氧被大量消耗，COD 降解反应由以好氧呼吸为主转变为以厌氧消化为主，消耗速率快速下降并最终和其他土柱趋于齐平。

在 E 柱中，COD 在 0～30cm 呈现出仅次于 G 柱的去除速率，而后降解速率在 30～45cm、75～90cm 深度出现两次较弱的缓和，相应地在 45～60cm、90～120cm 出现两次明显加速，这可能是由于发生了较为明显的脱氮反应，反硝化和短程反硝化反应均会

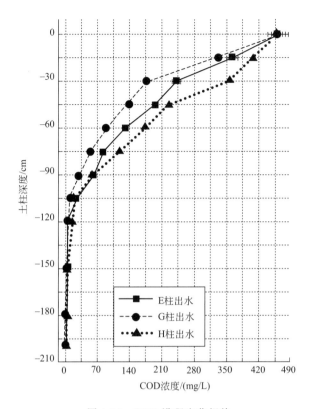

图4-36 COD沿程变化规律

消耗有机物并因此加速其脱氮速率。在150cm后，E柱COD和其他土柱趋平。

在H柱中，COD降解速率最低，0～90cm内COD浓度高于E柱、G柱，直至120cm深度与E柱、G柱持平，COD去除率超过90%，浓度迅速降低至一级A标准以下，这说明通过加深渗滤床深度保证土壤渗滤系统对COD的高效去除是十分必要的。

4.4.3.3 营养盐沿程降解规律

（1）氮素沿程降解规律分析

各形态氮素和TN随深度变化的规律如图4-37所示。NH_4^+-N在所有土柱中均呈现出高效降解规律，在120cm之前出水NH_4^+-N浓度已经达到一级A标准，这说明各土柱对于NH_4^+-N的降解容量巨大，也因为如此，温度、浓度波动不会对NH_4^+-N出水浓度产生明显影响。

NO_3^--N浓度在各土柱中均呈现出明显的先快速升高而后波动下降的趋势，从150cm深度开始，各土柱NO_3^--N浓度基本稳定，NO_3^--N占到总氮的95%以上，由于NO_3^--N比较稳定并容易随着水流迁移，这显示主要脱氮反应已经完成。

NO_2^--N浓度在不同土柱间波动十分剧烈，不同工况下分别出现了1～3次积累现象，一般来说NO_2^--N是进行脱氮反应的中间产物，也是重要标志性物质。而作为一种有毒污染物，到达180cm深度时各土柱NO_2^--N浓度已经趋近于0，达到安全排放的标准。

　　TN 浓度在各土柱间显示出"阶梯式"降解的规律，不同工况下"阶梯"出现深度也各不相同，并最终在 150cm 趋于稳定，这说明 TN 在各土柱间的去除途径是有显著差别的。需要指出的是，G 柱、H 柱在 150～200cm 深度下 TN 浓度出现了异常抬升趋势，E 柱未观测到此现象，这可能与土柱滞水后 NO_3^--N 在土柱底层的浓集效应有关。

　　1）饱和曝气条件下氮素沿程变化规律　　如图 4-37 所示，在 G 柱中，由于表层溶解氧充分，有 90％左右的 NH_4^+-N 在 0～30cm 深度得到快速降解，而后氨氮降解速率减缓并在 105cm 深度达到 99％左右的去除率。

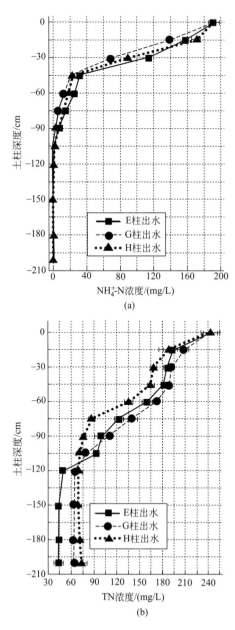

(a)

(b)

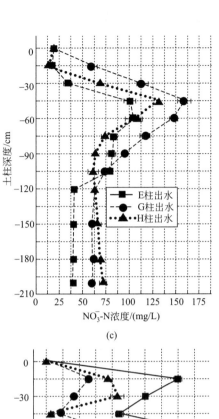

(c)

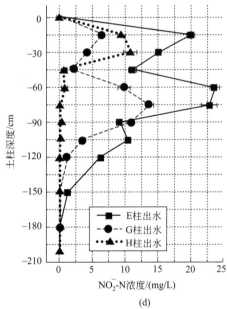

(d)

图4-37　4种形态氮素沿程变化规律

G 柱中的 NO_2^--N 分别在 15cm、75cm 出现两个峰值，浓度分别为 6.5mg/L、13.7mg/L，考虑到 TN 也在两个深度下发生了加速降解的情况，应该是对应发生了较强烈的脱氮反应：在 15cm 深度时，NH_4^+-N 尚高达 150mg/L，由于过高的游离氨浓度会抑制大部分微生物的活动，而且此区域氧浓度尚高达 95mmol/L，因此发生反硝化脱氮的可能性微乎其微，该深度下 NO_3^--N 的快速稳定增长也证明了该推论。相比之下，厌氧或好氧氨氧化反应极有可能在高游离氨条件下发生，尽管该区域溶解氧浓度较高，但由于土壤中存在大量厌氧微团粒，为厌氧氨氧化反应的发生提供了良好条件，也正因为如此，NO_2^--N 作为厌氧氨氧化反应的底物在 15cm 深度出现了小幅积累。

随着深度加大，NH_4^+-N 逐渐降解完毕，尽管土柱环境开始向厌氧转变，好/厌氧氨氧化反应却因为失去足够浓度的底物而无法实现，此阶段 NO_2^--N 浓度由于全程硝化反应开始下降，至 45cm 深度时降至 2mg/L。

NO_2^--N 第二次积累发生在 75cm 深度，由于此时溶解氧浓度为 40mmol/L，兼性厌氧条件为短程硝化-反硝化反应提供了良好环境，事实上，NO_2^--N 高度积累正是短程硝化-反硝化反应发生的重要标志，而 75cm 时 NO_2^--N 平均累积率达到 12%，在土壤中还有可能出现更高浓度的 NO_2^--N 积累区域，因此在该深度发生了短程硝化-反硝化反应。

由于 G 柱中 COD 和 NO_3^--N 在 45～105cm 深度发生了持续下降，因此可以推测，在 45～105cm 深度内主要发生了反硝化反应，并在 75cm 左右深度下溶解氧浓度合适时发生了较为明显的短程硝化-反硝化反应。G 柱内脱氮反应直至 120cm 最终完成，如图 4-38 所示，此时 C/N 为 0.13，碳源消耗殆尽。

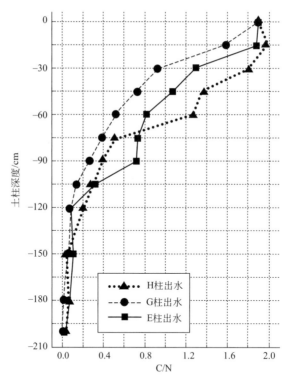

图 4-38　各土柱中 C/N 沿程变化规律

2）非曝气条件下氮素沿程变化规律　在 H 柱中，NH_4^+-N 降解速率在 0～15cm 内相对缓慢，在 15～45cm 加速降解。NO_2^--N 在 0～45cm 深度内出现了比 G 柱更明显的积累，大约 30cm 深度时 NO_2^--N 浓度峰值高达 11.4mg/L，TN 在 0～30cm 内也得到了显著降解，但与 G 柱不同的是，H 柱在该深度下氧浓度仅为 40mmol/L 左右，兼性厌氧条件为厌氧氨氧化和短程硝化-反硝化反应的同时发生提供了条件，因此可以在

$0\sim15$cm观察到 NO_3^--N 的小幅度降解，同时通过观察 H 柱 C/N 数值，在 $0\sim15$cm 出现了小幅上升，这说明此时脱氮速率明显大于 COD 去除速率，一方面是由于好/厌氧氨氧化反应的活跃；另一方面高浓度游离氨和厌氧环境限制了普通细菌的繁殖。

在 60cm 之后，由于 H 柱氧浓度低于 20mmol/L 且 NH_4^+-N 浓度低于 20mg/L，无法维持硝化反应和厌氧氨氧化过程，土柱开始进入反硝化阶段。由于此时 H 柱 COD 浓度高达 160mg/L，C/N 为 1.26，远高于 E 柱、G 柱，这为反硝化提供了良好条件，因此在该区域 TN 浓度迅速削减，在 $60\sim90$cm 深度内，H 柱 TN 出现了第二次快速降解期，此阶段 NO_3^--N 浓度更是从 108mg/L 削减至 64mg/L，C/N 下降至 0.4 左右。由于反硝化反应可以为系统补充碱度，此阶段 H 柱 pH 值降幅明显减缓并在 90cm 左右出现小幅回升，也证明了此处发生了较强的反硝化反应。H 柱内脱氮反应直至 150cm 完全结束，此时 C/N 仅为 0.05，缺乏碳源是导致 TN 无法继续去除的主要原因。

3）限制性曝气条件下氮素沿程变化规律　在 E 柱中，NH_4^+-N 在 $0\sim15$cm 的降解速率介于 G 柱和 H 柱之间，在 $15\sim45$cm 发生降解加速，可以推测，在 $0\sim15$cm 区域内，厌氧氨氧化反应活性被限制性曝气抑制，此阶段以全程硝化反应为主，厌氧氨氧化反应为辅。而在 $15\sim45$cm 深度内，此阶段厌氧氨氧化反应成为脱氮的主要途径，因此在 30cm 深度 TN 出现了第一次快速降解，此处 NH_4^+-N 和 NO_2^--N 浓度分别达到 118mg/L 和 20mg/L。

TN 的第二次快速降解出现在 $45\sim90$cm 深度内，此阶段观测到 NO_2^--N 出现了极其显著的积累，浓度最高达 23.7mg/L，积累率达到 16.8%，同时此阶段氧浓度介于 $20\sim55$mmol/L，因此发生了强烈的短程硝化-反硝化反应，此阶段 NO_3^--N 浓度增长出现的停滞现象和 pH 值的小幅回升也可以作为短程硝化-反硝化反应发生的证据，在 $45\sim90$cm 深度内实现降解的 TN 占总量的 38.4%。

TN 的第三次高效降解出现在 $105\sim120$cm 内，如图 4-38 所示，此深度范围内污水 C/N 为 $0.2\sim0.4$，高于其他两种工况，仍然可能具备发生反硝化反应的条件；另外，上层微生物代谢产物和脱落的生物膜等难降解产物也可能为该深度下的反硝化反应提供了碳源，从而实现了 TN 的进一步去除。

（2）磷素沿程降解规律分析

通过前期实验可以看出，深型土壤渗滤系统可以实现对于 TP 的高效降解，出水稳定达标而且不受季节温度和工况条件影响。TP 在各工况下的沿程降解规律如图 4-39 所示，各土柱内在 90cm 深度时降解率已经超过 90%，出水浓度已经可以达到《城镇污水处理厂污染物排放标准》（GB 18918—2002）一级 A 标准；在 120cm 深度时 COD 降解率稳定在 99% 以上，这说明土壤渗滤系统对于磷素，尤其是可溶性磷素的去除效果和稳定性极佳，基本在 100cm 深度内即完成了 TP 的达标去除。

分析 TP 在不同工况下沿程变化规律发现，E 柱、G 柱内 $0\sim60$cm 深度内 TP 降解基本呈现出持续的高效降解，至 60cm 深度时 TP 去除率已经稳定达到 95% 以上，之后 TP 浓度缓慢下降，至 90cm 深度时接近 0；而 H 柱内 TP 在 $0\sim30$cm 深度内降解速率超过 E 柱、G 柱，$30\sim90$cm 内 TP 降解速率明显减速并在 120cm 深度时去除率超过 99%。曝气土柱内 TP 在前期显示出相对较弱但是整体基本稳定的去除效果，而非曝气

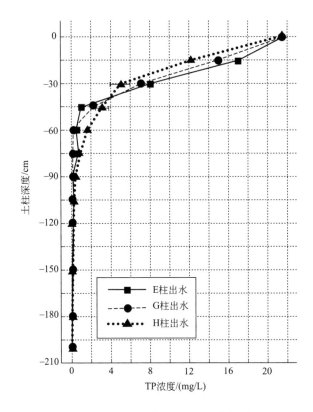

图 4-39　各土柱中 TP 沿程变化规律

土柱内 TP 去除经过了快速-减速降解过程。

　　一般来说认为渗滤床表层高氧浓度环境适宜 TP 的生物降解和吸附过程，但是实验中观测到相反的过程。这种差异可能受到多种因素的影响。

　　首先，在土壤基质内，溶解性有机磷在土壤中降解的主要途径是吸附-解吸-微生物去除。活性铝、活性铁团粒与磷素的吸附过程一般在 2h 内即可完成，而微生物去除需要 12h 以上。吸附该过程受到 pH 值、有机质、抑制因子等因素影响。由于 H 柱 0～45cm 内 pH 值高于 G 柱，适宜磷素与铁铝的表面络合、配位反应，而由于该深度下 H 柱内氧浓度仅为 40～60mmol/L，微生物好氧呼吸不强烈，生物膜代谢速率较为低下，有机质含量降低、生物膜厚度变薄，磷素穿过生物膜快速完成吸附。

　　除此之外，翼瑞锋指出，NO_3^--N 和一些有机阴离子可能通过争夺吸附位点干扰磷素吸附，此外，曝气气泡是否会影响磷素液膜浓度差从而弱化吸附过程目前还没有研究和报道。上述原因使得 H 柱 TP 在前期吸附过程显示出明显优势。当深度超过 30cm 后，各土柱内 pH 值趋向均一，该阶段脱磷微生物开始降解动态吸附平衡区域的磷素，H 柱的高厌氧环境使得磷素趋向于从生物膜中释放，此时 TP 降解率出现了明显减速并最终和 E 柱、G 柱趋平。

4.4.3.4　小结

　　① 土柱内 COD 数值沿程呈现出波动性降解规律，进入兼性厌氧区后 COD 降解速

率显著下降。其中饱和曝气技术可以加速 COD 降解速率并在 $60\sim90cm$ 深度达到《城镇污水处理厂污染物排放标准》(GB 18918—2002) 一级 A 标准，而对于普通土壤渗滤系统，通过加大渗滤床深度实现 COD 降解是有效的，限制性曝气条件下 COD 浓度降低较缓并伴随波动，最终各土柱基本在 120cm 完全降解完毕。

② 各土柱内 NH_4^+-N 主要在 $0\sim90cm$ 深度完成降解，曝气技术可以在一定程度上加速 NH_4^+-N 降解，NO_3^--N 呈现出迅速升高而后部分降解的规律，而 TN 则呈现出各不相同的阶梯式下降，根据不同工况，各土柱 NO_2^--N 分别在不同深度出现若干次不同程度的积累并于总氮降解规律显示出一定相关性，可以将 NO_2^--N 作为指示 TN 降解速率和途径的指示参数。

③ 传统土壤渗滤系统内 NH_4^+-N 主要在 $0\sim60cm$ 以好氧氨氧化和强烈的厌氧氨氧化作用去除，而 TN 主要通过厌氧氨氧化作用以及 $30\sim120cm$ 发生的全程反硝化作用去除，因此 NO_2^--N 仅在 $0\sim30cm$ 小幅积累，系统 TN 去除率为 74.7%。

④ 饱和曝气土壤渗滤系统内 NH_4^+-N 主要在 $0\sim60cm$ 内以好氧氨氧化伴随厌氧氨氧化作用去除，而 TN 主要通过 $60\sim120cm$ 发生的强烈但不完全的反硝化过程以及伴随的短程硝化-反硝化过程去除，NO_2^--N 在 75cm 出现明显积累，最终系统 TN 去除率并未优于传统系统。

⑤ 限制性曝气土壤渗滤系统主要以 $0\sim60cm$ 内以厌氧/好氧氨氧化作用去除，而 TN 分别由 $0\sim45cm$ 的厌氧氨氧化反应、$45\sim90cm$ 的强烈的短程反硝化作用以及 $90\sim120cm$ 的全程反硝化作用分 3 阶段去除，可以相应地观测到 NO_2^--N 的两次高度积累，系统最终 TN 去除率达到 85.2%。

⑥ 由于土壤中存在的厌氧微团，厌氧氨氧化反应活性并不受氧浓度制约，主要与氨浓度高度相关；短程硝化-反硝化反应主要发生在氧浓度在 $20\sim50\mu mol/L$ 区域内；反硝化反应活性尽管受到 C/N 限制但两者间并无显著相关性，在厌氧条件下反硝化反应在低 C/N 时仍可缓慢进行。

⑦ 限制性曝气主要通过调节土柱内氧浓度实现对于氨氧化反应与硝化反应活性的适度刺激，通过强化厌氧氨氧化反应和强化短程反硝化反应在削减 TN 的同时为反硝化节约碳源，在土柱内营建了三段式脱氮功能区，最终实现 TN 的高效去除。

4.4.4 结论

① 深型土壤渗滤系统处理高氨氮的垃圾渗滤液，系统 COD、NH_4^+-N、TP 去除率分别高达 95.12%、98.52% 和 99.98%，出水完全满足《城镇污水处理厂污染物排放标准》(GB 18918—2002) 一级 A 标准。而采用强化曝气系统可以提升系统抗 COD 负荷冲击的能力，微纳米曝气系统可以将传统系统驯化时间缩短 40% 以上，并将 TN 去除率提升至 85.77%。

② 对于深型土壤渗滤系统，通过强化曝气技术提升 COD、NH_4^+-N 去除效果已无空间，但是微纳米曝气技术可以有效提升系统脱氮能力和低温适应性。在进水溶解氧为

4mg/L 的限制性曝气条件下，系统脱氮效果最高可达 85.4％，预曝气饱和度升高不利于 TN 去除。

③ 在限制性曝气工况下，微纳米曝气系统日均耗电量为 0.108kW·h，为普通曝气机的 50％左右，费效比仅为传统饱和预曝气技术的 36.7％，其次微纳米曝气技术启动频率低、开机时间短、安装养护简便，具备节能高效、简便易行的使用推广价值。

④ 不同工况下渗滤床内 pH 值呈现波动下降的规律并最终稳定在中性范围；土柱氧浓度在 30cm 之后进入兼性厌氧区，60～90cm 后即进入高厌氧状态；饱和曝气大大降低了削减 COD 浓度至《城镇污水处理厂污染物排放标准》(GB 18918—2002) 一级 A 标准所需要的渗滤床深度，传统土壤渗滤系统则可通过加大深度实现 COD 高效稳定的去除；各工况下 NH_4^+-N 均可在 0～90cm 深度内实现有效降解，而 TN 沿程浓度则显示出不同的阶梯式降解规律；在高氨氮污水的约束条件下，TP 在传统土壤渗滤系统内 0～30cm 深度下得到了更高效的去除，而强化曝气系统虽无法提升系统除磷效果，但是除磷能力相对稳定。

⑤ 限制性微纳米曝气系统主要是通过适度提升土柱氧浓度，在维持 0～30cm 厌氧氨氧化反应活性的前提下，在 45～90cm 范围内营建兼性厌氧环境实现 NO_2^--N 高度积累，促发显著的短程硝化-反硝化反应，并使用剩余碳源在 90～120cm 实现反硝化过程，将土柱划分为 3 个脱氮功能区并实现了高效脱氮，而 NO_2^--N 积累情况和氧浓度可以作为划分和判断脱氮功能区以及反应活性的参数。

⑥ 厌氧氨氧化与好氧氨氧化反应广泛地发生于各土柱内，并在 0～90cm 实现高氨氮的有效去除；土柱 NO_2^--N 两次积累可分别作为厌氧氨氧化反应和短程硝化-反硝化反应活性的标志并据此划分和判断脱氮功能区；反硝化反应仍然是各土柱内脱氮反应的主要途径，其活性尽管受到 C/N 限制但两者间并无显著相关性，在厌氧条件下反硝化反应在低 C/N 时仍可缓慢进行。

参 考 文 献

[1] 张俊，周航，赵自玲，等. 一体式生物接触氧化/土地渗滤系统处理农村污水 [J]. 中国给水排水，2012，28 (24)：57-59.

[2] 卢会霞. 土地渗滤系统处理生活污水的研究 [A]. 中国农业生态环境保护协会、农业部环境保护科研监测所. 农村污水处理及资源化利用学术研讨会论文集 [C]. 中国农业生态环境保护协会、农业部环境保护科研监测所，2008：3.

[3] 崔程颖. 新型人工强化土地渗滤系统工艺及技术研究 [D]. 上海：同济大学，2007.

第**5**章 分散型污水处理工程实例

5.1 典型工程实例

5.1.1 大兴区生态清洁小流域综合治理工程青云店生活污水处理技术案例（2015 年）

5.1.1.1 工程概况

（1）工程名称

2015 年大兴区生态清洁小流域综合治理工程青云店生活污水处理工程。

（2）工程地址

工程位于北京市大兴区青云店村。

（3）处理规模

工程设计处理能力为 200t/d。

（4）服务范围

主要污水水源来自青云店村百姓的厨房、卫生间等生活污水。

（5）设计进出水水质

根据提供的有关生活污水水质资料，参考同类工程，确定本项目进出水水质如表 5-1 所列。出水水质目标达到北京市《水污染物综合排放标准》（DB 11/ 307—2013）B 类标准。

表 5-1　进出水指标　　　　　　　　　　　　　　　　　单位：mg/L

项目	COD	BOD	悬浮物(SS)	NH_4^+-N	TP
进水水质	350	200	200	30	3
出水水质	40	10	10	5(8)	0.4

注：12 月 1 日～3 月 3 日执行括号内的排放限值。

5.1.1.2 技术原理

该项工程采用北京清水生态环境工程股份有限公司的专利技术"一种加强型复合生

物净化床污水处理系统"，系统主要包括自动格栅、沉淀调节池、水解酸化池、接触氧化池、二沉池、中间水池、复合生物净化床。各部分技术原理如下。

（1）强化预处理系统

强化预处理系统是自动格栅＋沉淀调节池＋水解酸化池＋生物接触氧化＋二沉池和中间水池的一体化设备，其主要功能是对污水的污染物质进行强化预处理。

（2）复合生物净化床

复合生物净化床主要是由防渗系统、布水集水系统、人工介质系统、水生植物系统、微生物种群集合合成的。主要通过人工介质、水生植物以及微生物来净化水质的。

复合生物净化床人工介质是由特殊选择的有机物质、矿物质和天然材料混合组成，其配比考虑了根脉系统中微生物的活性和水力负荷分布。特定高效的活性生物介质，其比表面积很大，活性介质是天然的，为特定微生物提供最佳的生长环境。同时，选择性驯化特定微生物种群，对去除有机污染物、氮和磷具有很好的效果。

5.1.1.3 项目工艺流程

项目工艺流程如图 5-1 所示。

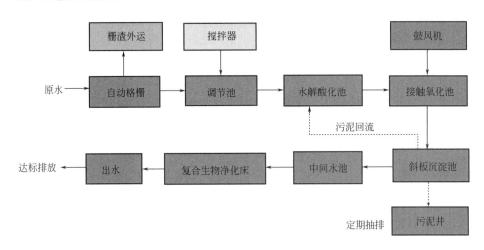

图 5-1 该项目污水处理工艺流程

5.1.1.4 技术适用范围

经一种加强型复合生物净化床污水处理系统处理后，出水水质可以达到《水污染物综合排放标准》（DB 11/ 307—2013）B 类标准。适用于分散式污水处理，包括农村污水处理、旅游景区的污水处理等。

5.1.1.5 工程参数

（1）主要构筑物

本分散污水处理工程总占地面积 $700m^2$，强化预处理一体化设备全部埋于地下，地面恢复绿化。

主要设备见表 5-2。

表 5-2 主要设备一览表

序号	设备名称	规格型号	数量	单位
1	自动格栅	栅间距:2mm,$P=0.12$kW	1	台
2	调节池	$\phi3.5$m×11.0m	1	座
		玻璃钢材质,壁厚 8mm		
3	水解酸化池	$\phi3.0$m×4.0m	1	座
		玻璃钢材质,壁厚 8mm		
4	接触氧化池	$\phi3.0$m×10.0m	1	座
		玻璃钢材质,壁厚 8mm		
5	斜板沉淀池	$\phi3.0$m×2.0m	1	座
		玻璃钢材质,壁厚 8mm		
6	中间水池	$\phi3.0$m×1.0m	1	座
		玻璃钢材质,壁厚 8mm		
7	设备机房	$\phi3.0$m×3.0m	1	座
		玻璃钢材质,壁厚 8mm		
8	复合生物净化床	600m²	1	座

（2）设计容量

生活污水在高峰期约为 200t，实际设计总处理量为 200t/d。

（3）工程投资

工程总投资为 125 万元。

5.1.1.6 工程运行维护

① 每天电量：81.75kW・h。

② 电价：0.5 元/(kW・h)。

③ 电费：40.875 元/天。

④ 水费：0.20 元/吨。

本项目运行电耗费用 0.2 元/吨，这种生物生态组合技术的应用，降低了单纯使用生化技术的运行成本。

5.1.1.7 工程特点

① 技术先进、成熟、高效，寿命长。

② 运行费用很低，是传统工艺的几分之一；操作简单，管理方便；动力消耗很少，无二次污染。

③ 冬季运行稳定，保持处理效果；特定配比的活性介质，不堵塞。

④ 建成后的复合生物净化床与周边景观融为一体，不减少园林绿化面积。

⑤ 良好的绿色生态效益，对于调节周边区域气候起到不可替代的作用；同时吸附大气中的灰尘、二氧化硫、氮氧化物等大气污染物，改善局部空气质量环境。而且，可以吸引鸟类和小动物在此栖息，为居民提供休闲场所，创造良好的人与自然相和谐的环境。

该项目工程现场如图 5-2 所示。

图 5-2　项目工程现场图

5.1.2　多介质固定生物床-潮汐流人工湿地集成技术模式案例

5.1.2.1　工程概况

（1）工程名称

张家港市大新镇朝东圩港村、常阴沙现代农业示范园区常兴社区和常东社区农村生活污水多介质生物生态协同处理工程。

（2）工程地址

工程位于江苏省张家港市大新镇和常阴沙现代农业示范园区。

（3）处理规模

工程设计处理能力分别为 100t/d、40t/d 和 20t/d。

（4）服务范围

工程位于江苏省张家港市大新镇朝东圩港村、常阴沙现代农业示范园区常兴社区和常东社区，多介质生物生态协同处理工程服务农村居民分别为 440 户、140 户和 59 户。

（5）设计水质

工程建设水质目标为《城镇污水处理厂污染物排放标准》（GB 18918—2002）一级 B 标准。

5.1.2.2　技术原理

农村生活污水多介质生物生态协同处理技术以多介质固定生物床和多介质人工湿地为主体，将介质吸附、微生物氧化、固定和生物提取有机结合。污水流经多介质固定生物床缺氧单元的过程中，在氨化菌、反硝化菌、产酸菌和产甲烷菌的共同作用下，使有机氮得以氨化，硝态氮得以反硝化，有机物得以初步降解。其好氧单元填充的多孔填料，以及间歇曝气的运行方式，使得好氧单元能够固定化高效微生物，在一个反应单元内实现同步硝化-反硝化脱氮,并大量富集聚磷菌,从而大量脱出氨氮和有机物;多介质人工湿地中前置生态滤槽的引入,不仅解决了湿地单元长期运行易于堵塞的问题,同时也起到去除悬浮物和磷的作用。多介质人工湿地中微生物、基质和植物的协同作用能够实现有机物、磷和悬浮物的深度脱出。

5.1.2.3 工艺流程

如图5-3所示,多介质固定生物床-潮汐流人工湿地集成模式是由多介质固定生物床和多介质潮汐流人工湿地复合构成。多介质固定生物床为塔层结构,由布水系统、塔

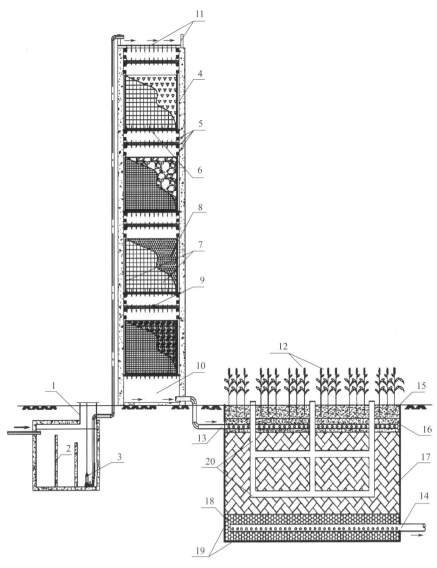

图5-3 多介质固定生物床-潮汐流人工湿地工艺流程

1~3—水体预处理系统;4—塔层框架;5—支撑层阶;6—支撑格栅;7—布孔填料筐;
8—功能填料;9—增氧器;10—固定生物床集水系统;11—固定生物床布水系统;12—湿地植物;
13—湿地布水系统;14—湿地出水系统;15—透气基质层;16—布水层;17—生态滤层;
18—集水层;19—防渗层;20—湿地复氧系统

层框架、布孔载体填料筐、功能载体填料及集水系统构成。多介质潮汐流人工湿地是由湿地植物、透气基质层、布水层、布水系统、生态滤层、集水层、出水系统、防渗层、湿地复氧系统、控制系统组成。

5.1.2.4 适用范围

适用于村庄、社区、宾馆、酒店、学校、别墅区、高速公路服务区、旅游景区等产生的生活污水的处理。

5.1.2.5 核心技术

核心材料及微生物制剂如图 5-4 所示。

(a)

(b)

(c)

(d)

图 5-4 核心材料及微生物制剂

5.1.2.6 运行维护

多介质固定生物床-潮汐流人工湿地只需定期巡查。当多介质生物滤床出水水质大幅下降（如进水中含有大量有毒有害物质或设备长期停运后再次启动时），需补投菌种，重新培养驯化微生物。每年定期检修一次，目的是消除事故隐患，防止设备出现较大故障，以减少不必要的经济损失。每次检修的主要内容有：电气控制系统内的各元器件接触是否良好，有无烧损；紧固的螺栓是否有松动或腐蚀；风机内的润滑油是否需要更换；管道及阀的密封性和老化情况；传感器的清洗、校正；曝气头工作情况和底泥深度。每运行12~24个月应该抽出底部的污泥，污泥可作为肥料在周边绿化带施肥使用。

5.1.2.7 工程特点

① 低成本：微动力间歇运行，直接运行费 0.08~0.28 元/(m³·d)。

② 低维护，多介质生物滤池几乎不产生剩余污泥，全自动控制，12~24 个月维护 1 次。

③ 生态化，人工湿地与村庄生态景观建设高度融合，设施房按村庄景观要求设计。

④ 少占地，设施总占地面积仅为单一人工湿地处理技术的 1/5，户均占地总计 0.5~1.0m²。

⑤ 高效率，COD、NH_4^+-N、TN 和 TP 等指标稳定达到《城镇污水处理厂污染物排放标准》一级 B 标准。

多介质固定生物床-潮汐流人工湿地景观及设备如图 5-5 所示。

(a)

(b)

图 5-5

(c)

(d)

(e)

(f)

图 5-5 多介质固定生物床-潮汐流人工湿地景观与设备

5.1.3 浙江省海宁市一体化多介质生物滤床农村生活污水处理案例

5.1.3.1 工程概况

（1）工程名称

海宁市丁桥镇新仓村一体化多介质生物滤床农村生活污水处理工程。

（2）工程地址

工程位于浙江省海宁市丁桥镇新仓村和斜桥镇斜西村。

（3）处理规模

工程设计处理能力均为 50t/d。

（4）服务范围

浙江省海宁市丁桥镇新仓村和斜桥镇斜西村多介质生物滤床服务农村居民分别为174 户和 177 户。

（5）设计水质

工程建设水质目标为《城镇污水处理厂污染物排放标准》一级 A 标准。

5.1.3.2 技术原理

一体化多介质生物滤床通过微生物固定化技术选用高效复合微生物和具有高比表面积的多孔载体，将功能微生物菌群固定于多孔载体表面和孔道内部并形成稳定的生物膜，污水流经载体时，污染物在超高密度的微生物的作用下得以去除，对 COD、NH_4^+-N、TN、TSS 的去除效果尤为显著。

一体化多介质生物滤床通过曝气-停曝阶段的设置，使处理系统经历好氧-厌氧阶段的循环，为硝化作用和反硝化作用的进行创造条件；同时，多孔载体的表面及孔道内均负载生物膜，载体从表面至内部及生物膜从外层至内层均能形成从好氧、兼氧至缺氧的氧浓度梯度区域，在好氧区形成硝化微生物菌群，在兼氧及缺氧区形成反硝化微生物菌群，使微生物处理区中形成完整的硝化-反硝化等氮循环功能微生物，实现在同一个反应区内同步进行硝化-反硝化。由于微生物处理区填料填充率高，老化脱落的生物膜大多被截留在载体孔隙中，作为营养物质被新生的生物膜分解利用，因此污泥产量很低，节省了大量污泥处置费用，减轻了运维压力。

电气控制系统为自动和手动两种模式。手动模式主要是为了方便现场安装人员调试检测用，在手动模式下各个手动控制开关分别控制对应设备的启动和停止。自动模式控制流程是：控制柜得电后，风机和水泵并联控制。风机是根据溶解氧探头检测到的值来判断工作状态；低于溶解氧设定值则风机工作，否则停止。进水泵是根据液位传感器来判断进水泵的工作状态；低液位时水泵停止工作，中液位时水泵正常工作；高液位时水泵长时间工作直至液位降至低液位时停止。加药搅拌装置是根据时间继电器先启动搅拌机然后再延时启动加药泵，加药泵工作一定时间后与搅拌机一起自动停止。

采集模块跟 PLC 之间采用 RS485 通信，可以读取各个控制输出的状态，也可以配置各个控制点的时间，还可以远程启动风机或水泵系统的启动。除了跟 PLC 通信外，采集模块还采集流量信息和溶解氧浓度等传感器的数据；还可以根据用户的要求增加其他需要的信息传输，如 pH 值、水温等。

一体化多介质生物滤床农村生活污水处理设备主要由设备外壳、格栅板、曝气装置、人孔盖板、微生物滤床和斜板填料这几大部件组成（图 5-6）。设备往往还设有

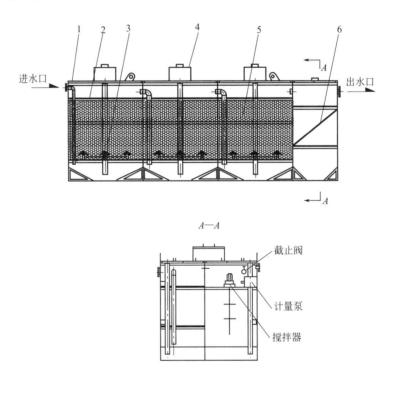

图 5-6 一体化多介质生物滤床结构

1—设备外壳；2—格栅板；3—曝气装置；4—人设盖板；5—微生物滤床；6—斜板填料

搅拌装置、加药装置、风机、电气控制系统和配电房，如图 5-7 所示。

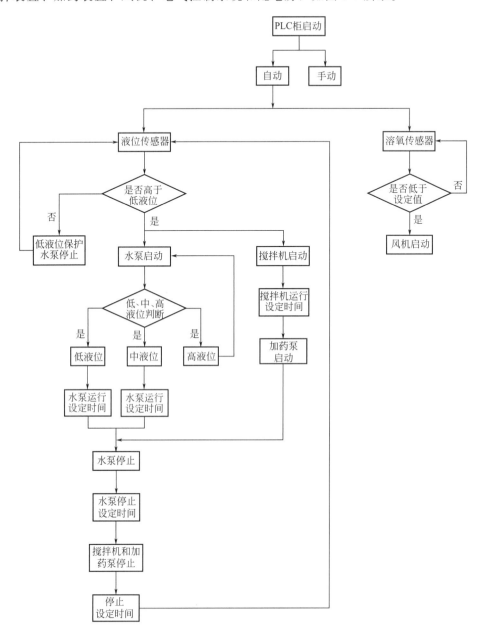

图 5-7　一体化多介质生物滤床 PLC 控制流程

5.1.3.3　工艺流程

以固定化微生物为核心的一体化多介质生物滤床工艺流程如图 5-8 所示。

5.1.3.4　适用范围

其适用于村庄、社区、宾馆、酒店、学校、医院、别墅区、高速公路服务区、旅游景区等产生的生活污水的场所。

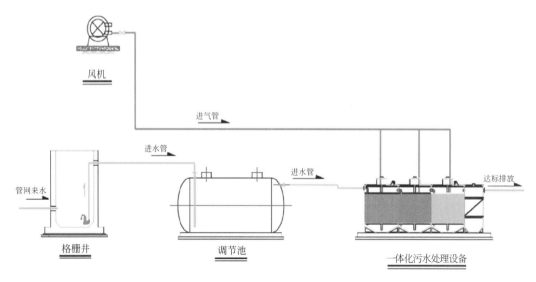

图 5-8　一体化多介质生物滤床工艺流程

5.1.3.5　技术参数

一体化多介质生物滤床技术参数如表 5-3 所列。

表 5-3　一体化多介质生物滤床技术参数

型号 项目	WY-5	DY-10	DY-30	DY-50	DY-80	DY-100
处理量/(t/d)	5	10	30	50	80	100
风机功率/kW	0.55		0.85		2.2	
水泵功率/kW	0.37		0.55	0.75	1.5	
运行费用/(元/吨)	0.2～0.3	0.18～0.22	0.16～0.18	0.15～0.16	0.08～0.1	0.05～0.06
设备质量/t	0.5	1.8	2.9	5.2	6	7
占地面积/m²	≤5	≤7	≤10	≤20	≤30	≤40
出水水质	《城镇污水处理厂污染物排放标准》一级 A 标准					
最佳运行温度/℃	5～35					

5.1.3.6　运行维护

一体化多介质生物滤床无人值守、自动运行，只需定期巡查。全自动控制柜设有低液位保护等相关功能，巡检人员可以及时发现并处理。当多介质生物滤床出水水质大幅下降（如进水中含有大量有毒有害物质或设备长期停运后再次启动时），需补投菌种，重新培养驯化微生物。一体化多介质生物滤床每年定期检修一次，目的是消除事故隐患，防止设备出现较大故障，以减少不必要的经济损失。每次检修的主要内容有：电气控制系统内的各元器件接触是否良好，有无烧损；紧固的螺栓是否有松动或腐蚀；风机内的润滑油是否需要更换；管道及阀的密封性和老化情况；传感器的清洗、校正；曝气头工作情况和底泥深度。每运行 12～24 个月，应该抽出底部的污泥，污泥可作为肥料在周边绿化带施肥使用。排泥的操作方式如下：设备停机静置大约 1h 后，把吸污管插入到设备事先预留好的吸污导管内直至设备底层沉淀区，然后启动自带的吸污泵直至水位下降 200mm 左右即可停止，最后取出吸污管检查各连接件确认无误后恢复进水和曝气等相关功能。互联网的实时跟踪监测，借助中国联通或移动 GPRS 网络平台实现数据传输，所以需保证相应 SIM 卡内有足够的余额以免欠费停机。

5.1.3.7 工程特点

① 净化能力强：NH_4^+-N、SS、TP 去除率达 90％以上，TN、COD 去除率达 80％以上。

② 出水水质：稳定达到《城镇污水处理厂污染物排放标准》一级 A 标准。

③ 容积负荷高、占地面积小：土建工程量为传统处理工艺的 1/4～1/3。

④ 适应范围广：对不同污染程度的水均具有很好的净化效果，抗冲击负荷能力强。

⑤ 产泥量少：12～24 个月排泥 1 次。

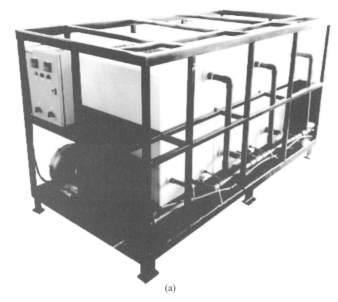

(a)

(b)

图 5-9 基站式一体化多介质生物滤床

⑥ 同步进行硝化-反硝化：不需混合液和污泥回流，简化了处理工艺，降低了能耗。

⑦ 运行成本低：为传统处理工艺的 1/4～1/3。

⑧ 施工周期短，可满足多种处理规模的需求。

⑨ 全程自动化控制，可根据不同水量自动控制设备运行状态。

⑩ 具有远程控制和数据采集管理功能，可通过互联网平台进行后期维护跟踪。基站式一体化多介质生物滤床及地埋式一体化多介质生物滤床分别如图 5-9、图 5-10 所示。

(a)

(b)

图 5-10 地埋式一体化多介质生物滤床

5.1.4　广西壮族自治区南宁市"美丽南方"景区的民居生活污水分散处理技术案例

5.1.4.1　工程概况

（1）工程名称

"美丽南方"景区分散生活污水处理工程。

（2）工程地址

工程位于广西壮族自治区南宁市"美丽南方"景区。

（3）处理规模

工程设计处理能力为100t/d。

（4）服务范围

南宁市"美丽南方"景区始建于2005年，经过十年的大力投资建设，目前已建成了农家乐、室内多功能球馆、五人制足球场、烧烤园区、垂钓区、历史留痕展区、农具展区、百果园区、千亩百合花基地、石埠哈密瓜基地、草莓基地、西红柿基地、辣椒基地、艾蒿基地、多功能停车场等设施，形成了以忠良屯为核心的集吃、玩、住、赏、购于一体的忠良、和安两个景区。2007年"美丽南方"荣获"广西农业旅游示范点""南宁市优秀旅游景区"等称号，2015年荣获"中国最美休闲乡村"称号。

项目包含200人的村民生活污水处理和景区内10处公共厕所的污水处理，合计日需处理生活污水100t。景区无市政污水管网接入，必须配套生活污水处理设施，但由于村民分散居住、公共厕所也分散在景区内不同方位，污水集中收集处理非常困难，因此必须采用分散式小型一体化污水处理设施来处理。

（5）设计水质

工程建设内容主要包括在"美丽南方"景区内安装35套3t/d的光伏驱动分散式小型一体化污水处理设备，工期15d。

出水水质目标设计为《污水综合排放标准》一级B标准以上。进出水指标如表5-4所列。

表5-4　出水指标表

单位：mg/L

项目	COD	BOD	悬浮物(SS)	NH_4^+-N	TP
进水水质	250	150	200	40	5
出水水质	40	15	15	6	0.7
标准要求	60	20	20	8	1

5.1.4.2　技术原理

该项工程采用广西汇泰环保科技有限公司的发明专利设备——光伏驱动分散式小型一体化污水处理设备进行安装部署，主要分为光伏驱动系统和小型一体化污水处理设备两部分。各部分技术原理介绍如下。

（1）光伏驱动系统

通过光伏电池板发电直接驱动直流气泵，多余电量储存在电池组中，在夜间或阴雨天气时备用。气泵为曝气设备和气提设备提供压缩空气。

（2）小型一体化污水处理设备

该小型一体化污水处理设备集成了固定化微生物＋生物接触氧化＋人工湿地工艺技术和一体化制造技术，实现了高效率、低成本的制造、安装和运行，出水水质稳定达标。

小型一体化污水处理设备实物如图 5-11 所示。

图 5-11　小型一体化污水处理设备实物图

5.1.4.3　工艺流程

小型一体化污水处理工艺流程如图 5-12 所示。

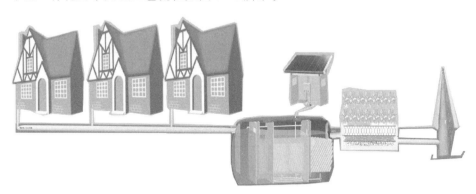

图 5-12　小型一体化污水处理工艺流程

5.1.4.4　技术适用范围

经光伏驱动分散式小型一体化污水处理设备处理后，出水水质可以达到《污水综合排放标准》一级 B 标准以上。其适用于分散式污水处理，包括农村污水处理、旅游景区的污水处理。

5.1.4.5　工程参数

（1）主要构筑物

本分散污水处理工程总占地面积 $3m^2$/套×35 套＝$105m^2$，设备全部埋于地下，地面恢复绿化。

（2）设计容量

景区内的生活污水在高峰期约为 $100m^3$，实际设计总处理量为 105t/d。

（3）工程投资

工程总投资为 103 万元。

主要工程量如表 5-5 所列。

表 5-5　主要工程量表

工程项目	子工程项目	工程量
美丽南方景区污水处理	收集管道	铺设总长度约 500m
	土方填挖	建设面积约 $200m^2$
	绿化美化	建设面积约 $120m^2$
	3t/d 光伏驱动分散式小型一体化污水处理设备	35 套

5.1.4.6　工程运行维护

该设备自动运行，不需要外电，因此其运行和维护成本极低。

5.1.4.7　工程特点

① 投资少：节省了运行维护成本和 90％的收集管道投资。

② 占地少：选址方便，容易部署。

③ 便利性：管理简便，安装快速。

5.2　典型工程案例的运行效果调查

典型工程案例的运行效果调查分成两种情况。

① 没有直接的工程运行进水、出水的采样分析，而是以工程设计研究单位的研究报告、发表文章、第三方的水质监测报告为依据，例如中华村工程、海桥村工程。

② 根据设计的工艺流程，由本课题组织监测人员对运行工程的进水、出水进行水样采集、分析监测。

5.2.1　采样位置简介

共采集 9 个工程的运行分析数据

（1）中联村

对中联村廊廊淦岛陆家浜农村生活污水处理工程的 3 个处理系统进行了采样分析，具体采样位置如图 5-13 所示。

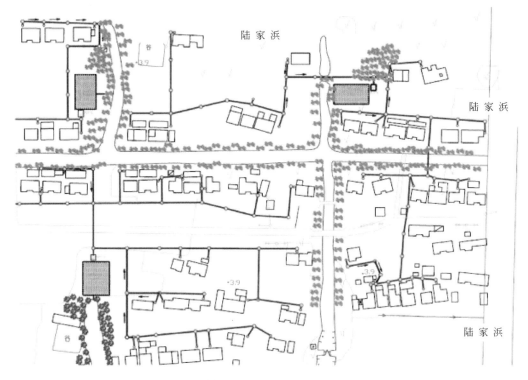

图 5-13　中联村农村生活污水处理工程采样点位置图

中联村的生活污水处理采用的是土壤渗滤的处理工艺，其工艺流程如图 5-14 所示。

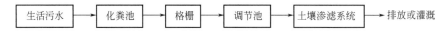

生活污水 → 化粪池 → 格栅 → 调节池 → 土壤渗滤系统 → 排放或灌溉

图 5-14　中联村污水处理的工艺流程框图

采样点设置在调节池和出水井，分别代表土壤渗滤处理系统的进水、出水水质。

（2）正义村

正义村水质监测的采样点共有三处，其中一处在 1# 系统，该处理系统位于门牌号为 54 号农户的北面。处理系统的进水池位于系统池的南面，采进水池水作为系统进水水样；出水井位于系统的北面，采出水井的水作为系统的出水水样（详见图 5-15）。

另两处分别在正义村 6# 系统和 38# 系统。6# 系统位于门牌号为 61 号的农户的东面，采化粪池第二格的出水作为系统的进水水样，采出水井的水作为系统的出水水样（图 5-16）；正义村 38# 系统位于门牌号为 6 号的农户房屋的北面，进水井位于系统池的西面，出水井位于系统池的东面，采进水井水作为系统池进水水样，采出水井水作为系统池出水水样（图 5-17）。

（3）汇中村

汇中村的水质监测点共有三处，选择了 3#、5# 和 16# 系统。汇中村 3# 系统位于门牌号为 73 号农户的东南方向，从系统北面的进水井采样作为系统进水水样，从系统南面出水井采样作为系统出水水样（图 5-18）。

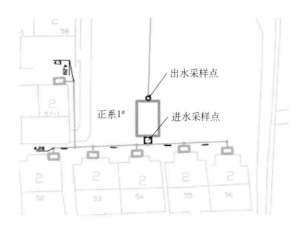

图 5-15　正义村 1# 系统采样点位置图

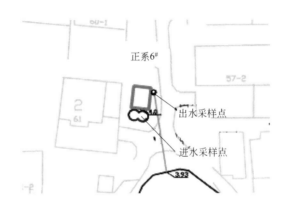

图 5-16　正义村 6# 系统采样位置图

图 5-17　正义村 38# 系统采样位置图

汇中村 5# 系统位于门牌号为 50 号农户的东面，采化粪池第二格的出水作为系统的进水水样，采出水井的出水作为系统出水水样（图 5-19）。汇中村 16# 系统位于许家宅桥的东面，采东面进水井的水作为系统的进水，采靠近许家宅桥的出水井水作为系统的出水水样（图 5-20）。

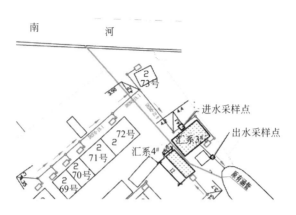

图 5-18　汇中村 3# 系统采样点位置图

图 5-19　汇中村 5# 系统采样点位置图

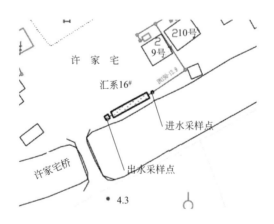

图 5-20　汇中村 16# 系统采样点位置图

（4）张墅村

张墅村设置了 3 个水质监测采样点，分别为张墅 1# 处理系统和张墅 2# 处理系统和张墅 3# 处理系统。采样点具体位置详见图 5-21 以及表 5-6 说明。

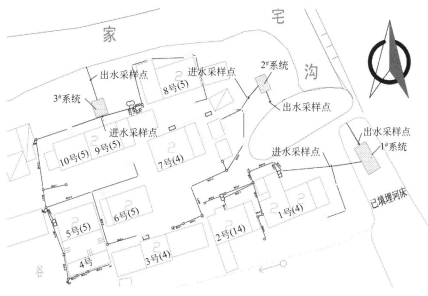

图 5-21　张堰村污水处理工程采样点位置图

表 5-6　张堰村采样点位置汇总

采样点	水样位置	采样点描述
1# 系统	进水井中采集土壤渗滤系统的进水	位于门牌号为 9 号农户的屋后
	出水井中采集土壤渗滤系统出水	
2# 系统	进水井中采集土壤渗滤系统的进水	位于门牌号为 8 号农户屋子的东面
	出水井中采集土壤渗滤系统出水	
3# 系统	进水井中采集土壤渗滤系统的进水	位于门牌号为 1 号农户的东面
	出水井中采集土壤渗滤系统出水	

（5）中华村

中华村的水处理效果有第三方，即上海市水环境监测中心金山分中心的监测报告。监测断面有进水、出水、出水排放河道。具体的进水采样位置不详，估计应该在格栅和初沉池进水位置之间，出水在最后一个植物吸收池出水位置。

污水（农户生活污水与农家乐饭店部分污水）→格栅→集水井→初沉池→调节池→预处理池→中沉池→生态沉淀桶→植物吸附池（2 个）→出水排放

两者差别在"中沉池"与"中间池（生物反应）"，"生态沉淀桶"与"生态桶"，"植物吸附池"与"生态池"的称谓上，有可能是一回事，只是未见课题承担方的正式报告，不能确定哪个提法正确。

本次采样的进水为生态桶工艺的总进水口，即集水井处的原污水；出水为生态池的出水，从河道旁的出水井中采样。用于实验室的质量控制分析。

（6）海桥村

水质监测采样点位置：采厌氧生物过滤预处理池的出水，即垂直流人工湿地的进水作为系统的进水，采出水观察井的水作为系统的出水水样。

（7）毛桥村

水质监测采样点位置：采集的进水为生态桶的进水，出水为生态桶的出水。

（8）赢东村

水质监测采样点位置：进水为一体化预处理装置集水池中的水，出水为一体化预处理装置出水池的水。

（9）前卫村

水质监测采样点位置：进水为人工湿地的进水，出水为人工湿地出水井中的出水。

（10）水质监测采样点布设的得失分析

从监测采样点布设可以看出，目前对农村污水土壤渗滤、人工湿地、生态处理工艺的污水处理系统的认识还不统一，最起码在课题承担单位的监测人员的认识上存在一定的偏差。我们说的各种工艺的污水处理系统，是包括预处理在内的完整系统，而不仅仅是指只有主体结构如土壤渗滤、人工湿地、生态处理等单元。因此，处理系统包含了整体处理效果、预处理单元的处理效果和主体结构单元的处理效果。因此，有必要进一步加强预处理单元的监测和设计认识。

这次典型工程水质监测的面分布较广，达到9个，这是件好事。较多的样点获得的数据更具代表性，也有利于消除分析误差和对异常值的取舍。但过多的水质监测点造成分析水样过多，不利于采样频率的提高，这也是造成不能对处理系统做完整性监测的直接原因。虽然这次监测未能获取预处理设施如化粪池、调节池的处理效果，也不能计算出处理系统进入的农村污水污染物的浓度和总量。但是，获得的土壤渗滤、人工湿地、生态处理等单元的进水与出水的污染物的浓度和总量，有利于计算出这些处理单元的污染负荷率。所获得的土壤、植物、气候、地质水文环境条件下的土壤渗滤、人工湿地的污染负荷值等基础数据，对今后上海市农村生活污水处理规范化推广应用具有重要的指导价值。

5.2.2 依据第三方监测数据获得的运行效果

典型工程的运行效果，因受到资料的限制而难以做到全面地比较分析。本项目在调查研究过程中仅获得一项工程的第三方提供的完整监测数据，通过1年连续性数据的统计分析而得出的有益认识，有利于指导和规范农村污水处理工程的建设以及提高处理设施的效益。

上海市水环境监测中心金山分中心受区水务局委托，于2007年3月中旬至2008年3月上旬，对廊下中华村农家乐污水厂污水处理效果及相关河道水质状况进行了为期1年、每月3次的水质监测，全年共36次。采用中华村污水处理工程运行的一年数据，经统计分析得出以下一些结果。

5.2.2.1 年统计值及其运行效果分析

分3个方面进行说明。

（1）年统计值的基本表述

根据第三方的监测，主要监测理化项目有COD、高锰酸盐指数、BOD_5、TP、NH_4^+-N、DO、pH值和水温共8项指标。在采用不同统计单元进行统计分析过程中，基本统计量的表征方法是用算术平均值来代表数据的典型水平，标准差来衡量数据分布的离散程度，通常表达方式为"算术均值±标准差"（即 $\overline{X}\pm S$），同时表示出最大范围值、最小范围值。

根据《城镇污水处理厂污染物排放标准》（GB 18918—2002）的规定，选择相关项目统计的年均值如表 5-7 所列。

表 5-7　中华村农家乐污水处理年运行统计结果　　　　　　　　　单位：mg/L

水质类型	基本统计量	COD	BOD$_5$	TP	NH$_4^+$-N	pH 值
进水水质	平均值	136.6	27.6	2.947	32.51	7.3
	标准差	55.4	12.9	1.345	14.86	0.2
	最大值	256	66.8	6.50	59.9	7.8
	最小值	30	8.9	0.90	6.2	7.0
出水水质	平均值	30.6	8.0	1.989	1.55	7.6
	标准差	17.2	6.4	1.176	1.68	0.2
	最大值	92	27.6	7.66	7.5	7.9
	最小值	15	1.7	0.57	0.2	7.2
GB 18918—2002 一级 B 标准		60	20	1	8	6~9
去除率/%		77.6	71.0	32.5	95.2	—
超标率/%		5.6	5.6	80.6	0.0	0.0

注：pH 值的单位未无量纲，因均在范围值允许内且不进行去除率的统计。

结果表明，该处理系统因进水的有机污染物的年平均浓度相对较低，生态桶内曝气环境占有主导地位，表现出以下一些特征。

① 以 COD、BOD$_5$ 为代表的有机污染物的去除率分别为 77.6%、71.0%；在 36 次的采样测定中，COD、BOD$_5$ 各有 2 次超过 GB 18918—2002 的一级 B 标准，超标率为 5.6%。但进水的 BOD$_5$ 浓度偏低，不具有代表性。

② TP 的去除率最低，仅为 32.5%；在 36 次采样测定中，有 29 次超过 GB 18918—2002 的一级 B 标准，超标率为 80.6%。

③ NH$_4^+$-N 有很好的去除效果，其去除率达 95.2%，处理出水全部低于 GB 18918—2002 的一级 B 标准的最高限值。

（2）水质监测设计存在的问题

① 监测的理化指标　作为污水处理工程而言，要证明工程的运行效果，要求监测的理化项目指标应符合国家《城镇污水处理厂污染物排放标准》（GB 18918—2002）的规定，特别是竣工工程委托给专业监测单位时，除上述 COD、BOD$_5$、TP、NH$_4^+$-N 外，还必须有 TN、SS 的监测结果。

按照我国的有关规定，这些指标是衡量运行效果好坏的重要依据。本工程的 NH$_4^+$-N 去除率高达 95.2%，这只表明 NH$_4^+$-N 转化为硝态氮的可能性，并不能得出 NH$_4^+$-N 经过脱氮作用的过程而被全部去除的结论。如果 TN 的结果证明其含量低于 GB 18918—2002 的一级 B 标准限值的话，那么，也侧面证实工程的脱氮作用。这是因为，TN 与 4 种形态氮存在以下关系：TN＝KN＋NO$_3^-$-N＋NO$_2^-$-N，凯氏氮（KN）为有机氮与 NH$_4^+$-N 之和；在曝气环境中，有机氮经矿化转化成 NH$_4^+$-N、NH$_4^+$-N 被

氧化成 $NO_3^- \text{-N}$；在厌氧环境中，经过 $NO_3^- \text{-N} \rightarrow NO_2^- \text{-N} \rightarrow N_2O \rightarrow N_2$ 转化过程，完成脱氮过程。同样地，SS（悬浮物）也是衡量污水处理效果的重要指标，这是因为在生活污水中，SS 含有的有机污染物、N、P 等均较高。

② 其他指标　根据处理工艺（特别是涉及填料材料）、进水水质的污染物种类，有时还需要增加微生物（细菌、病毒）、重金属指标。

（3）设计进水水质问题

从年进水水质可看出，设计的进水水质严重偏高。设计者设计进水取值为 $COD \leqslant 350mg/L$、$BOD_5 \leqslant 200mg/L$、$NH_4^+ \text{-N} \leqslant 35mg/L$、$SS \leqslant 400mg/L$，远偏离农村污水的实际，在中、小城市中也达不到这个含量；通常，上述含量只会出现在分流制排水系统中。按照这种进水来进行设计，将会误导设计工程采用正确的处理工艺的选择，使工程既不经济也不会出现好的运行效果，并且浪费能源。

5.2.2.2　月统计值及其运行效果分析

年统计值虽然可以表示工程的总体运行效果，但不能表示工程的稳定运行状态。衡量是否是一个好的、终年稳定运行的水处理工程，特别是与生物、土壤等生态要素相关的工程，更需要终年稳定地承担每天排放的生活污水的处理和达标排放。因此，进行月处理效果的统计并进行数据的统计分析有重要的意义。

根据第三方（上海市水环境监测中心金山分中心）的数据，月统计值（详见表 5-8）进一步证明：

① 虽然 COD、BOD_5 的年均去除率分别为 77.6%、71.0%，但月均去除率的变幅表现出较大的特征，前者为 47.3%～87.1%、后者为 47.4%～91.7%，两者的绝对差值分别达 39.8%、44.3%；

② $NH_4^+ \text{-N}$ 的月均去除率在 82.4%～98.6% 之间变化，低于 90.0% 的月均去除率只出现过两次且变幅范围值小，说明去除效果稳定；

③ TP 的月均去除率仅为 7.0%～50.5%，且处理后的出水 TP 含量全部月均浓度大于 GB 18918—2002 一级 B 标准限值允许的 1.0mg/L 的规定（图 5-22）。

表 5-8　中华村农家乐污水处理月运行统计结果　　　　　单位：mg/L

基本统计量	COD	BOD_5	TP	$NH_4^+ \text{-N}$
2007.3 进水：平均值±标准差	201.5±62.9	42.0±2.6	3.780±0.339	49.35±3.46
2007.3 出水：平均值±标准差	73.5±24.7	22.1±7.4	1.870±0.057	2.77±0.39
去除率/%	63.5	47.4	50.5	94.4
2007.4 进水：平均值±标准差	95.0±21.0	28.5±6.3	3.073±1.043	25.53±3.81
2007.4 出水：平均值±标准差	31.7±3.5	9.5±1.1	2.060±0.694	4.08±2.65
去除率/%	66.6	66.7	33.0	84.0
2007.5 进水：平均值±标准差	176.7±37.9	43.6±5.8	3.517±2.146	33.00±23.46
2007.5 出水：平均值±标准差	57.3±31.1	17.2±9.3	2.570±0.696	1.49±0.83
去除率/%	67.6	60.6	26.9	95.5
2007.6 进水：平均值±标准差	156.3±86.3	41.9±21.6	1.571±0.511	38.13±2.10
2007.6 出水：平均值±标准差	34.7±1.2	9.3±0.9	1.018±0.071	1.70±1.36
去除率/%	77.8	77.8	35.2	95.5

续表

基本统计量	COD	BOD₅	TP	NH₄⁺-N
2007.7 进水:平均值±标准差	129.3±62.2	34.9±10.4	1.870±0.591	20.23±4.08
2007.7 出水:平均值±标准差	36.0±2.6	10.8±0.9	1.739±0.735	3.55±3.58
去除率/%	72.2	69.0	7.0	82.4
2007.8 进水:平均值±标准差	161.7±5.48	28.9±1.2	2.920±1.688	29.16±13.91
2007.8 出水:平均值±标准差	27.0±1.7	3.0±1.4	1.551±0.575	0.57±0.42
去除率/%	83.3	89.6	46.9	98.0
2007.9 进水:平均值±标准差	110.0±73.7	25.7±5.2	2.000±1.168	17.60±8.30
2007.9 出水:平均值±标准差	22.0±1.0	7.4±7.8	1.287±0.627	0.30±0.08
去除率/%	80.0	71.2	35.6	98.3
2007.10 进水:平均值±标准差	50.7±10.1	16.7±3.3	2.001±0.304	10.82±4.07
2007.10 出水:平均值±标准差	26.7±5.5	7.9±2.3	1.218±0.210	0.66±0.49
去除率/%	47.3	52.7	39.1	93.9
2007.11 进水:平均值±标准差	149.3±31.8	32.5±2.6	3.050±0.994	38.27±5.38
2007.11 出水:平均值±标准差	19.3±1.5	2.7±1.0	1.787±0.761	1.08±0.83
去除率/%	87.1	91.7	41.4	97.2
2007.12 进水:平均值±标准差	136.3±24.9	30.4±2.3	4.333±0.623	42.53±11.03
2007.12 出水:平均值±标准差	20.3±4.2	8.8±4.1	2.600±0.135	0.60±0.35
去除率/%	85.1	71.0	40.0	98.6
2008.1 进水:平均值±标准差	131.3±20.6	9.1±0.3	3.873±0.247	44.00±5.40
2008.1 出水:平均值±标准差	17.3±2.1	2.7±0.4	2.503±0.377	1.31±0.17
去除率/%	86.8	66.0	35.4	97.0
2008.2 进水:平均值±标准差	143.7±71.8	11.1±1.0	2.463±0.474	38.83±19.02
2008.2 出水:平均值±标准差	20.3±5.8	2.8±0.4	1.740±0.159	1.05±1.20
去除率/%	85.9	74.8	29.4	97.3

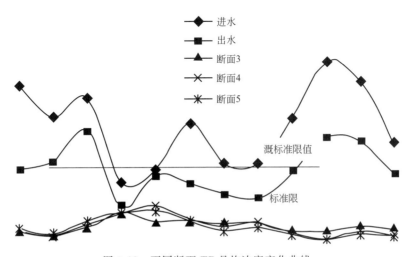

图 5-22　不同断面 TP 月均浓度变化曲线

图 5-22 中的断面 3、断面 4、断面 5 分别表示处理出水排入的河道以及下游方向的

向阳河、中联陆家浜三个河道断面。由于处理工艺的效果限制，TP 超标现象严重，使得接纳水体的全年水质综合评价为劣 V 类（表 5-9）。其他指标虽然达标排放，但河道自身水质仍然处在高污染状态，说明农村生活污水处理特别是有机污染物、N 和 P 的削减是首要任务。撇开工程的运行效果等技术问题，上海市水环境监测中心金山分中心对中华村农家乐污水厂污水处理效果实施为期 1 年的动态监测，从工程的后续管理的角度思考这是值得倡导的，有利于分散型农村污水处理工艺技术的发展。

表 5-9 三个接纳水体河道断面的水质状况评价

河道断面	TP	DO	高锰酸盐指数	COD	BOD₅	NH₄⁺-N	评价
出水排入河道	劣 V	II	IV	V	V	IV	劣 V
向阳河	劣 V	IV	IV	IV	V	V	劣 V
中联陆家浜	劣 V	II	IV	V	V	V	劣 V

5.2.3 依据典型工程直接采样分析获得的运行效果

受课题监测人员、仪器设备、监测分析规范时间等因素的限制，课题对典型工程的监测项目、监测频率、采样点数量等做了以下考虑。

① 分析的理化指标在满足 GB 18918—2002 标准规定的项目基础上、考虑操作费时少的项目，主要是 COD、BOD₅、TP、NH₄⁺-N、SS 和 TN，其中 TN 数据不符合质量控制要求，总结中未采用其分析结果。

② 采样频率为全年 7 次，以满足统计分析的最小次数需要；但有些工程在采样过程中，有时出现进水井或出水井无水的情况，使进入数据统计的采样频率少于 7 次。

③ 为了弥补采样频率低的缺陷，对分散性工程增加了采样监测的工程数目，例如在某个村的土壤渗滤工程通常选择 3 个独立的处理系统分别采取进水、处理出水的水样进行测定，以增加统计学的可靠性；对较为集中的处理工程如一体化预处理装置或人工湿地进行归类型统计分析，以获取更可信的结果。

5.2.3.1 土壤渗滤类工程的运行效果

从 2008 年 3 月至 2009 年 1 月，通过对金山中联村、闵行正义村、闵行汇中村和宝山张堰村随机选择的 12 个运行工程（每个村各 3 个）的运行监测调查，土壤渗滤处理工艺的运行效果（表 5-10）有以下特点。

表 5-10 上海四个村镇 12 个人工土壤渗滤处理系统的统计数据 单位：mg/L

水质类型	基本统计量	COD	BOD₅	TP	NH₄⁺-N	SS
进水水质	平均值	187.8	83.4	5.342	67.85	114.0
	标准差	166.0	79.7	4.357	52.00	56.5
	最大值	697.6	356.0	24.90	210.93	273.5
	最小值	18.9	6.6	0.535	0.83	34.2
出水水质	平均值	25.6	10.5	0.563	6.31	31.7
	标准差	11.6	8.0	0.421	8.20	22.3
	最大值	85.5	53.7	1.198	38.50	98.8
	最小值	8.2	2.6	0.278	0.10	11.1

续表

水质类型	基本统计量	COD	BOD$_5$	TP	NH$_4^+$-N	SS
GB 18918—2002 一级 B 标准		60	20	1	8	30①
	去除率/%	86.4	87.4	89.5	90.7	71.9
	超标率/%	1.4	6.8	1.4	21.6	31.2

① SS 采用 GB 18918—2002 二级标准。

（1）对有机污染物的去除效果

以 COD、BOD$_5$ 为代表的有机污染物进水含量水平较为正常，BOD/COD 的平均比值为 0.444（与之相比，中华村 EST 工艺进水的比值仅 0.208），大于 0.3，表明其可生化性好，这种污水进入土壤-植物系统后，易被微生物降解，故有较好的去除效果。

（2）对 N 和 P 的去除效果

污水土壤渗滤处理系统对 TP、NH$_4^+$-N 有较高的去除率，分别达到了 86.7%、89.9%。但由于系统进水的 TP 和 NH$_4^+$-N 浓度很高，平均值分别为 5.342mg/L 和 67.85mg/L，最高值分别为 24.90mg/L 和 210.93mg/L。造成这种现象的主要原因是：a. 作为污水处理工程的预处理只是在已建的化粪池基础上做一些防渗改造，因而化粪池的降解能力极其有限，仅起到过粪的作用；b. 有些从表面上看也设有调节池，实际上只是一种集水池而已，并没有起到水量调节的作用；c. 土壤渗滤床的建设过程存在着缺陷，土壤或人工土壤的渗滤层厚度未能达到设计要求。

在统计分析过程中，发现不同村镇的污水人工土壤渗滤处理工程的去除效果存在差异（见表 5-11）。由于各处理系统的进水浓度存在的差异较大，纯粹地比较去除率看不出相互间的差异大小，因此有必要比较污染物浓度削减量。分析各种污染物浓度削减量情况，按大至小的排序符合以下规律。

① COD。张墅村（319.9mg/L）＞正义村（198.2mg/L）＞汇中村（104.4mg/L）＞中联村（78.8mg/L）。

② BOD$_5$。张墅村（146.6mg/L）＞正义村（88.9mg/L）＞汇中村（49.7mg/L）＞中联村（9.6mg/L）。

③ TP。张墅村（8.221mg/L）＞中联村（4.739mg/L）＞正义村（3.686mg/L）＞汇中村（3.008mg/L）。

④ NH$_4^+$-N。张墅村（105.85mg/L）＞正义村（69.50mg/L）＞中联村（41.79mg/L）＞汇中村（38.97mg/L）。

⑤ SS。张墅村（109.7mg/L）＞中联村（70.3mg/L）、汇中村（69.4mg/L），与去除率的排序稍有不同，即汇中村（76.1%）＞张墅村（71.3%）＞中联村（69.4%）。比国内报道的悬浮物去除率低一些，主要归结两个原因：第一，污水渗滤过程中原本含有的有机污染颗粒被截留在土层内，而更细小的无机黏粒成为渗漏液内的主要悬浮物质，中国科学院沈阳应用生态所在"七五"（SR）土壤渗滤工程用电镜分析已证实了这一事实的存在；第二，上海的砂等填料含有太高的黏土物质，使建成的地下排水管的排水中的 SS 含量偏高。

表 5-11　上海四个村镇人工土壤渗滤处理系统的去除率比较

地点	基本统计量	COD	BOD$_5$	TP	NH$_4^+$-N	SS
中联村	进水 $\overline{X}\pm S$/(mg/L)	87.2±57.0	32.2±19.4	5.384±2.495	46.29±30.48	101.3±42.3
	出水 $\overline{X}\pm S$/(mg/L)	8.4±3.6	22.6±7.0	0.645±0.407	4.50±5.48	31.0±16.5
	去除率/%	90.4	29.8	88.0	90.3	69.4
	超标率/%	0.0	0.0	14.3	19.0	41.7
正义村	进水 $\overline{X}\pm S$/(mg/L)	226.9±188.7	100.0±72.3	4.494±5.354	78.01±44.06	—
	出水 $\overline{X}\pm S$/(mg/L)	28.7±18.2	11.1±7.8	0.808±0.665	8.51±11.42	—
	去除率/%	87.4	88.9	82.0	89.1	—
	超标率/%	7.1	7.1	28.6	21.4	—
汇中村	进水 $\overline{X}\pm S$/(mg/L)	128.6±96.0	61.2±54.9	3.469±2.366	43.17±23.23	91.2±29.6
	出水 $\overline{X}\pm S$/(mg/L)	24.2±12.0	11.5±10.9	0.461±0.224	4.20±4.88	21.8±10.5
	去除率/%	81.2	81.2	86.7	90.3	76.1
	超标率/%	0.0	9.5	0.0	23.8	22.2
张墅村	进水 $\overline{X}\pm S$/(mg/L)	348.1±179.6	158.0±96.2	8.584±5.972	115.02±67.47	153.9±75.0
	出水 $\overline{X}\pm S$/(mg/L)	28.2±8.1	11.4±7.8	0.363±0.199	9.17±10.19	44.2±33.8
	去除率/%	96.6	81.3	94.8	92.0	71.3
	超标率/%	0.0	11.1	0.0	27.8	33.3
GB 18918—2002 一级 B 标准/(mg/L)		60	20	1	8	30 *

注：$\overline{X}\pm S$ 为平均值±标准差。* SS 采用 GB 18918—2002 二级标准。

　　综上所述，比较污染物浓度削减量是分析处理效果的一个方面，因为污染物削减的总量才是最有效的衡量标准，这还需通过单位面积处理水量的大小来进一步核算削减总量。这些将在水力负荷率、污染负荷率中进一步讨论。

　　但是，表 5-11 和表 5-12 的结果表明，人工土壤（地下）渗滤系统对 COD、BOD$_5$、TP、NH$_4^+$-N、SS 有理想的去除效果：COD 的去除率为 81.2%～96.6%；BOD$_5$ 的去除率为 29.8%～88.9%，中联村的 BOD$_5$ 如此低与进水浓度过于偏低有关；TP 有很高去除率，达到 82.0%～94.8%，是典型工程调查中去除率最高的工艺；NH$_4^+$-N 去除率为 89.1%～92.0%；SS 去除率为 69.4%～76.1%。从 5 项指标的综合评价看，宝山区张墅村的污水（地下）人工土壤渗滤处理工程运行效果最好，这与渗滤土层厚度为 1.5m 的设计与施工等因素有关。

5.2.3.2　人工湿地类工程的运行效果

　　在上海典型工程实例调查过程中，属于人工湿地工程类型的实例有 3 项工程，即海桥村、前卫村、毛桥村的人工湿地。海桥村人工湿地的预处理为一体化厌氧预处理装置，前卫村人工湿地的预处理为化学絮凝-沉淀强化一级处理，毛桥村的人工湿地的预处理为生态桶（ETS）。由于这三种预处理技术的处理效果高于传统一级处理如沉砂池和初沉池的效果，使得污水经预处理后各种污染物浓度均有明显的降低。进水浓度的有机污染物如 COD、BOD$_5$ 的平均浓度分别降至 74.1mg/L 和 28.2mg/L，SS 也降至为 92.3mg/L，但 NH$_4^+$-N 和 TP 浓度依然较高，平均浓度分别为 2.462mg/L 和 36.84mg/L（表 5-12）。

　　表 5-12 的结果说明：经过污水人工湿地的处理，有机污染物有进一步的降解与净化，

COD、BOD$_5$ 的去除率分别达到 61.3% 和 63.1%；虽然 NH$_4^+$-N、SS 有 60.6%~57.2% 的去除率，但与 TP 的出水平均浓度一样，均高于设计的出水标准；3 个项目不同之处是 TP 的去除率最低，仅为 9.9%。这一结果与人工湿地的去除污染物的机理相一致，垂直流人工湿地有利于氨氮和有机氮的硝化过程，当硝化产生的硝酸盐渗入底层厌氧带内将会发生反硝化的脱氮过程。但由碎石作为主要填料成分的处理床，缺乏与磷酸盐生成化学沉淀或吸附作用的物质，依靠作物的吸收作用是有限的，且与污水投配量和污水磷酸根含量密切相关。

表 5-12　上海三个村镇人工湿地处理系统的统计数据　　　　单位：mg/L

水质类型	基本统计量	COD	BOD$_5$	TP	NH$_4^+$-N	SS
进水水质	平均值	74.1	28.2	2.462	36.84	92.3
	标准差	46.0	23.6	2.606	55.38	57.5
	最大值	164.2	94.5	9.002	198.07	188.0
	最小值	16.0	9.6	0.433	2.45	34.2
出水水质	平均值	28.7	10.4	2.218	14.50	39.5
	标准差	15.4	7.4	2.750	21.07	20.3
	最大值	51.3	25.5	9.498	79.23	61.7
	最小值	8.4	2.0	0.182	0.69	12.3
GB 18918—2002 一级 B 标准		60	20	1	8	30①
去除率/%		61.3	63.1	9.9	60.6	57.2
超标率/%		0.0	7.7	50.0	46.2	60.0

① SS 采用 GB 18918—2002 二级标准。

5.2.4　小结

在上述总结的上海农村污水处理典型工程事例中，其主要处理结果单元归纳起来是 3 种工艺，即生态桶（ETS）、（地下）人工土壤渗滤、人工湿地；预处理有一级处理（格栅、初沉池等组成）、强化一级处理（带絮凝功能）、化粪池、厌氧生物过滤或厌氧池。

3 种主结构单元的运行效果分析说明：虽然 3 种工艺因预处理程度不同，但总体表现为对有机污染物、NH$_4^+$-N 有较高的去除效果；人工湿地、生态桶（ETS）对 TP 的去除效果不佳，前者的去除率通常低于 30%~40%，而后者 80.6% 的出水 TP 浓度大于 1mg/L 以上，每月的月均 TP 浓度以及年均的 TP 浓度均高于 GB 18918—2002 的一级 B 标准限值允许的 1.0mg/L 规定；人工土壤渗滤工艺即使在化粪池做预处理的情况下，也表现出最高的 COD、BOD$_5$、TP 去除效果以及良好的 NH$_4^+$-N 与 TN 去除效果；3 种工艺对 SS 的去除效果的监测数据量还不够充分，还不能进行全面科学的比较，但根据土壤渗滤、人工湿地、生态桶（该工艺最后一个处理单元仍与植物吸收或湿地有关）的组成来看，国家对这类型工程出水水质要求执行 GB 18918—2002 的二级标准（30mg/L）是比较合适的。

5.3 典型工程案例的设计参数核算

调查上海典型工程案例过程中，不能从发表论文或设计的技术文件中获得上海气候、土壤、水文条件下的有关土壤渗滤、人工湿地等工艺的水力负荷率和污染物负荷率的具体参数。若不加强这方面的研究，必将严重妨碍分散型农村污水处理工程化的健康发展。由于典型工程缺乏有监测资质的第三方的、按月定期的高采样频率的完整年度监测数据，例如金山中华村污水处理工程由上海市水环境监测中心金山分中心测定的一年36次的监测数据，仅依靠课题组测定的少量数据（一年6～7次的采样频率），结合设计文件提供的水量、面积等参数计算获得的相关数据，只能算是一种初步研究，最终可靠的水力负荷率、污染物负荷率还有待进一步的验证与核实，得出有稳定运行效果、实用性较为广泛而安全的水力负荷率、污染物负荷率，以指导工程设计。

5.3.1 预处理的设计

预处理的两个主要目的是：a. 适当地削减主要处理工艺的某些污染物的浓度，以利于进一步充分利用生态工程的自然净化功能，达到低基建投资、低运行成本、低运行能耗、高处理效率；b. 解决主要处理工艺的最薄弱点或最主要的问题，使处理系统能够长期稳定地运行。

针对上海农村污水处理应用的三种类型的典型工程而言，有机污染物不是主要问题，同时高效去除 N 与 P 物质、防止填料层的堵塞、不影响土地的农业利用功能、减少土地占用的面积，这 4 个科学技术问题恰好是必须反复思考并加以重视的重要问题。

（1）预处理工艺设计合理的工程案例分析

上海市农村已经普及三格化粪池建设与使用，在解决农村卫生和村容整洁等方面起到了重要的作用。尽管化粪池存在渗漏严重等问题，但在工艺设计与建设中应将其纳入预处理单元，作为预处理的一个组成部分。例如土壤渗滤、人工湿地等处理工程，多数都在化粪池改造的基础上对其加以充分利用。

针对农村生活污水的氮、磷浓度较高的特点，且当主要处理工艺去除氮、磷特别是除磷效果差的时候，例如，在有些人工湿地处理工程采用投加絮凝剂的强化一级处理作为预处理，有些采用厌氧生物过滤或厌氧池等处理技术作为预处理，这些从技术上分析应该是可行的，但效果到底有多大目前还缺乏足够的统计学的监测数据来证实。

（2）预处理工艺设计不太合理的工程案例分析

就调查的典型工程而言，预处理工艺设计存在的问题主要表现在以下几个方面。

① 预处理流程过长。例如中华村的预处理单元为格栅、集水井、初沉池、调节池、预处理池、中间池（生物反应）组成，但监测方案中只有总进水与总出水两个监测断面，缺少中间池（生物反应）进入生态桶断面处的水质监测，无法判断预处理的效果。

事实上，工程最终出水的 TP 含量依然很高，其去除率仅为 32.5%。

② 尽管化粪池出水经水量调节、均化后，直接进入人工土壤渗滤系统仍可获得好的处理效果。但作为一种长期稳定运行的污水处理的设施，必须设计它的运行年限，水处理工程通常确定为 20 年。这样长的时间里，土壤同化分解 N、P 的容量能否满足需要，如何防止土壤孔隙的堵塞是设计首先面临的问题。解决方案必然是多方面的考虑，如渗滤场地面积、人工土壤的配比、渗滤土层厚度、土层好氧与厌氧控制以及预处理设计等。在预处理设计中，忽略了对有机与无机颗粒物的去除、过高浓度的有机污染物预降解，光凭化粪池的作用不能确保土壤渗滤系统长期对污染物的高去除率。

③ 对于人工湿地的 N、P 的预处理过多地强调了环境工程的作用，而忽略了环境生态工程的功能。PAC 和 PAM 的絮凝剂对去除磷是有效的，但不能有效去除氮素，而高强度的曝气作为预处理的手段，那将使预处理与主要处理工艺本末倒置，失去降低投资和成本选择人工湿地环境生态工艺设计的初衷。事实上，采用组合式的人工湿地，即垂直流人工湿地－潜流人工湿地的组合湿地，能提高人工湿地对 TN 等的去除率。

5.3.2 水力负荷率的设计

水力负荷率是环境生态工程的重要设计参数，它的大小决定工程的占地面积和处理效果。

（1）土壤渗滤类的水力负荷率

对 4 个村 12 个污水地下人工土壤处理工程实例的占地面积、日处理水量的设计等参数的核实与计算，获得的水力负荷率情况列举在表 5-13 中。水力负荷的实际水平，最核心的影响因素是实际的日处理水量的大小，而不是设计的日处理水量的大小。实际工程运行中，服务人口与生活习惯、收集管网的防渗状况、气候情况（雨季或旱季）等因素均会影响进入处理场的日进水流量。在张墅村曾经对设计的服务人口与实际的服务人口进行核实，发现实际的服务人口低于设计的，其差值达到 19 人（表 5-14）。按设计人口确定的每户平均人口为 5.1 人，实际上只达到 3.2 人。按照表 5-14 张墅村处理系统合计面积 93m² 计、设计的人均占地面积 1.8m²、实际的人均占地面积为 2.9m²，这无疑造成面积的浪费。这种情况同样存在于正义、中联等村的户均人口设计上，正义村户均人口按 5 人计、中联村户均人口按 4 人计、海桥村户均人口按 2.5 人计。这个看似简单的调查要引起设计者的重视，设计前的现场踏勘与调查时，应该更细致深入些，除总人口外还应该摸清是每日常住、早出晚归、临时性等各种类型的居民，并给出每种类型居民合理科学的日排水量。事实上，在调查中有多个村的处理系统进水井和出水井连续多次不能采集到水样。

表 5-13　上海农村污水人工土壤渗滤系统的水力负荷调查

地点	处理池编号	核实的日处理量/(m³/d)	处理系统面积/m²	水力负荷/(m/a)
中联村	1	11.2	170	24.0
	2	15.2	260	21.3
	3	12.4	200	22.6

地点	处理池编号	核实的日处理量/(m³/d)	处理系统面积/m²	水力负荷/(m/a)
张墅村	1	0.92	25	13.4
	2	1.74	38	16.7
	3	1.05	30	12.8
正义村	1	2.77	54	18.7
	6	0.40	9	16.2
	38	0.80	18	16.2
汇中村	3	2.40	54	16.2
	5	0.40	9	16.2
	16	4.00	90	16.2
平均值±标准差		4.44±5.30	79.8±84.0	17.5±3.5

表 5-14　张墅村设计与实际人口的调查

类型	户数	设计服务人口/人	实际服务人口/人	人口差值/人
户籍人口	3	9	8	1
外来人口	5	24	15	9
租用房	2	18	9	9
合计	10	51	32	19

表 5-13 统计结果表明：上海地区污水地下人工土壤渗滤处理系统的实际水力负荷范围值为 12.8～24.0m/a，平均值为 17.5m/a。虽然这还不是这一处理工艺的最佳处理效果的最终结论，但最起码是一种较为安全的设计值。随着预处理系统的完善与处理效果提高、渗滤床相关参数设计的规范以及人工土壤配比与均匀混合技术的提高，有望获得更高的水力负荷设计值，为减少占地和降低建设成本提供技术保障。

（2）人工湿地类的水力负荷率

在上海农村污水处理典型工程中，明确主体工程为人工湿地的有海桥村人工湿地、毛桥村人工湿地和前卫村人工湿地。其中毛桥村主体工程是生态桶还是人工湿地，设计者并未明确表示，只是设计文本明确称之最后处理单元为"人工湿地"，将其作为计算人工湿地水力负荷率的实例进行比较。

预处理各不相同，分别为一体化厌氧预处理装置、化学絮凝－沉淀强化一级处理、生态桶（ETS）。按工程实例的占地面积、日处理水量的设计等参数的核实与计算，获得的水力负荷率情况列举在表 5-15 中。结果表明：除毛桥村以外，人工湿地采用的水力负荷为 88.4～91.3m/a。在这种水力负荷情况下，虽然依据 3 个村典型工程的总进水、总出水计算出的 COD、BOD_5、TP、NH_4^+-N 的去除率分别为 61.3%、63.1%、9.9%和 60.6%（详见表 5-16）。这种去除率实际不是人工湿地的贡献，而大部分是预处理的贡献。尽管海桥村、前卫村的处理工程因未设置监测点而未获得监测数据的证明，但根据中华村污水处理工程（与毛桥村的处理工艺相同）获得的监测数据（表 5-16）证明：COD、BOD_5、TP、NH_4^+-N 的总去除率分别为 77.6%、71.0%、32.5%、95.2%中，而 4 种污染物被"预处理"（实际为主工艺）去除的效率分别为 76.8%、66.3%、28.8%、84.9%，分别占到总去除率的 99.0%、93.4%、88.6%、89.2%。剩余不到总进水浓度的 12%（其变幅为 1.0%～11.4%）的污染物进入人工湿地处理系统，因水力负荷率过高，使得人工湿地处理系统的相对去除率不高。

表 5-15　上海农村污水人工湿地的水力负荷调查

地点	预处理	设计日处理量/(m³/d)	处理系统面积/m²	水力负荷/(m/a)
海桥村	生物厌氧	20	80	91.3
毛桥村	生态桶	60	82	267.1
前卫村	絮凝沉淀	630	2600	88.4
平均值±标准差		236.7±341.2	920.7±1454	148.9±102.3

表 5-16　中华村处理工程进水、格栅-生态桶单元、湿地单元去除效果

处理单元	COD	BOD₅	TP	NH₄⁺-N
进水(原污水)/(mg/L)	136.3±55.4	27.6±12.9	2.947±1.345	32.51±14.86
格栅-生态桶单元/(mg/L)	31.6±10.4	9.3±5.2	2.099±0.979	4.92±10.48
总出水(排河道前)/(mg/L)	30.6±17.2	8.0±6.4	1.989±1.176	1.55±1.68
格栅-生态桶去除率/%	76.8	66.3	28.8	84.9
总去除率/%	77.6	71.0	32.5	95.2
格栅-生态桶占总去除率的百分数/%	99.0	93.4	88.6	89.2

注：数值表达方式为平均值±标准差、格栅-生态桶单元为生态桶出水水质即人工湿地进水水质。

　　综上所述，3 个村的人工湿地处理工程的预处理效果还不完全相同，毛桥村的 267.1m/a 水力负荷太高，实际处理效果差，用作设计值存在太大的风险。另外两个村 88.4～91.3m/a 的水力负荷也未得到工程处理效果的支持，脱氮除磷的效果不理想，故难以用于工程设计。

5.3.3　污染负荷率的设计

　　对于土壤渗滤和人工湿地这类处理工艺，因充分考虑到土壤或填料的渗透性能，通常实际的水力负荷率大大超过设计的水力负荷率（$L_{w(P)}$）。决定处理系统性能好坏的主要限制因素是污染物负荷率，这些污染物主要包括 COD、BOD、TN、TP 等。以 TN 为例，TN 负荷率（$L_{w(N)}$）<$L_{w(P)}$，决定处理系统的占地面积的负荷率设计依据，不是土壤渗滤或人工湿地的水力负荷率，而是 TN 负荷率（$L_{w(N)}$）。同样地，设计的主要达标指标也可能是 COD、BOD、TP，则要分别按照这些污染物的负荷率进行设计计算，核实能否达标。

　　(1) 土壤渗滤类的污染负荷率

　　根据设计的实际进水量、进水污染物浓度、出水污染物浓度，并根据国内其他地区如昆明的工程实例，设定处理出水量是进水量的 0.75，以忽略降雨量、土壤水分蒸发蒸腾损失速率的影响，初步测算出上海环境条件下的 COD、BOD、TN、TP 的污染负荷率（表 5-17）。表 5-17 中各个村的 COD 等污染负荷率均采用 3 个工程点的平均值，这样做可使结果相当偏保守但显得更稳妥一些。COD 实际使用的污染负荷在 3.485～9.600g/(m²·d)，BOD 实际污染负荷在 0.443～4.408g/(m²·d)，TN 实际污染负荷在 1.561～3.812g/(m²·d)，TP 实际污染负荷在 0.101～0.247g/(m²·d)。从张墅村的工程运行效果来看，COD 实际使

用的污染负荷为 $9.600g/(m^2 \cdot d)$、BOD 为 $4.408g/(m^2 \cdot d)$、TN 为 $3.058g/(m^2 \cdot d)$、TP 为 $0.247g/(m^2 \cdot d)$，水平也是安全的。

表 5-17　上海农村污水人工土壤渗滤系统的污染负荷调查　　　　单位：$g/(m^2 \cdot d)$

地点	COD	BOD$_5$	TN	TP
中联村	3.631	0.443	3.812	0.218
张墅村	9.600	4.408	3.058	0.247
正义村	7.267	3.258	1.561	0.135
汇中村	3.485	1.659	2.310	0.101
平均值±标准差	5.996±2.972	2.442±1.746	2.685±0.968	0.175±0.069

上述污染物负荷率的结果仅仅是初步的阶段成果，但这项工作远没有最终完成。建议在规范上海农村污水处理工程中，将工程完工后运行效果监测以及污染物负荷率的测算工作，作为工程管理的一项日常性工作抓起来，尽早地获得有代表性、可用于指导设计的污染负荷率，提高土壤渗滤工艺的设计水平。

（2）人工湿地类的污染负荷率

由于掌握的上海典型工程的数据量少、进入的工程数量少，人工湿地的污染物负荷率的测算工作更为粗放。仅依据两个工程的数据计算，其结果列举在表 5-18 中。结果中的 COD 实际使用的污染负荷在 $2.438 \sim 12.358g/(m^2 \cdot d)$，BOD 实际污染负荷在 $1.294 \sim 2.817g/(m^2 \cdot d)$，TN 实际污染负荷在 $0.955 \sim 1.141g/(m^2 \cdot d)$，TP 实际污染负荷在 $0.048 \sim 0.104g/(m^2 \cdot d)$；除 COD 的平均负荷率高于土壤渗滤工艺外，其余三项均低于土壤渗滤工艺。这个结果进一步证实了在构筑湿地（基质主要由碎石、砂、炉渣等组成）内，脱氮除磷需要的化学吸附、沉淀、滤料的过滤拦截以及微生物的好氧与厌氧反应过程的活性低于土壤基质，使得在这样低的负荷率条件下，其处理效果低于土壤渗滤工艺。

表 5-18　上海农村污水人工湿地处理系统的污染负荷调查

单位：$g/(m^2 \cdot d)$

地点	COD	BOD$_5$	TN	TP
海桥村	2.438	1.294	0.955	0.048
前卫村	12.358	2.817	1.141	0.104
平均值±标准差	7.398±7.014	2.056±1.077	1.048±0.132	0.076±0.040

5.3.4　设计参数核算小结

在研究的两种工艺中，严格地说，决定处理系统好坏的关键设计参数是：污染负荷与水力负荷率，前者是一种限制性的关键设计参数，实际投配的污染物总量超过系统实际具有的最大污染负荷，处理系统的污染物去除效率将显著下降；后者是一种潜在性的关键设计参数，其潜在意义在于在改善基质（填料过滤层）的物理、化学和微生物活性后，水力负荷率大小将起到重要作用，同时大的水力负荷率对孔隙的堵塞有很好的预防作用。

　　土壤渗滤工艺的污染物负荷率、特别是氮和磷的负荷率高于人工湿地工艺，但水力负荷率低于人工湿地工艺。因此，针对不同的环境条件以及污染治理的目标，可根据两个工艺的各自特点因地制宜地进行选择。

　　这两个工艺在上海环境条件下的污染物负荷率和水力负荷率设计值核算、研究仅仅是一个开始，希望有更多的典型工程纳入跟踪调查研究的范围，以便获得更准确的范围值，完善能真正指导工艺设计的科学参数。

5.4　典型工程案例的工程投资与运行费用

5.4.1　国内不同处理规模的投资与成本简介

　　污水土壤渗滤处理工程或污水人工湿地工程的建设投资和运行成本，通常是与同等规模的城市污水二级处理（活性污泥法工艺）进行比较的。这种比较最好是在经济规模条件下进行比较，因为在不经济条件（例如一般性示范工程）以下的规模（$<5000 m^3$），往往是带有研究性或推广应用示范性的，除工程运行的设施外，有部分设施是为获取精确的科学数据而设置，使工程建设投资和运行成本大大增加。例如，在工程示范时期，设计人员在建设各类处理池都较为保守，喜欢采用混凝土底板、池壁以防止外界渗滤水的影响，设置许多监测采样井、增加一些辅助设施以获得科学的设计参数或防范运行过程可能出现的问题。实际上在工程化建设时，国外对土壤渗滤、人工湿地等处理池的防渗处理多数为铺设防渗膜，这比做混凝土结构、砖混结构节省成本。

　　下面就国内一些土壤渗滤、人工湿地工程的投资与成本做些分析。

5.4.1.1　土壤渗滤经济规模的投资与成本

　　楚雄城市污水慢速土地处理有完整规范的投资决算，但其规模 $1.5 \times 10^4 m^3/d$ 属经济规模范围，虽然与非经济规模的分散型农村污水处理工程之间没有可比性，但举例说明的目的是为了说明该处理工艺与传统二级污水处理工艺的投资与成本的高低状况。

　　（1）建设投资

　　在这里讨论的基建投资实际支出结算情况不是经楚雄市城建局等编审部门审核的结算书，是课题组和有关负责现场施工和设备购置人员掌握资料编写的，虽谈不上绝对精确，但也应该属于基本正确。也正是这个原因，本结算难免有遗漏的项目，特别是1999年2月以后有关示范工程局部完善和增补的小设施的修建费用未包括在内。具体支出情况列举在表 5-19 中。

　　根据表 5-19 的结果表明：楚雄城市污水土地处理示范工程的基建总投资为 837.84 万元，其中土地费用 168.17 万元，工程直接费用 555.40 万元，工程间接费用 114.27 万元。楚雄城市污水土地处理示范工程的基建投资总费用结算为 837.84 万元，从表面上看，初设的概算值 876.21 万元（静态）与 943.08 万元（动态）相接近。云南已建二级污水处理厂的工艺一般为氧化沟法、A^2/O 法或 ICEAS 工艺等，随建设期越接近当前的，二级污水处理其投资也越高。因此，在比较基建投资时应选择相同时期的二级污水处理厂进行比较。根据这一原则，选择了同期建设的昆明市第二污水处理厂作为本示范工程基建投资比较的参照物。

表 5-19 楚雄示范工程基建投资费用结算一览表

经费类型	项目名称	金额/元			备注
		土建安装	设备	合计	
Ⅰ. 预处理 （一级处理厂） 工程直接费	（1）土地费	—	—	1600468.00	税费包括在内
	（2）围墙、四通一平等	115737.47	—	115737.47	地勘费包括在内
	（3）构建筑物与综合楼等	2353191.24	1119997.90	3473189.14	含管理、税费等间接费
	（4）进厂输水管及附件	51410.00	—	51410.00	
	（5）设备安装与照明	557694.21	7000.00	564694.21	
	（6）预处理费用小计	3078032.90	1126997.90	5805498.80	
Ⅱ. 土地处理 工程直接费	（1）土地费	—	—	81262.93	税费包括在内
	（2）污水储存池	114636.10	—	114636.10	土地费用计入Ⅰ.（1）中
	（3）提升泵站与输水管道	755693.39	184831.13	940524.52	同Ⅰ.（3）备注
	（4）配水系统（主干渠）	100000.00	12500.00	112500.00	
	（5）排水（暗管）系统	181310.40	—	181310.40	含配水二级支渠在内
	（6）土地处理费用小计	1151639.89	197331.13	1430233.95	
Ⅲ. 工程 间接费	（1）设计费	—	—	223000.00	
	（2）综合费及税费等	—	—	373565.70	
	（3）电贴费	—	—	184400.00	
	（4）工程预算与质检费	—	—	21309.00	
	（5）一级处理调试费	—	—	20891.00	
	（6）土地处理调试研究费	—	—	200000.00	
	（7）调研与办公费等	—	—	87467.00	
	（8）试验费	—	—	32017.84	用于调节系统方案试验
	（9）工程间接费用小计	—	—	1142650.54	
Ⅳ. 总费用	工程直接费与间接费	4603238.49	1324329.03	8378383.29	总计为Ⅰ、Ⅱ、Ⅲ之和

昆明市第二污水处理厂建设投资 13650 万元，日处理量 $10 \times 10^4 \, m^3$，每立方米污水的建设造价为 1365 元。而本示范工程总投资为 837.84 万元，日处理量实际处理能力为 $1.91 \times 10^4 \, m^3$，每立方米污水的建设造价约为 439 元，即使按设计规模 $1.5 \times 10^4 \, m^3$ 计，每立方米污水的建设造价也仅为 559 元。两种计算方法中，前者仅为昆明第二污水处理厂基建投资的 32%、后者为 41%，符合国内外研究结果，也较好地完成设计预定的经济指标。由此直接为国家节约的基建投资达 1391.11 万元。

（2）运行成本

本示范工程以一个独立核算的财务角度考察其经营成本，并分析工程正常运行后收入、支出和盈利状况，以评价建设投资的财务可行性。在污水处理经营成本计算时确定的前提条件如下。

1）项目计算规模 按照设计规模（15000 m^3/d）计算外，主要根据实际处理能力（平均为 19967 m^3/d）作为计算依据。同时，年处理按 365d 计，其理由是：虽然土地处理天数不满 365d，但雨季污水直排或一级强化处理后排放至青龙河-龙川江，靠河水稀释自净功能仍可达国家地表水Ⅳ类标准。

2）职工定员 可行性研究提出 30 人，在初设中考虑加强工艺、农学和维修的技术指导力量，增设 3 个技术岗位，增至 33 人。按初步设计 33 人，年平均工资按当地实际支付平均工资（包括劳动福利费），1999～2001 年 3 年平均工资为 9500 元/人计算。

3）电费 根据每年实际支付给电业局的付款单据金额数计算。

4）药剂费用 按目前实际生产资料价格和实际用量计算确定。

5）固定资产折旧率 污水土地处理工程不同于一般市政工程或普通建筑工程的年综合折旧提成率，这些工程推荐采用的基本折旧率取 4.2%、大修折旧率取 2.1%；根据国内同行专家的意见，污水土地处理工程折旧提成费以直接费用中的第一部分费用（即除去其他直接费）的 3% 计，则固定资产折旧率为 2.0%。

6）大修理基金提存率 按 5）项规定则平均按 1.0% 计。

7）日常检修费 按 5）项阐述的工程直接费用的第一部分费用的 0.8% 计。

8）排污费单价 按楚雄市城乡建设环保局 1999 年上报楚雄市政府的"关于污水排放成本核算请示报告"，经市政府核准收费标准 0.20 元/m³ 计。

9）物价水平的变动因素 为了简化计算，一般不考虑价格总水平的变动因素，财务评价各年统一使用现行价格。

10）税金的计算考虑 由于分析中涉及收入、支出和盈利状况，并评价建设投资的财务可行性，因此必须考虑其是一个独立的企业，有税收问题。根据污水土地处理厂今后经营实际，仅考虑销售税金、城市维护建设税和教育费附加税等，各项税金综合按排污费的 5.5% 收；所得税按 33%（1999 年的所得税率）计。

楚雄示范工程经 3 年试运行，根据已获得的大量定量化测算数据，能比较精确地计算出年经营费用及制水成本（详见表 5-19）。这里还应该强调说明，表 5-19 的结果是按照本设计方案的运行天数和表中列出的运行条件进行计算的。若达不到设计的处理水量的话，则制水成本将会提高。

表 5-20 中的制水成本是包含折旧的制水成本，当不包括折旧费，楚雄城市污水土地处理示范工程的年经营费为 80.10 万元，制水成本为 0.175 元/m³。近几年来，二级污水处理厂经常将工资福利和动力费作为一种污水处理直接费用看待，并以这种方法计算的制水成本称为直接成本，若按这种方法计算本示范工程的直接成本为 0.140 元/m³。

（3）小结

通过建设投资与运行成本的财务分析（表 5-20），可以看出：同一时期的具有经济规模的污水慢速土地处理工程与二级污水处理厂相比较，污水慢速土地处理的基建投资仅是二级污水处理厂的 32%～41%；直接运行成本（指工资福利和动力费）是二级污水处理厂的 37.8%，当运行成本包含折旧时，单位制水成本达到 0.269 元/m³，但难以获得精确的二级污水处理厂财务核算资料，不到二级污水处理厂的 1/3（因同期二级污水处理厂测算的单位制水成本或售水价格测算，为 1.50～1.83 元/m³）。国内相关处理工程也获得相同结果，如内蒙古霍林河日处理规模 10000m³/d 的森林型污水慢速土地处理与常规二级污水处理厂相比较，土地处理的基建投资是二级污水处理厂的 1/2，运行费用是 1/5。

表 5-20 年经营费用及制水成本表

编号	项目名称	基本数据	费用
1	平均日污水量/($10^4 m^3/d$)	1.91	
2	平均电费单价/[元/(kW·h)]	0.375	
3	平均处理单位体积污水的用电量/(kW·h/m^3)	0.192	
4	3 年运行期实际人年均工资/元	9500	
5	絮凝剂:聚丙烯酰胺用量/kg	110	
6	办公费/[元/(人·年)]	1300	
7	职工定员/人	33	
8	固定资产投资/万元	550.0	
9	固定资产基本折旧率/%	2.0	
10	大修理基金提存率/%	1.0	
11	日常检修维护费率/%	0.8	
12	综合税金/%	5.5	
13	辅助材料等其他费用(按折旧率方法)/%	1.0	
14	动力费/万元		33.00
15	药剂费/万元		1.56
16	工资福利费/万元		31.35
17	管理费用和其他费用/万元		9.79
18	固定资产基本折旧费/万元		11.00
19	大修理基金提成/万元		5.50
20	日常检修维护费/万元		4.40
21	年经营成本/万元		96.60
22	单位制水成本/(元/m^3)		0.211
23	售水价格测算/(元/m^3)		0.269

5.4.1.2 土壤渗滤非经济规模的投资与成本

昆明城市污水土壤慢速渗滤实际是符合澳大利亚 CSIRO 称之为"菲尔脱(filter)"的污水处理技术,是由污水预处理、土壤-作物系统、地下排水暗管组成的处理与利用系统。中试工厂处理规模为 120m^3/d,处理工艺主要为作物型慢速渗滤,此外还包括作为研究性质地表漫流(OF)、以土壤为基质的 VSB 湿地,但这两部分占地面积很少。在污水慢速土地处理系统地下 1.2~1.5m 处设置有排水的陶土暗管。工程的建设费用如表 5-21 所列。即使以研究性质的中试工程费用进行分析,1988~1989 年处理每吨污水的基建费用为 509 元,运行费为 0.085 元,均达到同期常规二级污水处理的基建费用(以 1000 元/m^3 计)和运行费用(0.25 元/m^3 计)的 1/3~1/2。然而,作为研究性质的中试工程,有些设施并不是生产性实际工程所需要的(表 5-21)。例如有了一级沉淀池作为预处理,则不需要再建好氧塘、兼性塘处理设施;又因要解决终年运行的优化方案,既设置了短距离的 OF 系统又设置了储存池;此外,考虑尾水回收设施也是实际工程不需要的,120m^3/d 处理规模的处理场地设置 5 口地下监测井的密度过高,可以压缩。若这样考虑的话,不带研究性质的工程基建投资可下降至 248 元/m^3。至于运行费用考虑了以下支出:电费、管理人员工资、土地租金、监测费用、日常维修费以及农产品的收入,但没有考虑设备的定期检修和大修的费用,不带研究性质的工程运行成本由研究性质的工程的 0.085 元/m^3 下降至 0.044 元/m^3。

表 5-21 昆明作物型污水慢速渗滤系统中试工程基建投资分析（1988—1989 年）

项目明细	带研究性质的费用/元	不带研究性质的费用/元
基建费		
(1)一级处理沉淀池	8000	8000
(2)污水提升 泵房	2000	2000
设备与安装	4500	1500
(3)压力管道(材料、加工、安装)	15040	4100①
(4)氧化塘系统 塘体	1120	—
防渗衬里	1260	—
(5)配水设施	1250	1250
(6)排水和尾水回收设施	4840	3590②
(7)行政辅助建筑	2650	2650
(8)动力线路	3040	3040
(9)监测井(包括采样井)	13800	5200③
(10)OF 系统用的储存池	1515	1515
(11)灌溉田的土地平整	100	100
(12)OF 系统坡面修建	500	500
(13)计量仪表和阀门	1500	1500
基建费合计	61115	34945

① 取水口至处理场地需 300m 管道。

② 不需要尾水回收设施。

③ 不需要研究用采样设施，按 2 口地下水监测井计。

上述基建投资的财务分析仅是以直接费用为依据，没有包括间接费用在内，使工程投资的总经费偏低。在实际工程估算中，应加上设计、监理、施工单位合法利润、人员培训、水质监测实验室建设和分析设备等费用；或采用直接费用乘以一定的系数方法估算出间接费用。

5.4.1.3 人工湿地非经济规模的投资与成本

根据云南大理仁里邑村生活污水工程的工艺流程，工程建设费用列举在表 5-22 中。表中选用的有关费用计算标准为：

表 5-22 云南仁里邑村水解酸化-人工湿地工程实际费用估算（2003—2004 年）

项目	带研究性质的费用/万元	不带研究性质的费用/万元
基建费：		
(1)整地和土方开挖	2.50	2.50
(2)污水沟修整、原水输送渠、管道建设	5.00	5.00
(3)拦水闸、格栅等前处理设施	1.00	1.00
(4)水解酸化池	6.50	6.50
(5)布水系统设施(含压力管道材料、加工、安装)	3.00	1.00
(6)湿地墙体、渠道等基础建设	20.00	15.00
(7)生物填料	7.50	7.50
(8)植物材料和种植	5.50	4.00
(9)计量仪表、阀门	0.10	0.10
(10)基建费合计	51.10	42.60
(11)单位水量的基建费(元/m³)	511	426

注：征地费未计入在内。

① 日流量为 1000m³ 时，要求 1 名管理人员；

② 土方量（挖、填和短距离搬运的平均值）取 8 元/m³；

③ 水泥、钢材按市场价格，砖砂等建材按市场浮动价格计。

分析费用按 8 个监测点，平均每月取样 2 次，每批样平均 6 个项目，每个项目 50 元计。以研究性的工程费用进行分析，处理每吨污水的基建费用为 511 元/m³，运行费用为 0.43 元/m³；不带研究性的工程因水质监测点改为进水和出水 2 个点，每月进行一次监测（即 300 元/次），布水管道布设更为简易，以及管理人员是间歇性的工作制费用，使处理每吨污水的基建费用降至 426 元/m³，运行费用降至 0.058 元/m³。

5.4.2 上海农村污水处理工程的投资与成本

由于资料收集不全，调查的 7 个典型工程除中联村地下人工土壤渗滤工程采用了正式的初步设计的工程概算审核数据外，其余的均为各工程可行性研究报告、初步设计等资料。因此，上海农村污水处理工程的投资和运行成本（表 5-23）仅供参考。

表 5-23　上海农村污水处理工程的投资与运行成本

工程项目	处理规模 /(m³/d)	污水收集管网 /万元	污水处理工程 /万元	总基建投资 /万元	运行成本 /(元/m³)
裕安社区人工湿地	2000	848.55	897.05	1745.60	0.66
中华村生态桶	220	—	—	—	0.64
海桥村人工湿地	20	—	18.00	18.00	—
毛桥村生态桶	60	—	—	—	0.27
中联村人工土壤渗滤	141	65.60	38.52	108.71	—
前卫村人工湿地	630	—	—	215.27	0.42
赢东村土壤渗滤	105	—	—	91.7	<0.15

裕安社区人工湿地工程的单位基建投资为 8728 元/m³，运行费用为 0.66 元/m³；海桥村人工湿地基建投资为 9000 元/m³；中联村人工土壤渗滤基建投资为 0.7710 元/m³；赢东村土壤渗滤的基建投资为 8733 元/m³；前卫村人工湿地的基建投资受处理规模的影响，表 5-23 是设计的流量，但这个流量是基于最小的设计日流量有 100m³、最大的设计日流量达 1000m³ 的考虑，故在建设费用测算时，日平均流量按 500m³ 计较为合理，这样的话，前卫村人工湿地的基建投资 4305 元/m³。同时，由于较多工程设计文本设定每户日排放的生活污水为 1m³，故可粗略地将基建投资的吨污水量的工程建设费用折算为每户污水工程建设费用。

表 5-24 中的运行成本更是未经核实，可供参考的费用幅度为 0.15～0.66 元/m³。当运行成本在 0.42～0.66 元/m³ 时，要么是除泵提升电费和工资外还存在药剂费用，或者还存在好氧曝气消耗的过高能耗的缘故。

根据协作单位承担的相关资料，上海农村污水处理工程的投资和运行成本组成大致如下。

（1）中联村工程费用组成分析

表 5-24 的中联村的初步设计的概算是经过审核的，污水管网收集费用由管道工程

（64.95 万元）费和路面开挖和修复（0.65 万元）费组成，预处理费用由预处理土建（12.04 万元）费和设备（4.59 万元、含安装费用 0.49 万元在内）费组成，人工土壤渗滤的基建费用即为主体单元费用，为 26.48 万元。在 108.71 万元的总基建投资中，分散型农村污水收集管网的工程费用占到 60.3%，地下人工土壤渗滤主体单元的工程费用 24.4%，预处理的工程费用占 15.3%。

表 5-24　上海农村污水处理工程的投资与运行成本

项目	管网收集	污水处理单元投资			运行成本		
		预处理	主体单元	设备	电费	工资	其他
中华村	—	—	—	—	0.60	0.04	0.0
海桥村	0.0	3.46	4.00	4.67	—	—	—
中联村	65.60	12.04	26.48	4.59	—	—	—

管道工程占有如此高比例的费用，与采用管径 $DN150\text{mm}$ 和 $DN200\text{mm}$ 的 UPVC 加筋管有关。对输水系统设计的改进无疑是降低建设费用的核心措施。

至于运行成本，仅存在污水进入人工土壤渗滤系统的水泵提升费，因为扬程低、水处理量小，没有使用药剂，其运行成本远远低于赢东村土壤渗滤的运行成本。

其余工程费用分析主要依据有关设计方案进行。

（2）海桥村工程费用组成分析

根据《海桥十组生活污水处理工程设计方案》，海桥村工程采用中心绿地投资估算方案来分析：预处理、主体单元、设备与安装三项的直接费用为 12.13 万元，若再加上设计费 1.13 万元、调试费 0.79 万元、税金 0.48 万元，总计 14.53 万元。主体单元的人工湿地处理池建设的土建费用仅占 27.5%，预处理占 32.1%，用于预处理、计量、电控等的设备费（含安装费）占 23.3%，其他直接费（如设计费、调试费，共 2.4 万元）和间接费占 16.5%。同时，还要强调的是该工程是在全村的收集管网建好的基础上实施的。若加上管网工程费用，海桥村人工湿地基建投资还将大幅度提高。

（3）中华村运行费用组成分析

中华村处理系统装机容量为 14.259kW，实际工作功率仅为 9kW，每天工作时间 24h；按上海网上电价 0.61 元/（kW·h）计算，则

$$9\text{kW}\times24\text{h/d}\times0.61\ \text{元/（kW·h）}\div220\text{m}^3=0.60\ \text{元/（m}^3\cdot\text{d）}$$

处理系统，甲方应配备一名兼职工作人员，每月工作 6～9h。系统维护人员主要工作内容包括检查设备有无故障并排出故障，对系统内植物进行定期杀虫及修剪。采用兼职人员，工作时间很少，经济上只做适当的补贴。每年以 3000 元计，则

$$3000\ \text{元}\div355\text{d}\div220\text{m}^3=0.04\ \text{元/（m}^3\cdot\text{d）}$$

处理系统运行费用为 0.64 元/（m³·d）。

第6章 农村生活污染的保障机制

6.1 农村区域生活污染控制和生态建设政策保障机制调研

6.1.1 国外农村区域生活污染控制和生态建设政策保障机制调研

6.1.1.1 美国分散式污水治理政策

美国将人口小于 1 万人的聚集区称为农村地区，美国农村人口约为 1.18 亿人，占总人口的 37.3%。早在 19 世纪 50 年代，美国农村就开展了分散式污水处理系统（decentralized wastewater treatment system）的实践，经过一百多年的发展已经形成了比较完善的农村生活污水治理体系，为美国农村水污染治理和水环境质量改善发挥了重要作用。因而，学习研究美国的分散式农村污水治理政策及技术，对于现阶段我国即将开展的农村污水治理工作具有重要的参考意义。

（1）政策依据

美国农村污水治理适用于《清洁水法》。《清洁水法》通过生活污水排放标准对农村污水处理设施进行监控、采用国家污染物排放消除制度（national pollutant discharge elimination system，NPDES）对排入地表水的农村水处理设施实行排污许可制度，使用最佳管理实践（best management practices，BMPs）对水质受损流域内的农村面源污染进行控制，采用最大日负荷总量计划（the total maximum daily load program，TMDL）对水质受损流域的所有农村污染源（点源和面源）制定排放限值，实行总量控制。

（2）排放标准

根据 1972 年《清洁水法》301 条规定，美国的生活污水处理设施在 1977 年 6 月 1 日前全部执行二级处理标准（表 6-1）；若水体中含有氮元素，生化处理过程中发生硝化反应，BOD_5 指标将不能准确反映出水水质情况时，用 $CBOD_5$（carbonaceous BOD_5）取代 BOD_5 指标。若出水排入地表水，受纳水体不能达到水质标准，就要达到更为严格的基于水质的排放限值；如果受纳水体列入《清洁水法》303（d）条款中的受损水体清单，排放限值则需根据最大日负荷总量计划分配日允许排放负荷，制定排放限值。1987 年的《清洁水法》授权联邦政府出资为各州设立一个滚动基金，其中各州需配套一部分资金（约为联邦政府的 20%）。该基金以低息或无息贷款的方式资助各州实施污水处理和非点源污染防治项目。贷款的偿还期一般不超过 20 年。所偿还的贷款以及利息再次进入滚动基金用于支持新的项目。2015 年，各州均已有比较完善的滚动基金计划，已向污水处理项目贷款 958 亿美元（分散式污水处理约占 4%）。

表 6-1 美国生活污水二级处理标准

项目	30d 平均值	7d 平均值
BOD_5	30mg/L	45mg/L
COD_5	25mg/L	40mg/L
TSS	30mg/L	45mg/L
pH 值	6～9(瞬间值)	
去除率	85% BOD_5 和 TSS	

1987 年《清洁水法》修正案 319（h）条款创设了部分非点源专项资金项目，该项目向州、部落提供资助，用以支持消除非点源污染的示范工程、技术转移、教育、培训、技术支持和相关活动。该项目于 1990 年开始实施，截至 2014 年共提供资助 38.95 亿美元，年平均资助金为 1.56 亿美元。

美国州政府也对分散式污水治理提供多种形式的资金资助。例如马萨诸塞州出台 3 项财政政策，支持分散污水治理设施的建设与运行。首先是贴息贷款项目，社区污水治理设施最高可以获得 10 万美元建设贷款。其次是为本地居民减免 3 年共 4500 美元的税收用于支付分散污水系统的维修费用。此外，社区污水系统综合管理计划（comprehensive community septic management program）提供资金支持分散污水系统的长期维护。

6.1.1.2 日本分散式污水治理政策

日本的城市和乡村分别适用不同的污水治理法规体系，城市（人口＞5 万人或者人口密度＞40 人/hm² 的集中居住地）适用《下水道法》，乡村地区主要适用《净化槽法》。2006 年，日本乡村污水治理服务的人口约占全国的 31%。

（1）相关法规

在 20 世纪 50 年代，日本为改善城市公共卫生环境，制定了《清扫法》《下水道法》。到 20 世纪 60 年代，日本农村地区为改善生活与卫生条件的需求，很多公司推出适用于农村地区粪便处理的净化槽技术与设施，为规范市场与建设，日本出台了《建筑基准法》。1983 年日本正式制定《净化槽法》，对乡村分散污水治理进行全面规定，成为目前日本乡村污水治理的主要法律依据。

（2）组织和管理

《下水道法》规范的集中污水治理相当于我国的《城镇污水处理厂污染物排放标准》，主要由国土交通省管辖，由各地方市政机构负责实施，属于公营事业。符合《下水道法》规定的农村地区居民的生活污水也排入城镇污水治理管网。

日本农村生活污水主要是通过 3 种模式得到治理，即家庭净化槽、村落排水设施和集体宿舍处理设施。其中，村落排水设施、家庭排水设施分别由农林水产省、总务省和环境省依据《净化槽法》推进，《下水道法》和《净化槽法》对上述四个部门的责权范围都有明确规定。另外还有一种特殊形式的小区污水处理，由环境省依照《废弃物处理法》推进，服务人口约占全国的0.3%。

各基层自治体（市、町、村）以及家庭是农村污水治理的责任主体，其中各自治体根据自身的特点，对照相关法律规定为每户居民选择合适的污水治理方式。有关责任主体在设置污水治理设施时需要首先获得都、道、府、县（相当于我国的省级行政区）或市政府的批准。

（3）财政支持

日本村落以上的污水设施大多具有公营或者合营性质，建设资金主要由各级自治体（市、町、村）筹集，国家给以财政支持。目前日本也在尝试在村落排水设施的建设和运营中引进民间资本。

日本政府为推动农村家庭污水治理而实施了两项资助计划。其一为净化槽设置整备事业，用于支持农村家庭将单独处理粪便的净化槽改造为合并处理净化槽，占家庭负担改造总费用的60%。其余费用由地方补助2/3、国家补助1/3。另一计划为净化槽市町村整备推进事业，目的是为推动水源保护地区、特别排水地区、污水治理落后区等的生活污水治理工作的开展，家庭只需负担净化槽设置费的10%，国家承担33%，剩余约57%通过发行地方债券筹措。另外，该计划还由市、町、村设立公营企业，承担净化槽的日常维护管理等业务。

6.1.2　我国生活污染控制和生态建设保障机制现状与需求

目前我国农村地区污水处理技术混杂，缺乏农村污水处理方面的统一技术标准，可借鉴美国的农村污水处理模式，各地根据当地条件积极开展农村分散式污水处理的示范与推广工作。若只有生活污水接入，可采用以土地处理为主的现场污水处理模式；如村庄土地紧张或污水成分复杂，则可采用以处理单元（生化或过滤）为主的处理模式；若用地紧张又无其他废水进入村庄，可以采用土地处理与处理单元（生化或过滤）相结合的处理模式。

建立专业化运维服务体系，强化分散式污水处理系统的运行管理，根据环境的敏感性和处理规模，可借鉴美国环保局提出的5种管理程度逐步加强的运行模式。同时，出台一系列配套政策如社区污水系统综合管理计划，用以提供资金支持分散污水系统的长期维护，从而保障分散式污水处理系统的有效运行。

目前我国各个省市正积极开展农村污水处理技术方案的示范研究，但普遍存在"重建设，轻管理，有钱建设，无钱运行"的问题。

据统计[1]，由于缺乏专业的运维人员和充足的维护资金，已建成的农村污水处理设施的有效运行率不足20%。因而我国应通过合理的政策，支持多种经营模式相结合的专业运维服务队伍的发展，保障运维资金，以保证农村污水处理设施持续稳定地发挥其应有的效能。制定法律法规，促进行业健康发展。美国农村污水处理政策分类细致、设计严密，经过不断完善具有很强的针对性和操作性。这既体现在管理对象上，如点源和面源、水质受损流域和水质未受损流域；也体现在管理手段上，分别采用排污许可证、最佳管理实践、最大日负荷总量计划对受损水质流域内的点源和面源进行有效管理；更体现在排放限值中，依据受纳水体的水质采用二级处理标准、基于水质的排放限值或基于 TDML 的排放限值。

我国的环境管理体系是以城市污染和工业污染防治为目标建立起来的，对于现阶段农村污水处理设施还没有相应的排放标准及技术规范[2,3]。国家层面除了《农村生活污染控制技术规范》外，尚未出台农村污水处理有关的国家行业标准和相关指南。因而我国需从立法着手，根据不同地区属性（如环境敏感区域、水源保护地等）确定治理范围，加快制定灵活的具备操作性的农村污水治理政策，充分发挥政府的统一规划和指导作用，促进行业健康发展。

从更高的层面上来讲，完善的法规体系、规范的技术标准是展开农村生活污染综合整治的前提[4]。我国在相关方面的法律法规体系不健全，缺少配套措施和技术规范。发达国家经过多年的探索实践，已形成完善的分散型污水治理体系，对我国具有借鉴意义。例如，日本推出净化槽技术配套技术指南《净化槽的结构标准及其解说》及《农业村落污水处理设施设计指针》，对运营模式也有详细的规范，这对我国农村生活污染的综合治理提供了重要参考。我国当前需要借鉴国外先进的成功案例，总结我国现行的处理模式和经验，因地制宜、更加合理地选择治理模式，推动美丽乡村生活环境综合治理。

6.2 农村环境保护基础设施建设的保障机制框架

环境基础设施直接影响到区域环境保护效力[5]，在生态系统的建设和维护中起到了重要的支持作用，是环境建设的重要内容。随着宜居城市、生态城市推广建设工作的不断推进，环境基础设施建设成效十分显著。但是，由于资金、技术及管理能力上的缺乏，对农村地区污水处理、饮用水等设施的建设与管理严重不足，严重影响农村地区面源、点源污染防治以及村容村貌建设。尽管以我国城乡统筹建设为契机，解决了基础设施管理与建设过程中建设问题、技术需求、投融资创新、区域协调等一系列的问题，但是在针对面积广大的农村地区，系统开展环境基础设施的研究仍然较为薄弱，如何科学认识环境设施的现状问题、切实体现"以人为本"的设施建设规划及后续保障机制已是当前面临的重要现实问题。

6.2.1 农村生活污染控制与生态建设生态补偿机制政策框架

补偿机制主体的良好运行还需要有一个强大的后备支撑力量——支持体系，主要包括两部分：一部分是政策支持保障，主要包括行政命令发布、法律法规约束、生态税费调整（税费改革）和荣誉激励 4 个方面；另一部分是面源污染控制补偿机制实施保障，主要通过市场价格调整、加强市场监管力度、替代性安全生产技术支持及替代农药、化肥代替传统农药、化肥等。支持体系是为了保障农业面源污染控制补偿机制顺利实施而工作的，因此支持体系与补偿机制主体之间也是一个影响-反馈-调整、修订，补充-影响-反馈……的过程。目前我国针对农业生产污染问题尚没有成形的法律、法规、制度、决策等，需要针对实际污染控制工作中出现的问题加强这方面的研究。

6.2.2　农村生活污染控制与生态建设投入机制政策框架

① 农村生活污染与生态建设金融政策设计和金融贷款杠杆作用机制。

② 农村生活污染和生态建设社会融资激励政策。

③ 政府财政投入的可能机制和渠道，设计农村生活污染和生态建设的城乡统筹支付方案，研究国家财政资本与社会资本投入的协同关系。

④ 农村生活污染控制和生态建设的政府投资管理体制和机制。

6.2.3　农村生活污染控制与生态建设长效运行机制政策框架

① 适合我国国情的农村生活污染控制、农村废弃物循环利用、生态建设城乡统筹激励机制和政策建议及国家相关支持政策的主体框架。

② 研究建立能够综合反映项目投资效果的农村生活污染控制和生态建设项目绩效评估的指标体系、评估方法、实施机制及保障机制。

③ 研究我国农村生活污染控制和生态建设的问责方法、对象与范围，建立科学问责程序和相关制度。

④ 研究农村生活污染控制和生态建设的监督管理机制，提出公平、公正、公开的奖惩制度框架和奖惩制度基本内容。

⑤ 研究农村生活污染控制、生态建设重大项目规划决策的公众和非政府组织参与途径与方式。

6.3　农村生活污染控制与生态建设技术推广平台框架

① 开展农村生活污染控制与生态建设共性技术调研、评估、筛选，分析城乡统筹农村生活污染控制与生态建设技术的适用性、经济性和可推广性，总结城乡统筹农村生活污染控制与生态建设技术。

② 研究建立城乡统筹农村生活污染控制与生态建设技术评价及推广的信息平台和专家系统。

③ 研究多元推广主体的有效协调、合作与组织运行机制，建立推广服务工作的渠

道和组织运作平台。

④ 研究建立可移植的集试验、示范、政策和管理为一体的南方丘陵地区和北方村落聚居区农村生活污染控制与生态建设技术推广平台。

参 考 文 献

［1］ 刘平养，顾天荪.农村生活污水处理设施的长效管理模式探讨［J］.农业经济，2016（5）：12-14.

［2］ 刘平养，顾天荪.农村生活污水处理设施的长效管理模式探讨［J］.农业经济，2016（5）：12-14.

［3］ 王金南，曹国志，曹东，等.国家环境风险防控与管理体系框架构建［J］.中国环境科学，2013，33（1）：186-191.

［4］ 顾霖，吴德礼，樊金红.农村生活污染综合治理模式与技术路线探讨［J］.环境工程，2016，34（10）：113-117.

［5］ 彭文英，徐丰.北京市农村环境基础设施现状问题及村民需求分析［J］.中国人口·资源与环境，2011，21（S2）：104-107.

附 录

附录Ⅰ 水污染防治行动计划

水环境保护事关人民群众切身利益，事关全面建成小康社会，事关实现中华民族伟大复兴中国梦。当前，我国一些地区水环境质量差、水生态受损重、环境隐患多等问题十分突出，影响和损害群众健康，不利于经济社会可持续发展。为切实加大水污染防治力度，保障国家水安全，制订本行动计划。

总体要求：全面贯彻党的十八大和十八届二中、三中、四中全会精神，大力推进生态文明建设，以改善水环境质量为核心，按照"节水优先、空间均衡、系统治理、两手发力"原则，贯彻"安全、清洁、健康"方针，强化源头控制，水陆统筹、河海兼顾，对江河湖海实施分流域、分区域、分阶段科学治理，系统推进水污染防治、水生态保护和水资源管理。坚持政府市场协同，注重改革创新；坚持全面依法推进，实行最严格环保制度；坚持落实各方责任，严格考核问责；坚持全民参与，推动节水洁水人人有责，形成"政府统领、企业施治、市场驱动、公众参与"的水污染防治新机制，实现环境效益、经济效益与社会效益多赢，为建设"蓝天常在、青山常在、绿水常在"的美丽中国而奋斗。

工作目标：到2020年，全国水环境质量得到阶段性改善，污染严重水体较大幅度减少，饮用水安全保障水平持续提升，地下水超采得到严格控制，地下水污染加剧趋势得到初步遏制，近岸海域环境质量稳中趋好，京津冀、长江三角洲、珠江三角洲等区域水生态环境状况有所好转。到2030年，力争全国水环境质量总体改善，水生态系统功能初步恢复。到本世纪中叶，生态环境质量全面改善，生态系统实现良性循环。

主要指标：到2020年，长江、黄河、珠江、松花江、淮河、海河、辽河七大重点流域水质优良（达到或优于Ⅲ类）比例总体达到70%以上，地级及以上城市建成区黑臭水体均控制在10%以内，地级及以上城市集中式饮用水水源水质达到或优于Ⅲ类比例总体高于93%，全国地下水质量极差的比例控制在15%左右，近岸海域水质优良（一、二类）比例达到70%左右。京津冀区域丧失使用功能（劣于Ⅴ类）的水体断面比例下降15个百分点左右，长江三角洲、珠江三角洲区域力争消除丧失使用功能的水体。

到2030年，全国七大重点流域水质优良比例总体达到75%以上，城市建成区黑臭水体总体得到消除，城市集中式饮用水水源水质达到或优于Ⅲ类比例总体为95%左右。

一、全面控制污染物排放

(一) 狠抓工业污染防治

取缔"十小"企业。全面排查装备水平低、环保设施差的小型工业企业。2016 年底前，按照水污染防治法律法规要求，全部取缔不符合国家产业政策的小型造纸、制革、印染、染料、炼焦、炼硫、炼砷、炼油、电镀、农药等严重污染水环境的生产项目。（环境保护部牵头，工业和信息化部、国土资源部、能源局等参与，地方各级人民政府负责落实。以下均需地方各级人民政府落实，不再列出）

专项整治十大重点行业。制定造纸、焦化、氮肥、有色金属、印染、农副食品加工、原料药制造、制革、农药、电镀等行业专项治理方案，实施清洁化改造。新建、改建、扩建上述行业建设项目实行主要污染物排放等量或减量置换。2017 年年底前，造纸行业力争完成纸浆无元素氯漂白改造或采取其他低污染制浆技术，钢铁企业焦炉完成干熄焦技术改造，氮肥行业尿素生产完成工艺冷凝液水解解析技术改造，印染行业实施低排水染整工艺改造，制药（抗生素、维生素）行业实施绿色酶法生产技术改造，制革行业实施铬减量化和封闭循环利用技术改造。（环境保护部牵头，工业和信息化部等参与）

集中治理工业集聚区水污染。强化经济技术开发区、高新技术产业开发区、出口加工区等工业集聚区污染治理。集聚区内工业废水必须经预处理达到集中处理要求，方可进入污水集中处理设施。新建、升级工业集聚区应同步规划、建设污水、垃圾集中处理等污染治理设施。2017 年年底前，工业集聚区应按规定建成污水集中处理设施，并安装自动在线监控装置，京津冀、长江三角洲、珠江三角洲等区域提前一年完成；逾期未完成的，一律暂停审批和核准其增加水污染物排放的建设项目，并依照有关规定撤销其园区资格。（环境保护部牵头，科技部、工业和信息化部、商务部等参与）

(二) 强化城镇生活污染治理

加快城镇污水处理设施建设与改造。现有城镇污水处理设施，要因地制宜进行改造，2020 年年底前达到相应排放标准或再生利用要求。敏感区域（重点湖泊、重点水库、近岸海域汇水区域）城镇污水处理设施应于 2017 年年底前全面达到一级 A 排放标准。建成区水体水质达不到地表水 Ⅳ 类标准的城市，新建城镇污水处理设施要执行一级 A 排放标准。按照国家新型城镇化规划要求，到 2020 年，全国所有县城和重点镇具备污水收集处理能力，县城、城市污水处理率分别达到 85%、95% 左右。京津冀、长江三角洲、珠江三角洲等区域提前一年完成。（住房城乡建设部牵头，发展改革委、环境保护部等参与）

全面加强配套管网建设。强化城中村、老旧城区和城乡结合部污水截流、收集。现有合流制排水系统应加快实施雨污分流改造，难以改造的，应采取截流、调蓄和治理等措施。新建污水处理设施的配套管网应同步设计、同步建设、同步投运。除干旱地区外，城镇新区建设均实行雨污分流，有条件的地区要推进初期雨水收集、处理和资源化利用。到 2017 年，直辖市、省会城市、计划单列市建成区污水基本实现全收集、全处理，其他地级城市建成区于 2020 年年底前基本实现。（住房城乡建设部牵头，发展改革

委、环境保护部等参与）

推进污泥处理处置。污水处理设施产生的污泥应进行稳定化、无害化和资源化处理处置，禁止处理处置不达标的污泥进入耕地。非法污泥堆放点一律予以取缔。现有污泥处理处置设施应于2017年年底前基本完成达标改造，地级及以上城市污泥无害化处理处置率应于2020年年底前达到90％以上。（住房城乡建设部牵头，发展改革委、工业和信息化部、环境保护部、农业部等参与）

（三）推进农业农村污染防治

防治畜禽养殖污染。科学划定畜禽养殖禁养区，2017年年底前，依法关闭或搬迁禁养区内的畜禽养殖场（小区）和养殖专业户，京津冀、长江三角洲、珠江三角洲等区域提前一年完成。现有规模化畜禽养殖场（小区）要根据污染防治需要，配套建设粪便污水储存、处理、利用设施。散养密集区要实行畜禽粪便污水分户收集、集中处理利用。自2016年起，新建、改建、扩建规模化畜禽养殖场（小区）要实施雨污分流、粪便污水资源化利用。（农业部牵头，环境保护部参与）

控制农业面源污染。制定实施全国农业面源污染综合防治方案。推广低毒、低残留农药使用补助试点经验，开展农作物病虫害绿色防控和统防统治。实行测土配方施肥，推广精准施肥技术和机具。完善高标准农田建设、土地开发整理等标准规范，明确环保要求，新建高标准农田要达到相关环保要求。敏感区域和大中型灌区，要利用现有沟、塘、窖等，配置水生植物群落、格栅和透水坝，建设生态沟渠、污水净化塘、地表径流集蓄池等设施，净化农田排水及地表径流。到2020年，测土配方施肥技术推广覆盖率达到90％以上，化肥利用率提高到40％以上，农作物病虫害统防统治覆盖率达到40％以上；京津冀、长江三角洲、珠江三角洲等区域提前一年完成。（农业部牵头，发展改革委、工业和信息化部、国土资源部、环境保护部、水利部、质检总局等参与）

调整种植业结构与布局。在缺水地区试行退地减水。地下水易受污染地区要优先种植需肥需药量低、环境效益突出的农作物。地表水过度开发和地下水超采问题较严重，且农业用水比重较大的甘肃、新疆（含新疆生产建设兵团）、河北、山东、河南五省（区），要适当减少用水量较大的农作物种植面积，改种耐旱作物和经济林；2018年年底前，对3300万亩灌溉面积实施综合治理，退减水量37亿立方米以上。（农业部、水利部牵头，发展改革委、国土资源部等参与）

加快农村环境综合整治。以县级行政区域为单元，实行农村污水处理统一规划、统一建设、统一管理，有条件的地区积极推进城镇污水处理设施和服务向农村延伸。深化"以奖促治"政策，实施农村清洁工程，开展河道清淤疏浚，推进农村环境连片整治。到2020年，新增完成环境综合整治的建制村13万个。（环境保护部牵头，住房城乡建设部、水利部、农业部等参与）

（四）加强船舶港口污染控制

积极治理船舶污染。依法强制报废超过使用年限的船舶。分类分级修订船舶及其设施、设备的相关环保标准。2018年起投入使用的沿海船舶、2021年起投入使用的内河船舶执行新的标准；其他船舶于2020年年底前完成改造，经改造仍不能达到要求的，限期予以淘汰。航行于我国水域的国际航线船舶，要实施压载水交换或安装压载水灭活

处理系统。规范拆船行为，禁止冲滩拆解。（交通运输部牵头，工业和信息化部、环境保护部、农业部、质检总局等参与）

增强港口码头污染防治能力。编制实施全国港口、码头、装卸站污染防治方案。加快垃圾接收、转运及处理处置设施建设，提高含油污水、化学品洗舱水等接收处置能力及污染事故应急能力。位于沿海和内河的港口、码头、装卸站及船舶修造厂，分别于2017年底前和2020年底前达到建设要求。港口、码头、装卸站的经营人应制订防治船舶及其有关活动污染水环境的应急计划。（交通运输部牵头，工业和信息化部、住房城乡建设部、农业部等参与）

二、推动经济结构转型升级

（五）调整产业结构

依法淘汰落后产能。自2015年起，各地要依据部分工业行业淘汰落后生产工艺装备和产品指导目录、产业结构调整指导目录及相关行业污染物排放标准，结合水质改善要求及产业发展情况，制定并实施分年度的落后产能淘汰方案，报工业和信息化部、环境保护部备案。未完成淘汰任务的地区，暂停审批和核准其相关行业新建项目。（工业和信息化部牵头，发展改革委、环境保护部等参与）

严格环境准入。根据流域水质目标和主体功能区规划要求，明确区域环境准入条件，细化功能分区，实施差别化环境准入政策。建立水资源、水环境承载能力监测评价体系，实行承载能力监测预警，已超过承载能力的地区要实施水污染物削减方案，加快调整发展规划和产业结构。到2020年，组织完成市、县域水资源、水环境承载能力现状评价。（环境保护部牵头，住房城乡建设部、水利部、海洋局等参与）

（六）优化空间布局

合理确定发展布局、结构和规模。充分考虑水资源、水环境承载能力，以水定城、以水定地、以水定人、以水定产。重大项目原则上布局在优化开发区和重点开发区，并符合城乡规划和土地利用总体规划。鼓励发展节水高效现代农业、低耗水高新技术产业以及生态保护型旅游业，严格控制缺水地区、水污染严重地区和敏感区域高耗水、高污染行业发展，新建、改建、扩建重点行业建设项目实行主要污染物排放减量置换。七大重点流域干流沿岸，要严格控制石油加工、化学原料和化学制品制造、医药制造、化学纤维制造、有色金属冶炼、纺织印染等项目环境风险，合理布局生产装置及危险化学品仓储等设施。（发展改革委、工业和信息化部牵头，国土资源部、环境保护部、住房城乡建设部、水利部等参与）

推动污染企业退出。城市建成区内现有钢铁、有色金属、造纸、印染、原料药制造、化工等污染较重的企业应有序搬迁改造或依法关闭。（工业和信息化部牵头，环境保护部等参与）

积极保护生态空间。严格城市规划蓝线管理，城市规划区范围内应保留一定比例的水域面积。新建项目一律不得违规占用水域。严格水域岸线用途管制，土地开发利用应按照有关法律法规和技术标准要求，留足河道、湖泊和滨海地带的管理和保护范围，非法挤占的应限期退出。（国土资源部、住房城乡建设部牵头，环境保护部、水利部、海洋局等参与）

（七）推进循环发展

加强工业水循环利用。推进矿井水综合利用，煤炭矿区的补充用水、周边地区生产和生态用水应优先使用矿井水，加强洗煤废水循环利用。鼓励钢铁、纺织印染、造纸、石油石化、化工、制革等高耗水企业废水深度处理回用。（发展改革委、工业和信息化部牵头，水利部、能源局等参与）

促进再生水利用。以缺水及水污染严重地区城市为重点，完善再生水利用设施，工业生产、城市绿化、道路清扫、车辆冲洗、建筑施工以及生态景观等用水，要优先使用再生水。推进高速公路服务区污水处理和利用。具备使用再生水条件但未充分利用的钢铁、火电、化工、制浆造纸、印染等项目，不得批准其新增取水许可。自 2018 年起，单体建筑面积超过 2 万平方米的新建公共建筑，北京市 2 万平方米、天津市 5 万平方米、河北省 10 万平方米以上集中新建的保障性住房，应安装建筑中水设施。积极推动其他新建住房安装建筑中水设施。到 2020 年，缺水城市再生水利用率达到 20% 以上，京津冀区域达到 30% 以上。（住房城乡建设部牵头，发展改革委、工业和信息化部、环境保护部、交通运输部、水利部等参与）

推动海水利用。在沿海地区电力、化工、石化等行业，推行直接利用海水作为循环冷却等工业用水。在有条件的城市，加快推进淡化海水作为生活用水补充水源。（发展改革委牵头，工业和信息化部、住房城乡建设部、水利部、海洋局等参与）

三、着力节约保护水资源

（八）控制用水总量

实施最严格水资源管理。健全取用水总量控制指标体系。加强相关规划和项目建设布局水资源论证工作，国民经济和社会发展规划以及城市总体规划的编制、重大建设项目的布局，应充分考虑当地水资源条件和防洪要求。对取用水总量已达到或超过控制指标的地区，暂停审批其建设项目新增取水许可。对纳入取水许可管理的单位和其他用水大户实行计划用水管理。新建、改建、扩建项目用水要达到行业先进水平，节水设施应与主体工程同时设计、同时施工、同时投运。建立重点监控用水单位名录。到 2020 年，全国用水总量控制在 6700 亿立方米以内。（水利部牵头，发展改革委、工业和信息化部、住房城乡建设部、农业部等参与）

严控地下水超采。在地面沉降、地裂缝、岩溶塌陷等地质灾害易发区开发利用地下水，应进行地质灾害危险性评估。严格控制开采深层承压水，地热水、矿泉水开发应严格实行取水许可和采矿许可。依法规范机井建设管理，排查登记已建机井，未经批准的和公共供水管网覆盖范围内的自备水井，一律予以关闭。编制地面沉降区、海水入侵区等区域地下水压采方案。开展华北地下水超采区综合治理，超采区内禁止工农业生产及服务业新增取用地下水。京津冀区域实施土地整治、农业开发、扶贫等农业基础设施项目，不得以配套打井为条件。2017年年底前，完成地下水禁采区、限采区和地面沉降控制区范围划定工作，京津冀、长江三角洲、珠江三角洲等区域提前一年完成。（水利部、国土资源部牵头，发展改革委、工业和信息化部、财政部、住房城乡建设部、农业部等参与）

（九）提高用水效率

建立万元国内生产总值水耗指标等用水效率评估体系，把节水目标任务完成情况纳入地方政府政绩考核。将再生水、雨水和微咸水等非常规水源纳入水资源统一配置。到2020年，全国万元国内生产总值用水量、万元工业增加值用水量比2013年分别下降35%、30%以上。（水利部牵头，发展改革委、工业和信息化部、住房城乡建设部等参与）

抓好工业节水。制定国家鼓励和淘汰的用水技术、工艺、产品和设备目录，完善高耗水行业取用水定额标准。开展节水诊断、水平衡测试、用水效率评估，严格用水定额管理。到2020年，电力、钢铁、纺织、造纸、石油石化、化工、食品发酵等高耗水行业达到先进定额标准。（工业和信息化部、水利部牵头，发展改革委、住房城乡建设部、质检总局等参与）

加强城镇节水。禁止生产、销售不符合节水标准的产品、设备。公共建筑必须采用节水器具，限期淘汰公共建筑中不符合节水标准的水嘴、便器水箱等生活用水器具。鼓励居民家庭选用节水器具。对使用超过50年和材质落后的供水管网进行更新改造，到2017年，全国公共供水管网漏损率控制在12%以内；到2020年，控制在10%以内。积极推行低影响开发建设模式，建设滞、渗、蓄、用、排相结合的雨水收集利用设施。新建城区硬化地面，可渗透面积要达到40%以上。到2020年，地级及以上缺水城市全部达到国家节水型城市标准要求，京津冀、长江三角洲、珠江三角洲等区域提前一年完成。（住房城乡建设部牵头，发展改革委、工业和信息化部、水利部、质检总局等参与）

发展农业节水。推广渠道防渗、管道输水、喷灌、微灌等节水灌溉技术，完善灌溉用水计量设施。在东北、西北、黄淮海等区域，推进规模化高效节水灌溉，推广农作物节水抗旱技术。到2020年，大型灌区、重点中型灌区续建配套和节水改造任务基本完成，全国节水灌溉工程面积达7亿亩左右，农田灌溉水有效利用系数达到0.55以上。（水利部、农业部牵头，发展改革委、财政部等参与）

（十）科学保护水资源

完善水资源保护考核评价体系。加强水功能区监督管理，从严核定水域纳污能力。（水利部牵头，发展改革委、环境保护部等参与）

加强江河湖库水量调度管理。完善水量调度方案。采取闸坝联合调度、生态补水等措施，合理安排闸坝下泄水量和泄流时段，维持河湖基本生态用水需求，重点保障枯水期生态基流。加大水利工程建设力度，发挥好控制性水利工程在改善水质中的作用。（水利部牵头，环境保护部参与）

科学确定生态流量。在黄河、淮河等流域进行试点，分期分批确定生态流量（水位），作为流域水量调度的重要参考。（水利部牵头，环境保护部参与）

四、强化科技支撑

（十一）推广示范适用技术

加快技术成果推广应用，重点推广饮用水净化、节水、水污染治理及循环利用、城市雨水收集利用、再生水安全回用、水生态修复、畜禽养殖污染防治等适用技术。完善环保技术评价体系，加强国家环保科技成果共享平台建设，推动技术成果共享与转化。发挥企业的技术创新主体作用，推动水处理重点企业与科研院所、高等学校组建产学研技术创新战略联盟，示范推广控源减排和清洁生产先进技术。（科技部牵头，发展改革委、工业和信息化部、环境保护部、住房城乡建设部、水利部、农业部、海洋局等参与）

（十二）攻关研发前瞻技术

整合科技资源，通过相关国家科技计划（专项、基金）等，加快研发重点行业废水深度处理、生活污水低成本高标准处理、海水淡化和工业高盐废水脱盐、饮用水微量有毒污染物处理、地下水污染修复、危险化学品事故和水上溢油应急处置等技术。开展有机物和重金属等水环境基准、水污染对人体健康影响、新型污染物风险评价、水环境损害评估、高品质再生水补充饮用水水源等研究。加强水生态保护、农业面源污染防治、水环境监控预警、水处理工艺技术装备等领域的国际交流合作。（科技部牵头，发展改革委、工业和信息化部、国土资源部、环境保护部、住房城乡建设部、水利部、农业部、卫生计生委等参与）

（十三）大力发展环保产业

规范环保产业市场。对涉及环保市场准入、经营行为规范的法规、规章和规定进行全面梳理，废止妨碍形成全国统一环保市场和公平竞争的规定和做法。健全环保工程设计、建设、运营等领域招投标管理办法和技术标准。推进先进适用的节水、治污、修复技术和装备产业化发展。（发展改革委牵头，科技部、工业和信息化部、财政部、环境保护部、住房城乡建设部、水利部、海洋局等参与）

加快发展环保服务业。明确监管部门、排污企业和环保服务公司的责任和义务，完善风险分担、履约保障等机制。鼓励发展包括系统设计、设备成套、工程施工、调试运行、维护管理的环保服务总承包模式、政府和社会资本合作模式等。以污水、垃圾处理和工业园区为重点，推行环境污染第三方治理。（发展改革委、财政部牵头，科技部、工业和信息化部、环境保护部、住房城乡建设部等参与）

五、充分发挥市场机制作用

（十四）理顺价格税费

加快水价改革。县级及以上城市应于2015年年底前全面实行居民阶梯水价制度，具备条件的建制镇也要积极推进。2020年年底前，全面实行非居民用水超定额、超计

划累进加价制度。深入推进农业水价综合改革。（发展改革委牵头，财政部、住房城乡建设部、水利部、农业部等参与）

完善收费政策。修订城镇污水处理费、排污费、水资源费征收管理办法，合理提高征收标准，做到应收尽收。城镇污水处理收费标准不应低于污水处理和污泥处理处置成本。地下水水资源费征收标准应高于地表水，超采地区地下水水资源费征收标准应高于非超采地区。（发展改革委、财政部牵头，环境保护部、住房城乡建设部、水利部等参与）

健全税收政策。依法落实环境保护、节能节水、资源综合利用等方面税收优惠政策。对国内企业为生产国家支持发展的大型环保设备，必须进口的关键零部件及原材料，免征关税。加快推进环境保护税立法、资源税税费改革等工作。研究将部分高耗能、高污染产品纳入消费税征收范围。（财政部、税务总局牵头，发展改革委、工业和信息化部、商务部、海关总署、质检总局等参与）

（十五）促进多元融资

引导社会资本投入。积极推动设立融资担保基金，推进环保设备融资租赁业务发展。推广股权、项目收益权、特许经营权、排污权等质押融资担保。采取环境绩效合同服务、授予开发经营权益等方式，鼓励社会资本加大水环境保护投入。（人民银行、发展改革委、财政部牵头，环境保护部、住房城乡建设部、银监会、证监会、保监会等参与）

增加政府资金投入。中央财政加大对属于中央事权的水环境保护项目支持力度，合理承担部分属于中央和地方共同事权的水环境保护项目，向欠发达地区和重点地区倾斜；研究采取专项转移支付等方式，实施"以奖代补"。地方各级人民政府要重点支持污水处理、污泥处理处置、河道整治、饮用水水源保护、畜禽养殖污染防治、水生态修复、应急清污等项目和工作。对环境监管能力建设及运行费用分级予以必要保障。（财政部牵头，发展改革委、环境保护部等参与）

（十六）建立激励机制

健全节水环保"领跑者"制度。鼓励节能减排先进企业、工业集聚区用水效率、排污强度等达到更高标准，支持开展清洁生产、节约用水和污染治理等示范。（发展改革委牵头，工业和信息化部、财政部、环境保护部、住房城乡建设部、水利部等参与）

推行绿色信贷。积极发挥政策性银行等金融机构在水环境保护中的作用，重点支持循环经济、污水处理、水资源节约、水生态环境保护、清洁及可再生能源利用等领域。严格限制环境违法企业贷款。加强环境信用体系建设，构建守信激励与失信惩戒机制，环保、银行、证券、保险等方面要加强协作联动，于2017年年底前分级建立企业环境信用评价体系。鼓励涉重金属、石油化工、危险化学品运输等高环境风险行业投保环境污染责任保险。（人民银行牵头，工业和信息化部、环境保护部、水利部、银监会、证监会、保监会等参与）

实施跨界水环境补偿。探索采取横向资金补助、对口援助、产业转移等方式，建立跨界水环境补偿机制，开展补偿试点。深化排污权有偿使用和交易试点。（财政部牵头，发展改革委、环境保护部、水利部等参与）

六、严格环境执法监管

(十七) 完善法规标准

健全法律法规。加快水污染防治、海洋环境保护、排污许可、化学品环境管理等法律法规制修订步伐，研究制定环境质量目标管理、环境功能区划、节水及循环利用、饮用水水源保护、污染责任保险、水功能区监督管理、地下水管理、环境监测、生态流量保障、船舶和陆源污染防治等法律法规。各地可结合实际，研究起草地方性水污染防治法规。（法制办牵头，发展改革委、工业和信息化部、国土资源部、环境保护部、住房城乡建设部、交通运输部、水利部、农业部、卫生计生委、保监会、海洋局等参与）

完善标准体系。制修订地下水、地表水和海洋等环境质量标准，城镇污水处理、污泥处理处置、农田退水等污染物排放标准。健全重点行业水污染物特别排放限值、污染防治技术政策和清洁生产评价指标体系。各地可制定严于国家标准的地方水污染物排放标准。（环境保护部牵头，发展改革委、工业和信息化部、国土资源部、住房城乡建设部、水利部、农业部、质检总局等参与）

(十八) 加大执法力度

所有排污单位必须依法实现全面达标排放。逐一排查工业企业排污情况，达标企业应采取措施确保稳定达标；对超标和超总量的企业予以"黄牌"警示，一律限制生产或停产整治；对整治仍不能达到要求且情节严重的企业予以"红牌"处罚，一律停业、关闭。自2016年起，定期公布环保"黄牌""红牌"企业名单。定期抽查排污单位达标排放情况，结果向社会公布。（环境保护部负责）

完善国家督查、省级巡查、地市检查的环境监督执法机制，强化环保、公安、监察等部门和单位协作，健全行政执法与刑事司法衔接配合机制，完善案件移送、受理、立案、通报等规定。加强对地方人民政府和有关部门环保工作的监督，研究建立国家环境监察专员制度。（环境保护部牵头，工业和信息化部、公安部、中央编办等参与）

严厉打击环境违法行为。重点打击私设暗管或利用渗井、渗坑、溶洞排放、倾倒含有毒有害污染物废水、含病原体污水，监测数据弄虚作假，不正常使用水污染物处理设施，或者未经批准拆除、闲置水污染物处理设施等环境违法行为。对造成生态损害的责任者严格落实赔偿制度。严肃查处建设项目环境影响评价领域越权审批、未批先建、边批边建、久试不验等违法违规行为。对构成犯罪的，要依法追究刑事责任。（环境保护部牵头，公安部、住房城乡建设部等参与）

(十九) 提升监管水平

完善流域协作机制。健全跨部门、区域、流域、海域水环境保护议事协调机制，发挥环境保护区域督查派出机构和流域水资源保护机构作用，探索建立陆海统筹的生态系统保护修复机制。流域上下游各级政府、各部门之间要加强协调配合、定期会商，实施联合监测、联合执法、应急联动、信息共享。京津冀、长江三角洲、珠江三角洲等区域要于2015年年底前建立水污染防治联动协作机制。建立严格监管所有污染物排放的水环境保护管理制度。（环境保护部牵头，交通运输部、水利部、农业部、海洋局等参与）

完善水环境监测网络。统一规划设置监测断面（点位）。提升饮用水水源水质全指标监测、水生生物监测、地下水环境监测、化学物质监测及环境风险防控技术支撑能力。2017年年底前，京津冀、长江三角洲、珠江三角洲等区域、海域建成统一的水环境监测网。（环境保护部牵头，发展改革委、国土资源部、住房城乡建设部、交通运输部、水利部、农业部、海洋局等参与）

提高环境监管能力。加强环境监测、环境监察、环境应急等专业技术培训，严格落实执法、监测等人员持证上岗制度，加强基层环保执法力量，具备条件的乡镇（街道）及工业园区要配备必要的环境监管力量。各市、县应自2016年起实行环境监管网格化管理。（环境保护部负责）

七、切实加强水环境管理

(二十) 强化环境质量目标管理

明确各类水体水质保护目标，逐一排查达标状况。未达到水质目标要求的地区要制定达标方案，将治污任务逐一落实到汇水范围内的排污单位，明确防治措施及达标时限，方案报上一级人民政府备案，自2016年起，定期向社会公布。对水质不达标的区域实施挂牌督办，必要时采取区域限批等措施。（环境保护部牵头，水利部参与）

(二十一) 深化污染物排放总量控制

完善污染物统计监测体系，将工业、城镇生活、农业、移动源等各类污染源纳入调查范围。选择对水环境质量有突出影响的总氮、总磷、重金属等污染物，研究纳入流域、区域污染物排放总量控制约束性指标体系。（环境保护部牵头，发展改革委、工业和信息化部、住房城乡建设部、水利部、农业部等参与）

(二十二) 严格环境风险控制

防范环境风险。定期评估沿江河湖库工业企业、工业集聚区环境和健康风险，落实防控措施。评估现有化学物质环境和健康风险，2017年年底前公布优先控制化学品名录，对高风险化学品生产、使用进行严格限制，并逐步淘汰替代。（环境保护部牵头，工业和信息化部、卫生计生委、安全监管总局等参与）

稳妥处置突发水环境污染事件。地方各级人民政府要制定和完善水污染事故处置应急预案，落实责任主体，明确预警预报与响应程序、应急处置及保障措施等内容，依法及时公布预警信息。（环境保护部牵头，住房城乡建设部、水利部、农业部、卫生计生委等参与）

(二十三) 全面推行排污许可

依法核发排污许可证。2015年年底前，完成国控重点污染源及排污权有偿使用和交易试点地区污染源排污许可证的核发工作，其他污染源于2017年年底前完成。（环境保护部负责）

加强许可证管理。以改善水质、防范环境风险为目标，将污染物排放种类、浓度、总量、排放去向等纳入许可证管理范围。禁止无证排污或不按许可证规定排污。强化海上排污监管，研究建立海上污染排放许可证制度。2017年年底前，完成全国排污许可证管理信息平台建设。（环境保护部牵头，海洋局参与）

八、全力保障水生态环境安全

（二十四）保障饮用水水源安全

从水源到水龙头全过程监管饮用水安全。地方各级人民政府及供水单位应定期监测、检测和评估本行政区域内饮用水水源、供水厂出水和用户水龙头水质等饮水安全状况，地级及以上城市自2016年起每季度向社会公开。自2018年起，所有县级及以上城市饮水安全状况信息都要向社会公开。（环境保护部牵头，发展改革委、财政部、住房城乡建设部、水利部、卫生计生委等参与）

强化饮用水水源环境保护。开展饮用水水源规范化建设，依法清理饮用水水源保护区内违法建筑和排污口。单一水源供水的地级及以上城市应于2020年年底前基本完成备用水源或应急水源建设，有条件的地方可以适当提前。加强农村饮用水水源保护和水质检测。（环境保护部牵头，发展改革委、财政部、住房城乡建设部、水利部、卫生计生委等参与）

防治地下水污染。定期调查评估集中式地下水型饮用水水源补给区等区域环境状况。石化生产存储销售企业和工业园区、矿山开采区、垃圾填埋场等区域应进行必要的防渗处理。加油站地下油罐应于2017年年底前全部更新为双层罐或完成防渗池设置。报废矿井、钻井、取水井应实施封井回填。公布京津冀等区域内环境风险大、严重影响公众健康的地下水污染场地清单，开展修复试点。（环境保护部牵头，财政部、国土资源部、住房城乡建设部、水利部、商务部等参与）

（二十五）深化重点流域污染防治

编制实施七大重点流域水污染防治规划。研究建立流域水生态环境功能分区管理体系。对化学需氧量、氨氮、总磷、重金属及其他影响人体健康的污染物采取针对性措施，加大整治力度。汇入富营养化湖库的河流应实施总氮排放控制。到2020年，长江、珠江总体水质达到优良，松花江、黄河、淮河、辽河在轻度污染基础上进一步改善，海河污染程度得到缓解。三峡库区水质保持良好，南水北调、引滦入津等调水工程确保水质安全。太湖、巢湖、滇池富营养化水平有所好转。白洋淀、乌梁素海、呼伦湖、艾比湖等湖泊污染程度减轻。环境容量较小、生态环境脆弱、环境风险高的地区，应执行水污染物特别排放限值。各地可根据水环境质量改善需要，扩大特别排放限值实施范围。（环境保护部牵头，发展改革委、工业和信息化部、财政部、住房城乡建设部、水利部等参与）

加强良好水体保护。对江河源头及现状水质达到或优于Ⅲ类的江河湖库开展生态环境安全评估，制定实施生态环境保护方案。东江、滦河、千岛湖、南四湖等流域于2017年年底前完成。浙闽片河流、西南诸河、西北诸河及跨界水体水质保持稳定。（环境保护部牵头，外交部、发展改革委、财政部、水利部、林业局等参与）

(二十六) 加强近岸海域环境保护

实施近岸海域污染防治方案。重点整治黄河口、长江口、闽江口、珠江口、辽东湾、渤海湾、胶州湾、杭州湾、北部湾等河口海湾污染。沿海地级及以上城市实施总氮排放总量控制。研究建立重点海域排污总量控制制度。规范入海排污口设置，2017 年年底前全面清理非法或设置不合理的入海排污口。到 2020 年，沿海省（区、市）入海河流基本消除劣于 V 类的水体。提高涉海项目准入门槛。（环境保护部、海洋局牵头，发展改革委、工业和信息化部、财政部、住房城乡建设部、交通运输部、农业部等参与）

推进生态健康养殖。在重点河湖及近岸海域划定限制养殖区。实施水产养殖池塘、近海养殖网箱标准化改造，鼓励有条件的渔业企业开展海洋离岸养殖和集约化养殖。积极推广人工配合饲料，逐步减少冰鲜杂鱼饲料使用。加强养殖投入品管理，依法规范、限制使用抗生素等化学药品，开展专项整治。到 2015 年，海水养殖面积控制在 220 万公顷左右。（农业部负责）

严格控制环境激素类化学品污染。2017 年年底前完成环境激素类化学品生产使用情况调查，监控评估水源地、农产品种植区及水产品集中养殖区风险，实施环境激素类化学品淘汰、限制、替代等措施。（环境保护部牵头，工业和信息化部、农业部等参与）

(二十七) 整治城市黑臭水体

采取控源截污、垃圾清理、清淤疏浚、生态修复等措施，加大黑臭水体治理力度，每半年向社会公布治理情况。地级及以上城市建成区应于 2015 年年底前完成水体排查，公布黑臭水体名称、责任人及达标期限；于 2017 年年底前实现河面无大面积漂浮物，河岸无垃圾，无违法排污口；于 2020 年年底前完成黑臭水体治理目标。直辖市、省会城市、计划单列市建成区要于 2017 年年底前基本消除黑臭水体。（住房城乡建设部牵头，环境保护部、水利部、农业部等参与）

(二十八) 保护水和湿地生态系统

加强河湖水生态保护，科学划定生态保护红线。禁止侵占自然湿地等水源涵养空间，已侵占的要限期予以恢复。强化水源涵养林建设与保护，开展湿地保护与修复，加大退耕还林、还草、还湿力度。加强滨河（湖）带生态建设，在河道两侧建设植被缓冲带和隔离带。加大水生野生动植物类自然保护区和水产种质资源保护区保护力度，开展珍稀濒危水生生物和重要水产种质资源的就地和迁地保护，提高水生生物多样性。2017 年年底前，制定实施七大重点流域水生生物多样性保护方案。（环境保护部、林业局牵头，财政部、国土资源部、住房城乡建设部、水利部、农业部等参与）

保护海洋生态。加大红树林、珊瑚礁、海草床等滨海湿地、河口和海湾典型生态系统，以及产卵场、索饵场、越冬场、洄游通道等重要渔业水域的保护力度，实施增殖放流，建设人工鱼礁。开展海洋生态补偿及赔偿等研究，实施海洋生态修复。认真执行围填海管制计划，严格围填海管理和监督，重点海湾、海洋自然保护区的核心区及缓冲区、海洋特别保护区的重点保护区及预留区、重点河口区域、重要滨海湿地区域、重要砂质岸线及沙源保护海域、特殊保护海岛及重要渔业海域禁止实施围填海，生态脆弱敏感区、自净能力差的海域严格限制围填海。严肃查处违法围填海行为，追究相关人员责任。将自然海岸线保护纳入沿海地方政府政绩考核。到 2020 年，全国自然岸线保有率

不低于35％（不包括海岛岸线）。（环境保护部、海洋局牵头，发展改革委、财政部、农业部、林业局等参与）

九、明确和落实各方责任

（二十九）强化地方政府水环境保护责任

各级地方人民政府是实施本行动计划的主体，要于2015年年底前分别制定并公布水污染防治工作方案，逐年确定分流域、分区域、分行业的重点任务和年度目标。要不断完善政策措施，加大资金投入，统筹城乡水污染治理，强化监管，确保各项任务全面完成。各省（区、市）工作方案报国务院备案。（环境保护部牵头，发展改革委、财政部、住房城乡建设部、水利部等参与）

（三十）加强部门协调联动

建立全国水污染防治工作协作机制，定期研究解决重大问题。各有关部门要认真按照职责分工，切实做好水污染防治相关工作。环境保护部要加强统一指导、协调和监督，工作进展及时向国务院报告。（环境保护部牵头，发展改革委、科技部、工业和信息化部、财政部、住房城乡建设部、水利部、农业部、海洋局等参与）

（三十一）落实排污单位主体责任

各类排污单位要严格执行环保法律法规和制度，加强污染治理设施建设和运行管理，开展自行监测，落实治污减排、环境风险防范等责任。中央企业和国有企业要带头落实，工业集聚区内的企业要探索建立环保自律机制。（环境保护部牵头，国资委参与）

（三十二）严格目标任务考核

国务院与各省（区、市）人民政府签订水污染防治目标责任书，分解落实目标任务，切实落实"一岗双责"。每年分流域、分区域、分海域对行动计划实施情况进行考核，考核结果向社会公布，并作为对领导班子和领导干部综合考核评价的重要依据。（环境保护部牵头，中央组织部参与）

将考核结果作为水污染防治相关资金分配的参考依据。（财政部、发展改革委牵头，环境保护部参与）

对未通过年度考核的，要约谈省级人民政府及其相关部门有关负责人，提出整改意见，予以督促；对有关地区和企业实施建设项目环评限批。对因工作不力、履职缺位等导致未能有效应对水环境污染事件的，以及干预、伪造数据和没有完成年度目标任务的，要依法依纪追究有关单位和人员责任。对不顾生态环境盲目决策，导致水环境质量恶化，造成严重后果的领导干部，要记录在案，视情节轻重，给予组织处理或党纪政纪处分，已经离任的也要终身追究责任。（环境保护部牵头，监察部参与）

十、强化公众参与和社会监督

（三十三）依法公开环境信息

综合考虑水环境质量及达标情况等因素，国家每年公布最差、最好的10个城市名单和各省（区、市）水环境状况。对水环境状况差的城市，经整改后仍达不到要求的，取消其环境保护模范城市、生态文明建设示范区、节水型城市、园林城市、卫生城市等荣誉称号，并向社会公告。（环境保护部牵头，发展改革委、住房城乡建设部、水利部、卫生计生委、海洋局等参与）

各省（区、市）人民政府要定期公布本行政区域内各地级市（州、盟）水环境质量状况。国家确定的重点排污单位应依法向社会公开其产生的主要污染物名称、排放方式、排放浓度和总量、超标排放情况，以及污染防治设施的建设和运行情况，主动接受监督。研究发布工业集聚区环境友好指数、重点行业污染物排放强度、城市环境友好指数等信息。（环境保护部牵头，发展改革委、工业和信息化部等参与）

（三十四）加强社会监督

为公众、社会组织提供水污染防治法规培训和咨询，邀请其全程参与重要环保执法行动和重大水污染事件调查。公开曝光环境违法典型案例。健全举报制度，充分发挥"12369"环保举报热线和网络平台作用。限期办理群众举报投诉的环境问题，一经查实，可给予举报人奖励。通过公开听证、网络征集等形式，充分听取公众对重大决策和建设项目的意见。积极推行环境公益诉讼。（环境保护部负责）

（三十五）构建全民行动格局

树立"节水洁水，人人有责"的行为准则。加强宣传教育，把水资源、水环境保护和水情知识纳入国民教育体系，提高公众对经济社会发展和环境保护客观规律的认识。依托全国中小学节水教育、水土保持教育、环境教育等社会实践基地，开展环保社会实践活动。支持民间环保机构、志愿者开展工作。倡导绿色消费新风尚，开展环保社区、学校、家庭等群众性创建活动，推动节约用水，鼓励购买使用节水产品和环境标志产品。（环境保护部牵头，教育部、住房城乡建设部、水利部等参与）

我国正处于新型工业化、信息化、城镇化和农业现代化快速发展阶段，水污染防治任务繁重艰巨。各地区、各有关部门要切实处理好经济社会发展和生态文明建设的关系，按照"地方履行属地责任、部门强化行业管理"的要求，明确执法主体和责任主体，做到各司其职，恪尽职守，突出重点，综合整治，务求实效，以抓铁有痕、踏石留印的精神，依法依规狠抓贯彻落实，确保全国水环境治理与保护目标如期实现，为实现"两个一百年"奋斗目标和中华民族伟大复兴中国梦做出贡献。

附录 Ⅱ 农村人居环境整治三年行动方案

改善农村人居环境，建设美丽宜居乡村，是实施乡村振兴战略的一项重要任务，事关全面建成小康社会，事关广大农民根本福祉，事关农村社会文明和谐。近年来，各地区各部门认真贯彻党中央、国务院决策部署，把改善农村人居环境作为社会主义新农村建设的重要内容，大力推进农村基础设施建设和城乡基本公共服务均等化，农村人居环境建设取得显著成效。同时，我国农村人居环境状况很不平衡，脏、乱、差问题在一些地区还比较突出，与全面建成小康社会要求和农民群众期盼还有较大差距，仍然是经济社会发展的突出短板。为加快推进农村人居环境整治，进一步提升农村人居环境水平，制定本方案。

一、总体要求

（一）指导思想

全面贯彻党的十九大精神，以习近平新时代中国特色社会主义思想为指导，紧紧围绕统筹推进"五位一体"总体布局和协调推进"四个全面"战略布局，牢固树立和贯彻落实新发展理念，实施乡村振兴战略，坚持农业农村优先发展，坚持绿水青山就是金山银山，顺应广大农民过上美好生活的期待，统筹城乡发展，统筹生产生活生态，以建设美丽宜居村庄为导向，以农村垃圾、污水治理和村容村貌提升为主攻方向，动员各方力量，整合各种资源，强化各项举措，加快补齐农村人居环境突出短板，为如期实现全面建成小康社会目标打下坚实基础。

（二）基本原则

——因地制宜、分类指导。根据地理、民俗、经济水平和农民期盼，科学确定本地区整治目标任务，既尽力而为又量力而行，集中力量解决突出问题，做到干净整洁有序。有条件的地区可进一步提升人居环境质量，条件不具备的地区可按照实施乡村振兴战略的总体部署持续推进，不搞一刀切。确定实施易地搬迁的村庄、拟调整的空心村等可不列入整治范围。

——示范先行、有序推进。学习借鉴浙江等先行地区经验，坚持先易后难、先点后面，通过试点示范不断探索、不断积累经验，带动整体提升。加强规划引导，合理安排整治任务和建设时序，采用适合本地实际的工作路径和技术模式，防止一哄而上和生搬硬套，杜绝形象工程、政绩工程。

——注重保护、留住乡愁。统筹兼顾农村田园风貌保护和环境整治，注重乡土味道，强化地域文化元素符号，综合提升田水路林村风貌，慎砍树、禁挖山、不填湖、少拆房，保护乡情美景，促进人与自然和谐共生、村庄形态与自然环境相得益彰。

——村民主体、激发动力。尊重村民意愿，根据村民需求合理确定整治优先序和标准。建立政府、村集体、村民等各方共谋、共建、共管、共评、共享机制，动员村民投身美丽家园建设，保障村民决策权、参与权、监督权。发挥村规民约作用，强化村民环境卫生意识，提升村民参与人居环境整治的自觉性、积极性、主动性。

——建管并重、长效运行。坚持先建机制、后建工程，合理确定投融资模式和运行管护方式，推进投融资体制机制和建设管护机制创新，探索规模化、专业化、社会化运营机制，确保各类设施建成并长期稳定运行。

——落实责任、形成合力。强化地方党委和政府责任，明确省负总责、县抓落实，切实加强统筹协调，加大地方投入力度，强化监督考核激励，建立上下联动、部门协作、高效有力的工作推进机制。

（三）行动目标

到 2020 年，实现农村人居环境明显改善，村庄环境基本干净整洁有序，村民环境与健康意识普遍增强。

东部地区、中西部城市近郊区等有基础、有条件的地区，人居环境质量全面提升，基本实现农村生活垃圾处置体系全覆盖，基本完成农村户用厕所无害化改造，厕所粪污基本得到处理或资源化利用，农村生活污水治理率明显提高，村容村貌显著提升，管护长效机制初步建立。

中西部有较好基础、基本具备条件的地区，人居环境质量较大提升，力争实现90%左右的村庄生活垃圾得到治理，卫生厕所普及率达到 85% 左右，生活污水乱排乱放得到管控，村内道路通行条件明显改善。

地处偏远、经济欠发达等地区，在优先保障农民基本生活条件基础上，实现人居环境干净整洁的基本要求。

二、重点任务

（一）推进农村生活垃圾治理

统筹考虑生活垃圾和农业生产废弃物利用、处理，建立健全符合农村实际、方式多样的生活垃圾收运处置体系。有条件的地区要推行适合农村特点的垃圾就地分类和资源化利用方式。开展非正规垃圾堆放点排查整治，重点整治垃圾山、垃圾围村、垃圾围坝、工业污染"上山下乡"。

（二）开展厕所粪污治理

合理选择改厕模式，推进厕所革命。东部地区、中西部城市近郊区以及其他环境容量较小地区村庄，加快推进户用卫生厕所建设和改造，同步实施厕所粪污治理。其他地区要按照群众接受、经济适用、维护方便、不污染公共水体的要求，普及不同水平的卫生厕所。引导农村新建住房配套建设无害化卫生厕所，人口规模较大村庄配套建设公共厕所。加强改厕与农村生活污水治理的有效衔接。鼓励各地结合实际，将厕所粪污、畜禽养殖废弃物一并处理并资源化利用。

（三）梯次推进农村生活污水治理

根据农村不同区位条件、村庄人口聚集程度、污水产生规模，因地制宜采用污染治理与资源利用相结合、工程措施与生态措施相结合、集中与分散相结合的建设模式和处理工艺。推动城镇污水管网向周边村庄延伸覆盖。积极推广低成本、低能耗、易维护、高效率的污水处理技术，鼓励采用生态处理工艺。加强生活污水源头减量和尾水回收利用。以房前屋后河塘沟渠为重点实施清淤疏浚，采取综合措施恢复水生态，逐步消除农村黑臭水体。将农村水环境治理纳入河长制、湖长制管理。

（四）提升村容村貌

加快推进通村组道路、入户道路建设，基本解决村内道路泥泞、村民出行不便等问题。充分利用本地资源，因地制宜选择路面材料。整治公共空间和庭院环境，消除私搭乱建、乱堆乱放。大力提升农村建筑风貌，突出乡土特色和地域民族特点。加大传统村落民居和历史文化名村名镇保护力度，弘扬传统农耕文化，提升田园风光品质。推进村庄绿化，充分利用闲置土地组织开展植树造林、湿地恢复等活动，建设绿色生态村庄。完善村庄公共照明设施。深入开展城乡环境卫生整洁行动，推进卫生县城、卫生乡镇等卫生创建工作。

（五）加强村庄规划管理

全面完成县域乡村建设规划编制或修编，与县乡土地利用总体规划、土地整治规划、村土地利用规划、农村社区建设规划等充分衔接，鼓励推行多规合一。推进实用性村庄规划编制实施，做到农房建设有规划管理、行政村有村庄整治安排、生产生活空间合理分离，优化村庄功能布局，实现村庄规划管理基本覆盖。推行政府组织领导、村委会发挥主体作用、技术单位指导的村庄规划编制机制。村庄规划的主要内容应纳入村规民约。加强乡村建设规划许可管理，建立健全违法用地和建设查处机制。

（六）完善建设和管护机制

明确地方党委和政府以及有关部门、运行管理单位责任，基本建立有制度、有标准、有队伍、有经费、有督查的村庄人居环境管护长效机制。鼓励专业化、市场化建设和运行管护，有条件的地区推行城乡垃圾污水处理统一规划、统一建设、统一运行、统一管理。推行环境治理依效付费制度，健全服务绩效评价考核机制。鼓励有条件的地区探索建立垃圾污水处理农户付费制度，完善财政补贴和农户付费合理分担机制。支持村级组织和农村"工匠"带头人等承接村内环境整治、村内道路、植树造林等小型涉农工程项目。组织开展专业化培训，把当地村民培养成为村内公益性基础设施运行维护的重要力量。简化农村人居环境整治建设项目审批和招投标程序，降低建设成本，确保工程质量。

三、发挥村民主体作用

（一）发挥基层组织作用

发挥好基层党组织核心作用，强化党员意识、标杆意识，带领农民群众推进移风易俗、改进生活方式、提高生活质量。健全村民自治机制，充分运用"一事一议"民主决策机制，完善农村人居环境整治项目公示制度，保障村民权益。鼓励农村集体经济组织通过依法盘活集体经营性建设用地、空闲农房及宅基地等途径，多渠道筹措资金用于农村人居环境整治，营造清洁有序、健康宜居的生产生活环境。

（二）建立完善村规民约

将农村环境卫生、古树名木保护等要求纳入村规民约，通过群众评议等方式褒扬乡村新风，鼓励成立农村环保合作社，深化农民自我教育、自我管理。明确农民维护公共环境责任，庭院内部、房前屋后环境整治由农户自己负责；村内公共空间整治以村民自治组织或村集体经济组织为主，主要由农民投工投劳解决，鼓励农民和村集体经济组织全程参与农村环境整治规划、建设、运营、管理。

（三）提高农村文明健康意识

把培育文明健康生活方式作为培育和践行社会主义核心价值观、开展农村精神文明建设的重要内容。发挥爱国卫生运动委员会等组织作用，鼓励群众讲卫生、树新风、除陋习，摒弃乱扔、乱吐、乱贴等不文明行为。提高群众文明卫生意识，营造和谐、文明的社会新风尚，使优美的生活环境、文明的生活方式成为农民内在自觉要求。

四、强化政策支持

（一）加大政府投入

建立地方为主、中央补助的政府投入体系。地方各级政府要统筹整合相关渠道资金，加大投入力度，合理保障农村人居环境基础设施建设和运行资金。中央财政要加大投入力度。支持地方政府依法合规发行政府债券筹集资金，用于农村人居环境整治。城乡建设用地增减挂钩所获土地增值收益，按相关规定用于支持农业农村发展和改善农民生活条件。村庄整治增加耕地获得的占补平衡指标收益，通过支出预算统筹安排支持当地农村人居环境整治。创新政府支持方式，采取以奖代补、先建后补、以工代赈等多种方式，充分发挥政府投资撬动作用，提高资金使用效率。

（二）加大金融支持力度

通过发放抵押补充贷款等方式，引导国家开发银行、中国农业发展银行等金融机构依法合规提供信贷支持。鼓励中国农业银行、中国邮政储蓄银行等商业银行扩大贷款投放，支持农村人居环境整治。支持收益较好、实行市场化运作的农村基础设施重点项目开展股权和债权融资。积极利用国际金融组织和外国政府贷款建设农村人居环境设施。

（三）调动社会力量积极参与

鼓励各类企业积极参与农村人居环境整治项目。规范推广政府和社会资本合作（PPP）模式，通过特许经营等方式吸引社会资本参与农村垃圾污水处理项目。引导有条件的地区将农村环境基础设施建设与特色产业、休闲农业、乡村旅游等有机结合，实现农村产业融合发展与人居环境改善互促互进。引导相关部门、社会组织、个人通过捐资捐物、结对帮扶等形式，支持农村人居环境设施建设和运行管护。倡导新乡贤文化，以乡情乡愁为纽带吸引和凝聚各方人士支持农村人居环境整治。

（四）强化技术和人才支撑

组织高等学校、科研单位、企业开展农村人居环境整治关键技术、工艺和装备研发。分类分级制定农村生活垃圾污水处理设施建设和运行维护技术指南，编制村容村貌提升技术导则，开展典型设计，优化技术方案。加强农村人居环境项目建设和运行管理人员技术培训，加快培养乡村规划设计、项目建设运行等方面的技术和管理人才。选派规划设计等专业技术人员驻村指导，组织开展企业与县、乡、村对接农村环保实用技术和装备需求。

五、扎实有序推进

（一）编制实施方案

各省（自治区、直辖市）要在摸清底数、总结经验的基础上，抓紧编制或修订省级农村人居环境整治实施方案。省级实施方案要明确本地区目标任务、责任部门、资金筹措方案、农民群众参与机制、考核验收标准和办法等内容。特别是要对照本行动方案提出的目标和六大重点任务，以县（市、区、旗）为单位，从实际出发，对具体目标和重点任务作出规划。扎实开展整治行动前期准备，做好引导群众、建立机制、筹措资金等工作。各省（自治区、直辖市）原则上要在 2018 年 3 月底前完成实施方案编制或修订工作，并报住房城乡建设部、环境保护部、国家发展改革委备核。中央有关部门要加强对实施方案编制工作的指导，并将实施方案中的工作目标、建设任务、体制机制创新等作为督导评估和安排中央投资的重要依据。

（二）开展典型示范

各地区要借鉴浙江"千村示范万村整治"等经验做法，结合本地实践深入开展试点示范，总结并提炼出一系列符合当地实际的环境整治技术、方法，以及能复制、易推广的建设和运行管护机制。中央有关部门要切实加强工作指导，引导各地建设改善农村人居环境示范村，建成一批农村生活垃圾分类和资源化利用示范县（市、区、旗）、农村生活污水治理示范县（市、区、旗），加强经验总结交流，推动整体提升。

（三）稳步推进整治任务

根据典型示范地区整治进展情况，集中推广成熟做法、技术路线和建管模式。中央有关部门要适时开展检查、评估和督导，确保整治工作健康有序推进。在方法技术可行、体制机制完善的基础上，有条件的地区可根据财力和工作实际，扩展治理领域，加快整治进度，提升治理水平。

六、保障措施

（一）加强组织领导

完善中央部署、省负总责、县抓落实的工作推进机制。中央有关部门要根据本方案要求，出台配套支持政策，密切协作配合，形成工作合力。省级党委和政府对本地区农村人居环境整治工作负总责，要明确牵头责任部门、实施主体，提供组织和政策保障，做好监督考核。要强化县级党委和政府主体责任，做好项目落地、资金使用、推进实施等工作，对实施效果负责。市地级党委和政府要做好上下衔接、域内协调和督促检查等工作。乡镇党委和政府要做好具体组织实施工作。各地在推进易地扶贫搬迁、农村危房改造等相关项目时，要将农村人居环境整治统筹考虑、同步推进。

（二）加强考核验收督导

各省（自治区、直辖市）要以本地区实施方案为依据，制定考核验收标准和办法，以县为单位进行检查验收。将农村人居环境整治工作纳入本省（自治区、直辖市）政府目标责任考核范围，作为相关市县干部政绩考核的重要内容。住房城乡建设部要会同有关部门，根据省级实施方案及明确的目标任务，定期组织督导评估，评估结果向党中央、国务院报告，通报省级政府，并以适当形式向社会公布。将农村人居环境作为中央环保督察的重要内容。强化激励机制，评估督察结果要与中央支持政策直接挂钩。

（三）健全治理标准和法治保障

健全农村生活垃圾污水治理技术、施工建设、运行维护等标准规范。各地区要区分排水方式、排放去向等，分类制定农村生活污水治理排放标准。研究推进农村人居环境建设立法工作，明确农村人居环境改善基本要求、政府责任和村民义务。鼓励各地区结合实际，制定农村垃圾治理条例、乡村清洁条例等地方性法规规章和规范性文件。

（四）营造良好氛围

组织开展农村美丽庭院评选、环境卫生光荣榜等活动，增强农民保护人居环境的荣誉感。充分利用报刊、广播、电视等新闻媒体和网络新媒体，广泛宣传推广各地好典型、好经验、好做法，努力营造全社会关心支持农村人居环境整治的良好氛围。

附录Ⅲ　全国农村环境综合整治"十三五"规划

一、农村环境形势

（一）工作进展

近年来，环境保护部、财政部认真落实党中央、国务院关于农村环境保护工作的决策部署，不断深化"以奖促治"政策，强化组织领导，注重规划引领，加大监督考核，指导和推动各地开展农村环境综合整治。地方各级政府和相关部门创新体制机制，完善政策措施，狠抓项目建设和管理，农村环境综合整治取得明显成效。

一是一大批农村突出环境问题得到解决。截至 2015 年年底，中央财政累计安排农村环保专项资金（农村节能减排资金）315 亿元，支持全国 7.8 万个建制村开展环境综合整治，占全国建制村总数的 13%。各地设置饮用水水源防护设施 3800 多公里，拆除饮用水水源地排污口 3400 多处；建成生活垃圾收集、转运、处理设施 450 多万个（辆），生活污水处理设施 24.8 万套，畜禽养殖污染治理设施 14 万套，生活垃圾、生活污水和畜禽粪便年处理量分别达 2770 万吨、7 亿吨和 3040 多万吨，化学需氧量和氨氮年减排量分别达 95 万吨和 7 万吨。整治后的村庄环境"脏乱差"问题得到有效解决，环境面貌焕然一新。通过实施"以奖促治"政策，带动相关部门和地方加大农村环境整治力度，目前，全国 60% 的建制村生活垃圾得到处理，22% 的建制村生活污水得到处理，畜禽养殖废弃物综合利用率近 60%。

二是农村环保体制机制逐步建立。出台了一系列农村环保政策和技术文件，国务院办公厅印发《关于改善农村人居环境的指导意见》，环境保护部、财政部等部门制定实施《全国农村环境综合整治"十二五"规划》《关于加强"以奖促治"农村环境基础设施运行管理的意见》《中央农村节能减排资金使用管理办法》《培育发展农业面源污染治理、农村污水垃圾处理市场主体方案》。环境保护部发布了有关农村生活污染防治、饮用水水源地环境保护等技术指南和规范。全国 2/3 以上的省份建立了农村环保工作推进机制，成立领导小组，出台加强农村环境保护的意见，制订规划或实施方案，明确农村环境保护目标任务和措施。在中央财政资金引导下，有关地方按照"渠道不乱、用途不变、统筹安排、形成合力"的原则，整合相关涉农资金，集中投向农村环境整治区域，提高村庄环境整治成效。

三是农村环境监管能力得到提升。基层环保机构和队伍得到加强，2014年全国乡镇环保机构数量2968个，约占全国乡镇总数的10%，比2010年的1892个增加了60%；乡镇环保机构人员11900多人，比2010年的7100多人增加了68%。推进环境监测、执法、宣传"三下乡"。环境保护部出台了《关于加强农村环境监测工作的指导意见》，开展农村环境质量监测试点工作，累计监测村庄数量约5200村次。开展农村集中式饮用水水源地保护、生活垃圾和污水处理、秸秆焚烧、畜禽养殖污染防治等专项执法检查行动。采取多种形式宣传农村环保政策、工作进展和典型经验，普及农村环保知识，农民环保意识得到提升。累计举办14期全国乡镇领导干部农村环保培训班，共有1400多名乡镇领导干部和地方环保管理人员参加培训，农村环境管理能力和项目实施水平得到提高。

四是农村环保惠农取得积极成效。各地结合农村环境综合整治工作，积极推广化肥农药减量控害增效技术，发展清洁、循环、生态的种养模式，推进农作物秸秆、畜禽粪便等农村有机废弃物综合利用，发展农家乐和乡村旅游，促进了环境保护、农业增产、农民增收的共赢。筛选推广农村环保实用技术，鼓励高校、科研院所、企业参与治理工程设计、项目建设和运行维护，带动了环保产业的发展。农村环境综合整治有力促进了生态乡镇、生态村建设，使示范地区环境质量不断改善，农村经济快速发展，党群关系、干群关系更加融洽。全国已有4590多个国家级生态乡镇，成为当地经济、社会与环境协调发展的典范，夯实了农村生态文明建设的基础。

(二) 主要问题

当前，随着我国工业化、城镇化和农业现代化进程不断加快，人口持续增加，农村环境形势严峻，问题依然突出，主要包括以下方面。

一是农村环保基础设施仍严重不足。目前，我国仍有40%的建制村没有垃圾收集处理设施，78%的建制村未建设污水处理设施，40%的畜禽养殖废弃物未得到资源化利用或无害化处理，农村环境"脏乱差"问题依然突出。38%的农村饮用水水源地未划定保护区（或保护范围），49%未规范设置警示标志，一些地方农村饮用水水源存在安全隐患。

二是农村环保体制机制仍有待完善。一些地方政府尚未建立起农村环境综合整治工作的有效推进机制。责任分工不明确，治理措施不具体，资金投入不到位，工作部署不落实。各地在推进农村环境综合整治中，主要依靠行政推动，农民群众主体作用未得到充分发挥。农村环境治理市场化机制亟待建立，社会资本参与度不高。一些地方的农村环保设施建成后，存在着管理主体不明确、设施运行维护资金不落实、运行管护人员不足、规章制度不健全等问题，导致一些设施不能正常运行，影响农村环境整治成效。

三是农村环保监管能力仍然薄弱。目前，地方各级环保部门农村环保工作力量非常薄弱，约90%的乡镇没有专门的环保工作机构和人员，缺乏必要的设备装备和能力，难以保证有效开展工作。农村环保标准体系不健全，农村生活污水处理污染物排放标准、农村生活垃圾处理处置技术规范等亟待制定。农村环境监测尚未全面开展，无法及时掌握农村环境质量状况和变化情况。

二、指导思想、基本原则和目标

（一）指导思想

全面贯彻党的十八大和十八届三中、四中、五中、六中全会精神，牢固树立和贯彻落实创新、协调、绿色、开放、共享的发展理念，按照党中央、国务院关于农村环境保护的决策部署，结合推进农业供给侧结构性改革，深入实施"以奖促治"政策，完善农村环境保护机制，着力解决群众反映强烈的农村突出环境问题，改善农村人居环境，提升农村生态文明建设水平。

（二）基本原则

——突出重点，统筹兼顾。优先解决农民群众最关心、最直接、最现实的突出环境问题，整治重点为"好水"和"差水"周边的村庄，重点抓好农村饮用水水源地保护、生活垃圾和污水治理、畜禽养殖污染防治。统筹考虑生产与生活、城市与农村、种植业与养殖业等环境保护工作，做好与秸秆综合利用、农村饮水安全工程、河道整治、村庄绿化等工作的衔接，整合相关资金渠道，提高综合整治成效。加大对革命老区、民族地区、边疆地区和 14 个集中连片特困地区的支持。

——因地制宜，分类指导。坚持从实际出发，综合考虑村庄布局、人口规模、环境状况、自然条件、经济水平等因素，科学选取治理技术和模式。坚持以"用"为核心，把综合利用作为解决农村环境问题的根本途径，让农民在"用"的过程中受益，在受益的同时履行应当履行的环保责任。——创新机制，市场运作。结合国家生态文明体制改革的总体要求，不断完善农村环保体制机制建设，创新政策措施，防止简单照搬城市和工业污染防治的做法。积极培育发展农业面源污染治理、农村生活垃圾污水处理市场主体，探索农村环保设施规模化、专业化、社会化的运营机制，确保设施建成一个、运行一个、见效一个。

——政府主导，依靠群众。地方各级政府，特别是县级政府，是改善本行政区域内农村环境质量的责任主体，要做好规划编制、资金保障、设施建设、运行管理和监督考核等工作。充分发挥农民群众的主体作用，鼓励和引导农民群众积极参与农村环境综合整治，持续改善农村环境质量。

（三）规划目标

到 2020 年，新增完成环境综合整治的建制村 13 万个，累计达到全国建制村总数的 1/3 以上。建立健全农村环保长效机制，整治过的 7.8 万个建制村的环境不断改善，确保已建农村环保设施长期稳定运行。引导、示范和带动全国更多建制村开展环境综合整治。全国农村饮用水水源地保护得到加强，农村生活污水和垃圾处理、畜禽养殖污染防治水平显著提高，农村人居环境明显改善，农村环境监管能力和农民群众环保意识明显增强。

三、重点整治区域

(一) 总体布局

结合水质改善要求和国家重大战略部署，"十三五"期间，全国农村环境综合整治范围涉及各省（区、市）的 14 万个建制村（附表 1）。整治重点为"好水"和"差水"周边的村庄，涉及 1805 个县（市、区）12.82 万个建制村，约占全国整治任务的 92%；其中，涉及国家扶贫开发工作重点县 284 个、2.46 万个建制村，约占全国整治任务的 18%。

附表 1　各省（区、市）农村环境综合整治目标任务

省 （区、市）	已下达环境综合整治的 建制村数量/个	本规划环境综合整治的建制村数量/个		
		合计	"好水"和"差水"周边的 村庄	其他村庄
北京	700	728	728	0
天津	625	625	625	0
河北	12000	12694	12694	0
山西	3000	3000	3000	0
内蒙古	1800	1800	1687	113
辽宁	2000	2094	2094	0
吉林	1100	1255	1255	0
黑龙江	1400	1471	1471	0
上海	500	500	113	387
江苏	5000	5000	3506	1494
浙江	13000	13000	4449	8551
安徽	4300	4505	4505	0
福建	3200	3323	3323	0
江西	3300	3472	3472	0
山东	12200	12200	12200	0
河南	8000	8262	8262	0
湖北	5100	8178	8178	0
湖南	13000	13000	13000	0
广东	3500	3628	3628	0
广西	2700	2839	2839	0
海南	400	420	420	0
重庆	2000	2000	2000	0
四川	9000	9452	9452	0
贵州	3000	3146	3146	0
云南	3500	3500	2970	530

省 （区、市）	已下达环境综合整治的 建制村数量/个	本规划环境综合整治的建制村数量/个		
		合计	"好水"和"差水"周边的 村庄	其他村庄
西藏	5071	5071	5071	0
陕西	4200	5208	5208	0
甘肃	2500	2500	2500	0
青海	2400	2523	2523	0
宁夏	300	300	300	0
新疆	3600	3600	3600	0
新疆兵团	700	700	0	700
合计	133096	139994	128219	11775

各省（区、市）重点整治区域及建制村数量见附表。附表所列的乡镇名单和建制村数量是指导性的，各省（区、市）可根据实际情况，在确保完成环境综合整治建制村总数的前提下，可对每个县（市、区）的乡镇名单和建制村数量做适当调整。

（二）重点整治范围

1. "好水"

周边整治村庄范围包括南水调东线中线水源地及其输水沿线，以及其他重要饮用水水源地涉及的村庄，涉及1132个县（市、区）的8.15万个建制村（附表2），约占全国整治任务的58%。

附表2　全国"好水"周边整治建制村数量　　　　　　单位：个

省 （区、市）	南水北调东线中线水源地及其输水沿线		其他重要饮用水水源地		合计	
	县（市、区）	建制村	县（市、区）	建制村	县（市、区）	建制村
北京	3	48	—	—	3	48
天津	2	123	2	229	4	352
河北	60	5745	17	1627	77	7372
山西	—	—	28	1118	28	1118
内蒙古	—	—	35	866	35	866
辽宁	—	—	15	958	15	958
吉林	—	—	35	947	35	947
黑龙江	—	—	35	1119	35	1119
上海	—	—	—	—	—	—
江苏	4	47	24	2069	28	2116
浙江	—	—	23	1726	23	1726
安徽	7	437	40	1563	47	2000
福建	—	—	40	2435	40	2435
江西	—	—	44	2679	44	2679

省 （区、市）	南水北调东线中线水源地及其输水沿线		其他重要饮用水水源地		合计	
	县（市、区）	建制村	县（市、区）	建制村	县（市、区）	建制村
山东	40	6850	56	3198	96	10048
河南	32	3102	13	559	45	3661
湖北	34	4042	47	3568	81	7610
湖南	—	—	58	5030	58	5030
广东	—	—	30	2194	30	2194
广西	—	—	54	2839	54	2839
海南	—	—	24	398	24	398
重庆	—	—	31	1764	31	1764
四川	—	—	45	5250	45	5250
贵州	—	—	18	2129	18	2129
云南	—	—	29	2150	29	2150
西藏	—	—	74	5071	74	5071
陕西	29	2437	15	891	44	3328
甘肃	—	—	19	2500	19	2500
青海	—	—	26	1937	26	1937
宁夏	—	—	10	199	10	199
新疆	—	—	34	1669	34	1669
合计	211	22831	921	58682	1132	81513

2. "差水"

周边整治村庄范围包括 343 个水质需改善控制单元范围内的村庄，涉及 673 个县（市、区）的 4.67 万个建制村（附表 3），约占全国整治任务的 34%。

附表 3　全国"差水"周边整治建制村数量　　　　　　单位：个

省（区、市）	县（市、区）	建制村
北京	12	680
天津	3	273
河北	76	5322
山西	45	1882
内蒙古	30	821
辽宁	19	1136
吉林	16	308
黑龙江	17	352
上海	4	113
江苏	22	1390
浙江	33	2723

省(区、市)	县(市、区)	建制村
安徽	39	2505
福建	13	888
江西	12	793
山东	27	2152
河南	72	4601
湖北	9	568
湖南	40	7970
广东	25	1434
广西	—	—
海南	2	22
重庆	7	236
四川	59	4202
贵州	20	1017
云南	11	820
西藏	—	—
陕西	26	1880
甘肃	—	—
青海	7	586
宁夏	4	101

(三) 优先整治区域

南水北调东线中线水源地及其输水沿线、京津冀和长江经济带三大区域为优先整治区域，涉及880个县（市、区）8.14万个建制村，约占全国整治任务的58％。

1. 南水北调东线中线水源地及其输水沿线

南水北调东线中线水源地及其输水沿线涉及211个县（市、区）2.28万个建制村（见附表2），约占全国整治任务的16％。

2. 京津冀区域

京津冀区域包括密云水库、官厅水库、于桥水库等重要饮用水水源地和63个水质需改善控制单元范围内的村庄，涉及89个县（市、区）8131个建制村（附表4），约占全国整治任务的6％。

附表4　京津冀整治建制村数量　　　　　　　　　　单位：个

省(市)	县(市、区)	建制村
北京	10	680
天津	3	502
河北	76	6949
总计	89	8131

3. 长江经济带

长江经济带包括三峡库区及其上游和鄱阳湖、洞庭湖、抚仙湖、洱海等重要饮用水水源地，以及145个水质需改善控制单元范围内的村庄，涉及580个县（市、区）5.05万个建制村（附表5），约占全国整治任务的36%。

附表5　长江经济带整治建制村数量　　　　　　　　单位：个

省（市）	县（市、区）	建制村
上海	4	113
江苏	43	3459
浙江	53	4669
安徽	71	4068
江西	52	3472
湖北	56	4136
湖南	98	13000
重庆	31	2000
四川	94	9452
云南	40	2970
贵州	38	3146
总计	580	50485

四、主要任务

"十三五"期间，农村环境综合整治主要任务包括农村饮用水水源地保护、农村生活垃圾和污水处理、畜禽养殖废弃物资源化利用和污染防治。

（一）农村饮用水水源地保护

1. 建设内容

在饮用水水源周边设立警示标志、建设防护带和截污设施，依法拆除排污口，开展水源地生态修复等。

2. 主要措施

加快农村饮用水水源保护区或保护范围划定工作。开展农村饮用水水源地环境状况调查评估工作，以供水人口多、环境敏感的农村饮用水水源地为重点，加快划定水源保护区或保护范围。对供水人口在1000人以上的集中式饮用水水源地，科学编码并划定水源保护区。对供水人口小于1000人的饮用水水源地，应按照国家有关技术规定划定保护范围。加大农村饮用水水源地环境监管力度。地方各级环保部门要开展专项执法检查，依法取缔农村集中式饮用水水源保护区内的排污口；按照《全国农村环境质量试点监测工作方案》要求，开展农村饮用水水源水质监测；制定农村饮用水水源保护区突发环境事件应急预案，强化污染事故预防、预警和应急处理。统筹城乡供水一体化，建设一批优质饮用水水源地，取缔一批劣质饮用水水源地。

开展水源地环境整治。地方各级环保部门要对可能影响农村饮用水水源地环境安全的化工、造纸、冶炼、制药等重点行业、重点污染源，加强环境执法监管和风险防范。优先治理农村饮用水水源地周边的生活污水、生活垃圾、畜禽养殖和农业面源污染，消除影响水源水质的污染隐患。

（二）农村生活垃圾和污水处理

1. 建设内容

重点在村庄密度较高、人口较多的地区，开展农村生活垃圾和污水污染治理。主要建设内容包括：（1）生活垃圾分类、收集、转运和处理设施建设，包括垃圾箱、垃圾池等收集设施，垃圾转运站、运输车辆等转运设施，以及生活垃圾无害化处理设施。（2）生活污水处理设施建设，包括污水收集管网、集中式污水处理设施或人工湿地、氧化塘等分散式处理设施。经过整治的村庄，生活垃圾定点存放清运率达到100％，生活垃圾无害化处理率≥70％，生活污水处理率≥60％。

2. 主要措施

推进县域农村环保设施统一规划、建设和管理。以县级行政区为单元，实行农村生活垃圾和污水处理统一规划、统一建设、统一管理，有条件的地区积极推进城镇垃圾和污水处理设施和服务向农村延伸。鼓励在县级层面统一招投标，确定项目设计单位、施工单位和监理单位，吸引有信誉、有实力、较大规模的环保企业参与设施建设和运行管理，提高生活垃圾和污水处理水平。

因地制宜选取农村生活和垃圾污水治理技术和模式。各地在选取农村环保实用技术时，要根据村庄的人口密度、地形地貌、气候类型、经济条件等因素合理确定技术模式；既要考虑建设成本，更要考虑运行维护成本；处理好技术实用性和技术统一性的关系，避免技术"多而杂、散而乱"。建立村庄保洁制度，推行垃圾就地分类减量和资源回收利用，推进农村生活垃圾减量化、资源化、无害化。加快建立分类投放、分类收集、分类运输、分类处理的垃圾处理系统，形成以法治为基础、政府推动、全民参与、城乡统筹、因地制宜的垃圾分类制度，努力提高垃圾分类制度覆盖范围。交通便利且转运距离较近的村庄，生活垃圾可按照"户分类、村收集、镇转运、县处理"的方式处理；其他村庄的生活垃圾可通过适当方式就近处理。离城镇较近的村庄，污水可通过管网纳入城镇污水处理设施进行处理；离城镇较远且人口较多的村庄，可建设污水集中处理设施；人口较少的村庄可建设人工湿地、氧化塘等分散式污水处理设施。切实保障污染治理设施长效运行。各地要认真落实环境保护部、财政部印发的《关于加强"以奖促治"农村环境基础设施运行管理的意见》，结合各地实际，明确设施管理主体、建立资金保障机制、加强管护队伍建设、建立监督管理机制，切实保证设施"建成一个、运行一个、见效一个"。各省级环保部门要会同财政部门于2017年年底前完成对已建成设施运行情况的排查，对设施不能正常运行的，要提出限期整改要求，逾期未整改到位的，应通报批评或约谈相关领导，切实保障污染治理设施发挥作用。对新建污染治理设施，省级环保部门应会同财政部门要求县级人民政府出具环保设施运行维护资金来源的承诺函，并把承诺函作为农村节能减排资金安排的前置条件，运行维护资金没有保障的，不得安排资金和项目。

（三）畜禽养殖废弃物资源化利用和污染防治

1. 建设内容

坚持政府支持、企业主体、市场化运作的方针，以沼气和生物天然气为主要处理方向，以就地就近用于农村能源和农用有机肥为主要使用方向，在畜禽养殖量大、环境问题突出的地区，开展区域或县域畜禽养殖废弃物资源化利用和污染治理。建设堆肥、沼气、生物天然气、有机肥等废弃物资源化利用设施和养殖废水处理设施。经过整治的村庄，畜禽养殖废弃物得到有效处理，畜禽粪便综合利用率≥70%。

2. 主要措施

完成畜禽养殖禁养区划定和整治。按照《水污染防治行动计划》和《畜禽养殖禁养区划定技术指南》的要求，各地要依法按时完成禁养区划定。地方环保部门要配合有关部门，积极推动当地政府完成禁养区内确需关闭或搬迁的养殖场（小区）的关闭和搬迁。科学选取资源化利用技术和模式。对规模化畜禽养殖场（小区），周边消纳土地充足的，以沼气发酵、沼液沼渣还田、堆肥、生产有机肥等方式，推广农牧结合、种养平衡模式；对消纳土地不足的，要强化工程处理措施，粪污应优先进行干湿分离，固体部分用于生产有机肥，液体部分综合利用或经处理后达标排放。鼓励规模化畜禽养殖企业将周边养殖密集区及散养户畜禽养殖废弃物一体化、无害化集中处置。对于养殖密集区域，县级环保部门要配合有关部门推动县级人民政府，采用政府组织、企业牵头、农民参与的模式，统筹考虑人畜粪便、生活污水和垃圾、秸秆等废弃物，推动建立农村有机废弃物收集-转化-利用三级网络体系。结合生态农业建设、化肥农药使用量零增长行动、耕地质量保护与提升行动、土壤有机质提升奖励政策等，引导农民增施有机肥。

加强畜禽养殖业环境监管。加强源头控制，严格畜禽养殖场（小区）建设项目的环保审批。新建、改建、扩建的规模化畜禽养殖场（小区）要严格执行环境影响评价制度。根据行政区域内环境敏感点和环境质量改善要求，明确养殖场（小区）选址要求和应采取的环保措施。逐步将设有排污口的规模化畜禽养殖场（小区）纳入排污许可证管理。强化畜禽养殖污染物减排，将畜禽废弃物资源化利用量纳入总量减排核算。将区域化学需氧量、氨氮、总磷、总氮等水质指标改善程度作为评价区域畜禽养殖污染治理效果的重要内容。加强畜禽养殖业日常环境监管，依法查处违法行为。

五、保障措施

（一）加强组织领导

加强协调联动。建立完善国家和地方的上下联动机制，及时掌握和沟通各地农村环境综合整治有关情况，确保农村突出环境问题得到及时发现和解决。各地要建立跨部门联动机制，加强部门协调配合，整合资源，共享信息，形成工作合力。落实各方责任。财政部、环境保护部确定重点支持的农村环境综合整治省份，加强对资金使用和项目实施情况的监督检查，建立考核奖惩机制。省级环保部门要会同有关部门组织编制本行政区域农村环境综合整治规划或方案；建立完善项目库和技术支撑队伍，加强项目组织实施和绩效评价，加大资金投入，加强涉农资金整合，建立健全农村环保设施运行维护机制。地市级人民政府要加强行政区域内农村环境综合整治工作的指导和监督，督促项目所在县乡政府保障治理设施长效运行。县级人民政府具体负责项目申报和组织实施，以及已建成项目的运行维护；要整合相关涉农资金，鼓励整乡整县推进。乡镇人民政府要切实保障本行政区域项目建设质量和进度。获得资金支持的村镇应当按照政务公开要求，公布资金安排和使用情况、项目实施情况等。项目所在地村庄要引导和组织好群众通过村规民约、投工投劳等形式，参与项目建设和设施运行管理。

（二）加大资金投入

加大财政资金投入。充分发挥中央农村节能减排资金"种子"资金的作用，引导地方各级财政加大投入。支持有关县（市、区）加大涉农资金整合力度，集中投入农村环境综合整治。发挥政策性金融机构的作用，加大信贷资金支持力度，进一步拓宽农村环保资金来源。鼓励社会资本投入。通过政府购买服务、政府和社会资本合作（PPP）等形式，推动市场主体加大对农村生活垃圾、污水收集处理等设施建设和运行维护的投入。引入竞争机制和以效付费制度，合理确定建设成本和运行维护价格。鼓励种养结合，支持畜禽养殖废弃物生产有机肥、食用菌等。推动规模化畜禽养殖企业开展污染第三方治理。研究制定相关税收、土地和电价等优惠政策。选取部分县（市、区），探索农村环保设施规模化、专业化、社会化运营机制。引导农民积极参与。完善村级公益事业建设一事一议财政奖补机制，激励农民参与农村环境综合整治。建立农村环境综合整治自下而上的民主决策机制，推行项目规划、建设、管理的"村民议村民定、村民建村民管"的实施机制。完善村务公开制度，推行项目公开、合同公开、投资额公开。规范资金管理。财政部会同环境保护部加强对资金使用情况的监督检查。地方各级财政部门、环保部门要切实加大资金监管，继续实行公示制、报备制等行之有效的制度。各地环保部门要会同有关部门加快建立农村环保"以奖促治"资金项目信息管理系统，实施项目资金动态管理，所有财政资金投入形成的农村环保设施及运行管理情况都要入库管理。

（三）健全体制机制

建立目标责任制。省级环保部门要推动本级人民政府将国家下达的目标任务逐级分解落实到县级人民政府，明确工作主体，落实工作责任，构建一级抓一级的考核体系，切实把地方政府农村环境保护责任落到实处。完善农村环境监管体系。结合省以下环保机构监测监察执法垂直管理制度改革，进一步强化基层环境监管执法力量，对具备条件的乡镇及工业聚集区，要加强基层环境执法体系建设，充实人员力量，保障运行经费。建立完善重心下移、力量下沉、保障下倾的环境执法工作机制，加强城乡环境执法统筹。加强农村环境监测。推进全国农村环境质量试点监测工作，研究提出农村环境监测技术路线，制定农村环境监测技术规范，加快建立农村环境监测网络，建立农村环境监测信息发布制度。开展农村环境综合整治的县（市、区）要做好农村生活污水、规模化畜禽养殖场（小区）废水等处理设施运行情况的监督性监测。

（四）强化科技支撑

加强科学研究和技术指导。组织高等院校、科研机构、企业和行业协会等，以提高农村和农业废弃物资源化利用水平为导向，对农村环境综合整治关键技术进行攻关。鼓励农村生活污水和垃圾处理技术研发，在不适宜集中开展污染治理的地区，研发环保、经济、实用的小型或家庭式治污技术和设备。制（修）订农村生活污水处理污染物排放标准、农村生活污水污染防治技术政策、畜禽养殖污染防治技术政策等。各地要结合实际，研究制定农村生活污水处理污染物排放、生活垃圾处理和资源化利用、畜禽养殖废弃物资源化利用等地方标准和技术规范。

加大实用技术推广力度。加快推进农村环保科研成果转化，集成、筛选一批农村生活污水和垃圾处理等实用技术。通过工程示范等方式，推广农村环保实用技术与装备，探索和创新适于农村地区的生活污水和垃圾处理处臵模式。通过组织现场学习、专题培训以及拍摄专题宣传短片等方式，推广农村环保实用技术和装备。

（五）严格监督考核

开展监督检查。省级、地市级环保部门要会同财政部门组织开展对已建成设施的考核验收，对未通过考核验收的，提出整改要求；对通过考核验收的，每年至少开展一次设施运行情况抽查，对抽查中发现的问题，要向县级人民政府提出限期整改要求，逾期未整改到位的，应通报批评或约谈相关领导。县级环保部门（市级环保部门派出机构）要将设施运行管理情况的监督检查纳入日常工作，整合现有机构和人员队伍，确保设施运行维护有人监管、有人监测、有人指导；要会同财政部门对行政区域内所有已建成设施的运行维护情况开展年度检查，将检查情况向县级人民政府报告，对检查中发现的问题，要督促设施管理主体落实整改要求。健全奖惩机制。环境保护部会同财政部对各省（区、市）的目标任务完成情况开展评估考核，评估考核结果作为中央农村节能减排资金分配的重要依据。对目标任务完成情况较好的地区，进一步加大资金支持力度；对未按时完成治理目标或完成情况较差的，将根据情况，采取通报批评、核减资金规模、追缴已拨付资金等措施。

索　引

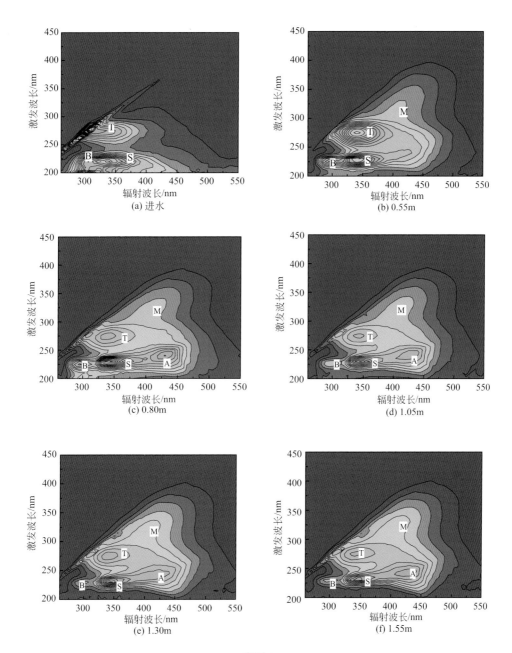

(a) 进水

(b) 0.55m

(c) 0.80m

(d) 1.05m

(e) 1.30m

(f) 1.55m

彩图 1

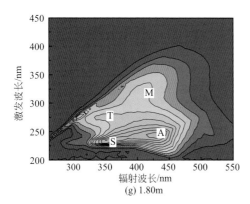
(g) 1.80m

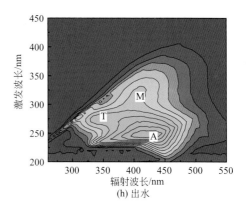
(h) 出水

彩图 1　在表面覆盖 8cm/d 条件下 3D-EEM 图谱结构沿土柱深度变化规律

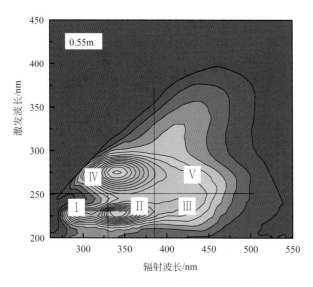

彩图 2　在表面覆盖 8cm/d 条件下根据特定的激发
及发射波长划分的荧光图谱的五个区域

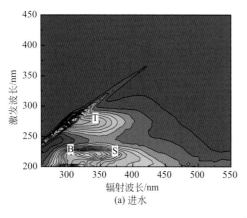
(a) 进水

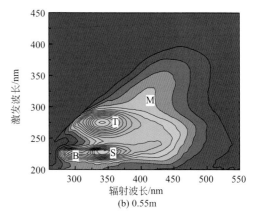
(b) 0.55m

彩图 3

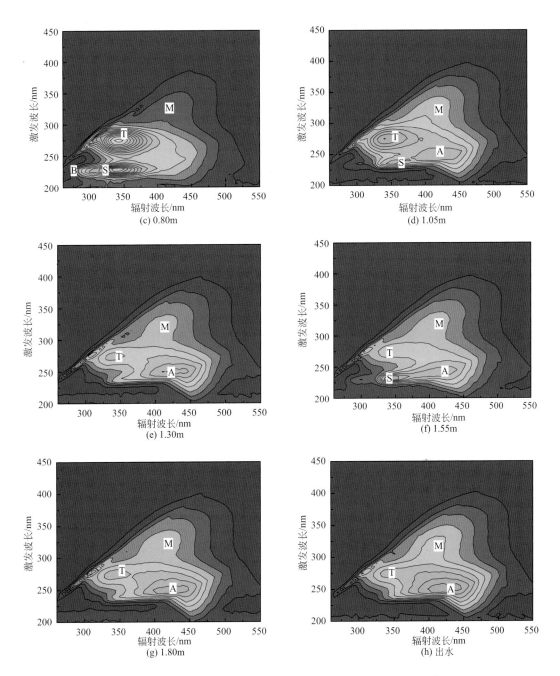

彩图 3 在 8 cm/d 条件下 3D-EEM 图谱结构沿土柱深度变化规律

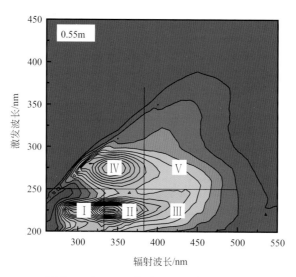

彩图4　在8cm/d条件下根据特定的激发
及发射波长划分的荧光图谱的五个区域

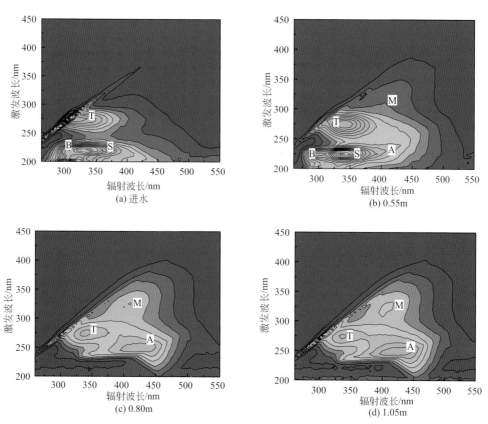

彩图5

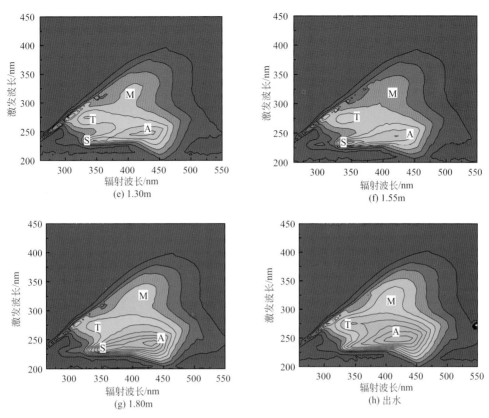

彩图 5　在 4 cm/d 条件下 3D-EEM 图谱结构沿土柱深度变化规律

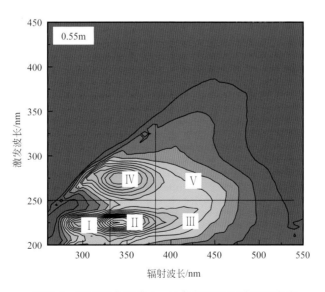

彩图 6　在表面未覆盖 4cm/d 条件下根据特定的激发
及发射波长划分的荧光图谱的五个区域

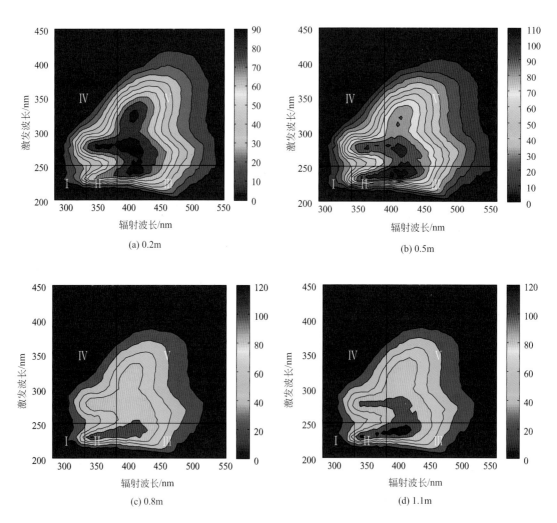

(a) 0.2m

(b) 0.5m

(c) 0.8m

(d) 1.1m

彩图 7

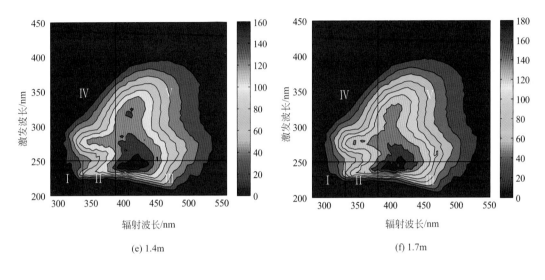

(e) 1.4m   (f) 1.7m

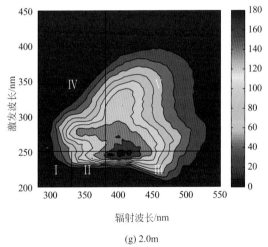

(g) 2.0m

彩图 7　加入 FA 之前 3D-EEM 图谱结构沿土柱深度变化规律

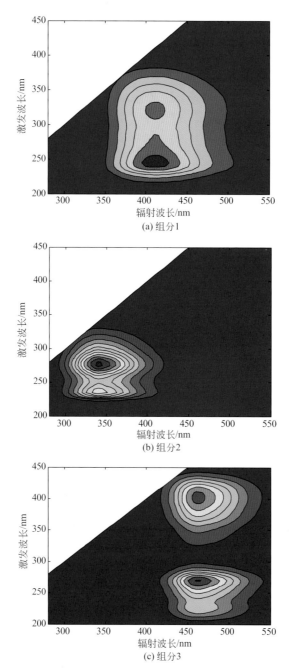

(a) 组分1

(b) 组分2

(c) 组分3

彩图 8　平行因子分析成分图

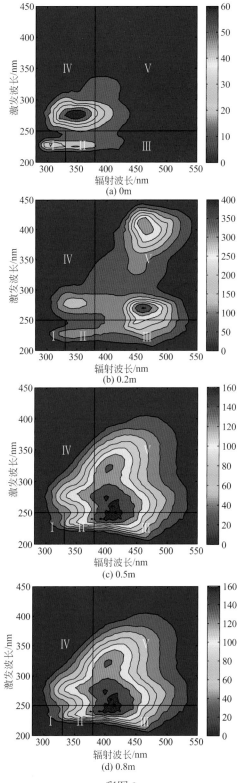

彩图 9

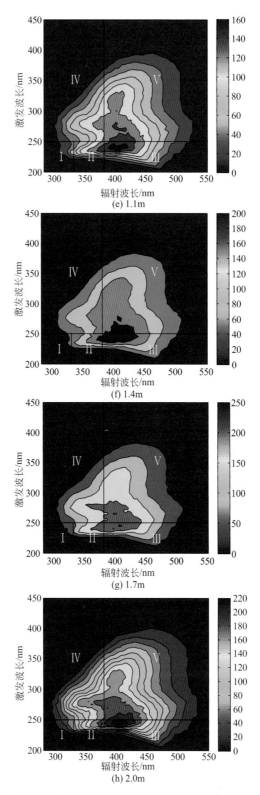

彩图 9　加入 FA 之后 3D-EEM 图谱结构沿土柱深度变化规律